国家骨干高等职业院校

重点建设专业（电气技术类）"十二五"规划教材

U0270457

单片机小系统设计与制作

主　编　王小立　王体英　朱　志

参　编　吴丽杰　房雁平

主　审　李光宇　张　文

合肥工业大学出版社

内容简介

本书分为"基础篇"和"项目篇"两大部分。在基础篇中,详细介绍了目前单片机开发工作中应用最为广泛的硬件和软件(仿真软件 Proteus 和单片机程序集成开发软件 Keil)的使用方法。在项目篇中,精选了一些既简单易行、又有一定实用意义的单片机项目,让读者完整体验单片机应用系统的开发全过程。书中还对 C51 程序设计做了简单的介绍,所有项目的示例程序均采用 C51 编写。

本书为高职高专电子信息类、计算机类、通信类、自动化类有关专业课教材,也可供读者自学时使用。

图书在版编目(CIP)数据

单片机小系统设计与制作/王小立,王体英,朱志主编.—合肥:合肥工业大学出版社,2012.8
(2017.1 重印)

ISBN 978 - 7 - 5650 - 0844 - 3

Ⅰ.①单…　Ⅱ.①王…②朱…　Ⅲ.①单片微型计算机—系统设计　Ⅳ.①TP368.1

中国版本图书馆 CIP 数据核字(2012)第 180579 号

单片机小系统设计与制作

王小立　王体英　朱　志　主编	责任编辑　汤礼广　王路生
出　版　合肥工业大学出版社	版　次　2012 年 8 月第 1 版
地　址　合肥市屯溪路 193 号	印　次　2017 年 1 月第 2 次印刷
邮　编　230009	开　本　787 毫米×1092 毫米　1/16
电　话　总　编　室:0551—62903038	印　张　17.5
市场营销部:0551—62903198	字　数　384 千字
网　址　www.hfutpress.com.cn	印　刷　安徽联众印刷有限公司
E-mail　hfutpress@163.com	发　行　全国新华书店

ISBN 978 - 7 - 5650 - 0844 - 3　　　　　　　定价:37.00 元

如果有影响阅读的印装质量问题,请与出版社发行部联系调换。

序　言

　　为贯彻落实《国家中长期教育改革和发展规划纲要》（2010－2020）精神，培养电力行业产业发展所需要的高端技能型人才，安徽电气工程职业技术学院规划并组织校内外专家编写了这套国家骨干高等职业院校重点建设专业（电力技术类）"十二五"规划教材。

　　本次规划教材建设主要是以教育部《关于全面提高高等职业教育教学质量的若干意见》为指导；在编写过程中，力求创新电力职业教育教材体系，总结和推广国家骨干高等职业院校教学改革成果，适应职业教育工学结合、"教、学、做"一体化的教学需要，全面提升电力职业教育的人才培养水平。编写后的这套教材有以下鲜明特色：

　　（1）突出以职业能力、职业素质培养为核心的教学理念。本套教材在内容选择上注重引入国家标准、行业标准和职业规范；反映企业技术进步与管理进步的成果；注重职业的针对性和实用性，科学整合相关专业知识，合理安排教学内容。

　　（2）体现以学生为本、以学生为中心的教学思想。本套教材注重培养学生自学能力和扩展知识能力，为学生今后继续深造和创造性的学习打好基础；保证学生在获得学历证书的同时，也能够顺利地获得相应的职业技能资格证书，以增强学生就业竞争能力。

　　（3）体现高等职业教育教学改革的思想。本套教材反映了教学改革的新尝试、新成果，其中校企合作、工学结合、行动导向、任务驱动、理实一体等新的教学理念和教学模式在教材中得到一定程度的体现。

　　（4）本套教材是校企合作的结晶。安徽电气工程职业技术学院在电力技术类核心课程的确定、电力行业标准与职业规范的引进、实践教学与实训内容的安排、技能训练重点与难点的把握等方面，都曾得到电力企业专家和工程技术人员的大力支持与帮助。教材中的许多关键技术内容，都是企业专家与学院教师共同参与研讨后完成的。

总之，这套教材充分考虑了社会的实际需求、教师的教学需要和学生的认知规律，基本上达到了"老师好教，学生好学"的编写目的。

但编写这样一套高等职业院校重点建设专业（电力技术类）的教材毕竟是一个新的尝试，加上编者经验不足，编写时间仓促，因此书中错漏之处在所难免，欢迎有关专家和广大读者提出宝贵意见。

国家骨干高等职业院校

重点建设专业（电力技术类）"十二五"规划教材建设委员会

前　言

本书是作者在精品课程建设的基础上，总结自己近年来的教学经验以及吸收学生对该课程的反馈意见后编写而成。

本书以 51 系列单片机为对象，通过对当前最为流行的电路设计与仿真软件 Proteus 和单片机程序集成开发软件 Keil 的学习，将单片机技术的硬件和软件、理论和实践、单元虚拟实验和实际项目有机地结合起来，使学生在接近实际开发的实践过程中较完整地掌握单片机技术及开发工具的使用。

本书分为"基础篇"和"项目篇"两大部分。基础篇介绍了目前单片机开发工作中应用最广泛的硬件和软件开发工具的使用。同时，从学生当前学习和今后工作方面考虑，我们认为单片机在应用中采用 C 语言编程有明显的优势，故在基础篇中还对 C51 程序设计做了简单的介绍，所有项目的示例程序也都采用 C51。在讲述程序设计时，尽可能做到简明易懂，并配以流程图和详细的注释，相信即使是没有任何 C 语言编程基础的学生，也能通过本书的学习从而快速地掌握单片机 C 程序设计的要领。在项目篇中，优选了一些既简单易行、又有一定实用意义的单片机项目。每个项目除了有电路仿真和程序仿真的环节外，还特别安排了实际单片机电路制作的内容，让学生亲手完成一个实际的单片机应用装置的设计制作，完整地体验单片机应用系统的开发全过程。另外，在项目篇中还选择了一些难度稍大，但在现实工作中应用较多的典型项目，这些项目可对学生起到拓展训练的作用。如果课时不够，这些项目可安排在学生开展课外科技活动时进行。

教师教学时，可根据学生具体情况和教学需要，选择以下两种不同的教学方式：

（1）从"基础和工具"入手，让学生先对单片机和开发工具有个基本的了解，再通过"基本项目"的训练来掌握单片机小系统的设计制作。

（2）从"项目"入手，在项目设计制作过程中，针对所遇到的问题来学习"基础和工具"中相关的内容。

为了方便教师教学和读者自学，本书还提供了配套资料，如各项目的电路原理图文件、C51 源程序、Keil C51 的库函数头文件及其函数原型，以及在书中因篇幅所限没有列出的一些器件驱动.h头文件，这些文件都经过了运行测试；另外，还提供了与本书配套的PPT电子课件。因此，本书可作为高等职业院校、中等职业院校的教学和实验用书，也非常适合自学的读者使用。

本书基础篇的第1章、第2章、第4章、第5章由王小立编写，第3章由吴丽杰编写。项目篇的项目1、项目3、项目5、项目7、项目12由王体英编写，项目6、项目14由吴丽杰编写，项目4、项目11由朱志编写，项目2、项目8、项目9、项目10、项目13、项目15、项目16由王小立编写。房雁平老师为本书的实践项目做了大量技术工作。

本书在编写过程中，还得到了安徽信通技术公司李光宇高级工程师、广州风标电子技术有限公司张文工程师的技术支持和指导。安徽电气工程职业技术学院教务处、自动化与信息工程系、信息技术教研室、电气自动化教研室、生产过程自动化教研室的有关领导和教师也为本书的编写提供了有力的支持和帮助，在此一并表示真诚的谢意。

由于作者水平所限，书中难免存在不当之处，敬请读者批评指正。

使用本书的单位或个人，若需要与本书配套的教学资源，可发邮件至wxl5177@126.com索取，或通过www.hfutpress.com.cn下载。

作　者

目　录

下篇　项目篇

上　篇

基　础　篇

第1章　绪　论

一、什么是单片机

通俗地说,单片机就是将计算机的基本部件集成到一块芯片内的微型计算机。由于单片机通常是为控制应用而设计制造的,因此现国际上逐渐统一称其为 MCU (MicroController Unit 微控制器)。单片机芯片内通常包括CPU、ROM、RAM、并行I/O、串行I/O、定时器/计数器、中断控制、系统时钟、A/D(模数转换器)和D/A(数模转换器或PWM输出)、WDT(监视定时器)等,如图1-1-1所示。

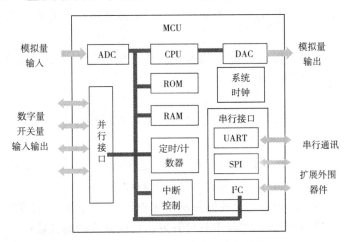

图1-1-1　典型的单片机内部结构

二、单片机的特点

与通常所说的微型计算机相比,单片机的特点可概括为"两多两少,三低三高"。

所谓"两多"是指:

(1)内置多种部件。将多种功能部件集成到一片IC芯片中是单片机的一个主要特色。

(2)多品种。几乎世界上所有半导体厂商都有自己的单片机产品,目前已有上百系列、上千种型号单片机以用于各种不同场合,每年都有数十种新产品问世。

所谓"两少"是指:

(1)占用空间少(体积小)。单片机芯片的尺寸一般都很小,图1-1-2所示为目前常见的几种单片机芯片外形。其中最小的尺寸大约为3.8×3.8×2mm,同一个绿豆粒差不多大小。

(2)系统所需外围器件少。由于单片机可将主要器件集成到芯片内部,所以以单片机为

图 1-1-2　单片机常见外形封装

核心的应用装置所用的外围器件很少。

所谓"三低"是指：

(1)低价格。目前一般单片机芯片的价格都在 0.2 美元到几美元之间,也就是一元到几十元人民币之间。

(2)低电压。单片机工作电压一般为 5V、3.3V,甚至还有工作电压为 2.7V、1.5V 的产品。

(3)低功耗。一般功耗都在数毫瓦,有些单片机在低功耗方式下可达几个微瓦以下,可以由微型电池或太阳能电池供电。

所谓"三高"是指：

(1)高灵活性。由于通过程序控制,单片机应用系统功能的改变往往不需要改变硬件电路,只需通过程序切换或修改程序即可实现。

(2)高可靠性。由于高可靠性的设计和制造工艺的提高,加上所用器件少、线路简单,所以单片机系统的工作可靠性非常高,可在一些恶劣的环境下可靠地工作。

(3)高性价比。功能复杂的电子控制系统采用单片机后,硬件结构变得简单,功能更强更灵活,成本更低,所以只需极低的成本就可开发出功能强大的高性能产品。

三、单片机的应用领域

目前单片机在工业测量与控制、民用与商业应用等领域得到了广泛的应用。计算机的应用存在以下两大分支：

(1)通用计算机系统——如我们日常使用的 PC 机。

(2)嵌入式计算机系统——可以理解为嵌入到其他装置中的计算机系统,目前大多数嵌入式计算机系统以单片机为核心。

而单片机的应用领域大致可以分为以下四类：

(1)智能仪器仪表。

(2)工业及军事测控系统。

(3)医疗、商业、民用电子产品。

(4)计算机外设及通信设备。

目前,设备或仪表装置前冠以"智能"二字即表示该装置采用了单片机。采用单片机能使仪表向数字化、智能化、多功能化、柔性化发展,提高了性能价格比,可以更加方便地显示和存储测量结果、分析处理测试数据。

控制系统特别是工业控制系统的工作环境恶劣,各种干扰较为强烈,而且往往要求实时控制,故要求控制系统工作稳定、可靠、抗干扰能力强。所以在工业自动化领域,各种测控终端、数控机床、机器人以及机、电、仪一体化产品等都是以单片机为控制核心。

在日常生活中,单片机在各种民用智能电子产品中也起着核心作用,如信息家电、掌上电脑、可视电话、智能手机、智能玩具、智能洗衣机、冰箱空调控制器、智能化住宅小区的安防监控系统和自动抄表计费装置、数字影像产品、各种刷卡计费装置、出租车计价器、汽车控制装置、导航系统等都离不开单片机。

在电力系统中,单片机也得到广泛的应用,如远程测控终端 RTU、智能电表、智能抄表器、无功补偿控制器、电压测量记录、故障记录、各种远动装置、继电保护装置、可编程序控制器、发电厂集散控制系统中的下位机等也大都以单片机为核心。

四、单片机的分类

目前,单片机大致有以下几种分类方法:

(1)按字长,可分为 4、8、16、32 位的单片机。其中,8 位单片机的代表性产品即本书介绍的 51 系列单片机,而 32 位单片机的代表性产品为 ARM 系列,是目前嵌入式系统所采用的主流芯片。

(2)按用途,可分为专用型单片机(专为某种设备设计定做,如洗衣机、电视、手机中的单片机);通用型单片机(可广泛用于各种场合)。

(3)按制造厂商的产品来分,则几乎所有的半导体厂商都有单片机系列产品,图 1-1-3 列出了部分厂商和产品标志。

图 1-1-3 部分芯片厂商和产品标志

五、51 系列单片机简介

51 系列单片机是指以 Intel 公司推出的 8051 单片机为内核的多种型号的系列产品。Intel 公司将 8051 内核使用权以专利互换或出售形式转让给世界许多著名 IC 制造厂商,如 Philips、NEC、Atmel、AMD、Dallas、Siemens、Fujutsu、OKI、华邦、LG、宏晶等。在保持与 8051 单片机兼容的基础上,这些公司融入了自身的优势,扩展了针对满足不同测控对象要求的功能模块,如模数转换器 A/D、脉宽调制 PWM、高速输入/输出控制 HSI/HSO、串行扩展总线 I2C、监视定时器 WDT(俗称"看门狗"电路)、程序下载方便且价廉的 Flash ROM 等,现已开发出上百种功能各异的新品种。这样,51 单片机就变成了有众多芯片制造厂商支持的大家族,统称为 51 系列单片机。它们的内核基本相同,指令系统完全兼容。在本书的实践项目内容中,采用的是 51 内核的 ATMEL89 系列和 STC 系列的 8 位通用单片机。

六、单片机的发展现状

单片机技术发展迅速,目前的主要发展方向有:

(1)在原有系列的基础上进一步发展和提高单片机的特性,即不断推出位数更多、速度和可靠性更高、功耗和成本更低、容量更大、体积更小的系列产品。

(2)芯片内集成的功能更多,如模拟/数字混合集成、数字信号处理(DSP)功能集成、各种通信接口和网络功能等集成。

(3)进一步发展和完善对高级语言(如 C、Basic)和嵌入式操作系统、实时操作系统 RTOS 的支持。

(4)使程序下载和调试方式更加方便。目前,ISP(In System Programming,在系统编程)、IAP(In Application Programming,在应用中编程)和 JTAG(Joint Test Action Group,边界扫描)等技术已经广泛用于单片机应用系统程序的下载和调试。

(5)朝着 SOC(System On Chip,片上系统)方向发展,将整个应用系统(包括硬件和软件)集成到一个芯片中。

七、单片机应用系统的开发过程

目前,单片机应用系统的开发一般要经历以下过程:

(1)方案论证和硬件选型。根据需求,选择合适的单片机型号,绘制设计方案草图并进行对比论证。

(2)硬件电路设计。目前一般利用 EDA 软件(本书介绍的是电路设计仿真软件 Proteus)在计算机上绘制原理图。

(3)程序设计。在 PC 机上利用软件开发环境(本书介绍的是 Keil)编写源程序,经编译或汇编和连接后生成目标程序,并通过调试排除错误。

(4)仿真运行。将调试好的程序加载到仿真软件 Proteus 的原理图中,进行仿真运行,验证功能。

(5)设计制作印刷电路板。利用 EDA 软件(如 Proteus、Protel 等)在原理图基础上设计印刷电路板图,然后交电路板厂家制版。

(6)安装焊接元器件。

(7)下载程序。将调试好的目标程序下载到单片机片内程序存储器中(若有必要,还可以利用仿真器进行在线仿真调试)。

(8)测试检验。

八、本课程的学习目标和学习方法

本课程采用理论和实践相结合的教学方法,即结合若干个单片机应用项目的设计制作来学习单片机知识。通过边学习边实践,达到以下学习目标:

(1)初步掌握电路设计与仿真软件 ProteusISIS 的使用,能绘制简单的单片机应用电路,并配合程序进行电路仿真。

(2)初步掌握目前较为流行的单片机软件开发环境 Keil 的基本使用方法。

(3)了解单片机的特点和基本工作原理,熟悉 51 系列单片机的内部结构。

(4)初步掌握 C 语言的基本语法,包括数据类型、运算符和表达式、程序的基本语句,并通过阅读和模仿一些程序范例,掌握顺序、分支、循环三类基本程序结构的实现方法。

(5)在上述基础上,会运用 51 单片机的内部资源和外部接口,通过编程实现简单的控制功能,并最终完成一个实际的单片机应用系统的设计和开发。

学习时,可根据具体情况,选择以下两种不同的学习方式:

(1)从"基础和工具"入手,先对单片机和开发工具有个基本的了解,再结合"基本项目"的训练,掌握单片机小系统的设计制作。

(2)从"基本项目"入手,在项目设计制作过程中,针对所遇到的问题,学习"基础和工具"中相关的内容。

为便于大家把基础知识与项目实践更好地结合起来,表 1-1-1 列出了本书中各实践项目的主要知识点。

表 1-1-1 各实践项目的主要知识点

项　　　目	主要知识点
项目1:彩灯控制器	单片机应用开发步骤; Proteus 与 Keil 的基本使用; I/O 端口或位输入输出控制; C 程序的基本结构
任务1　用程序控制 LED 彩灯的亮灭	
任务2　LED 彩灯流水控制	
任务3　LED 彩灯花样控制	
项目2:通过 LED 数码管显示数字	数码管的显示驱动、自定义函数、数组、进制转换; 程序的调试
任务1　1位 LED 数码管的静态显示	
任务2　多位 LED 数码管动态扫描显示	
项目3:电子表决器	逻辑控制与位逻辑运算; for 循环语句
任务1　简单的三输入端电子表决器	
任务2　具有多输入端和票数显示功能的电子表决器	
项目4:顺序控制	顺序控制; 定时器中断
任务1　按钮式人行横道交通灯控制	
任务2　十字路口交通信号灯控制与实现	

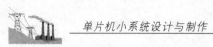

（续表）

项　　　　目	主要知识点
项目5：电子计数器 　　任务1　利用定时器/计数器实现计数	定时器/计数器的初始化编程； 计数—方式1的应用
项目6：方波信号发生器 　　任务1　利用定时器溢出查询实现的方波信号发生器 　　任务2　利用定时器中断实现的方波信号发生器 　　任务3　频率可调方波信号发生器的设计	定时器初始化编程； 定时器初值计算； 定时器溢出判断与定时器中断
项目7：数字频率计 　　任务　用单片机测量外部信号的频率	定时器中断与软件计数结合实现长时间定时、计数器
项目8：单片机系统中的按键处理 　　任务1　独立按键的识别 　　任务2　行列矩阵键盘 　　任务3　与LED数字显示共用端口扫描的键盘	按键工作原理； 软件去除按键抖动； 关系运算与逻辑运算； 多分支结构switch语句
项目9：电路板设计与制作 　　任务1　印刷电路板设计 　　任务2　单片机应用电路板的安装和焊接 　　任务3　程序移植与下载	ARES基本操作与PCB设计； 硬件安装、焊接、检测； 程序移植与下载
项目10：超声波测距 　　任务1　在仿真电路中模拟超声测距 　　任务2　制作实际的超声波测距装置	超声测距工作原理； 定时器门控方式的应用
项目11：单片机串行口的应用 　　任务1　通过串行口发送数据块 　　任务2　通过串行口输出扩展I/O口 　　任务3　单片机远程通讯	串口方式1：10位UART 串口方式0：同步移位寄存器 RS-232、RS-485接口
项目12：液晶显示器的应用 　　任务　用LCD显示字符	LCD显示器的工作原理、特点及编程使用方法
项目13：数字时钟与定时控制器 　　任务1　利用单片机定时器中断实现的数字时钟 　　任务2　利用RTC芯片实现的数字时钟 　　任务3　作息时间定时控制器	单片机系统中时钟的实现方法： (1)定时器中断； (2)RTC芯片； 数组、功率驱动接口

（续表）

项　　目	主要知识点
项目 14：模拟量采集 　　任务 1　A/D 转换芯片的应用 　　任务 2　温度与水位的采集与控制 　　任务 3　利用单片机内置 ADC 进行模拟量的采集	常用 AD 转换方法； A/D 转换芯片 ADC0832 的应用； 数字传感器 DS18B20 的应用； STC 单片机内置 ADC 的应用
项目 15：语音电路的应用 　　任务　制作语音报时时钟	ISD 系列语音芯片的应用
项目 16：LED 点阵的显示驱动 　　任务 1　4 位 8×8LED 点阵的显示 　　任务 2　16×16 点阵汉字的滚动显示	LED 点阵显示原理； 用串口方式 0 扩展 I/O； 汉字点阵字模数组的生成； LED 点阵驱动电路板接口与编程

在学习时还可参考与本书配套的相关资料，如各项目的电路原理图文件、C51 源程序等。此外，目前互联网上有大量关于 51 单片机应用的案例和资料，在学习过程中，若遇到问题，也可以通过互联网获得解答或查阅相关资料。

思考与练习

1. 什么是单片机？目前国际上一般用什么缩写字母表示？

2. 单片机有哪些特点？目前主要应用在哪些领域？

3. 单片机内部一般包括哪些部件？

4. 单片机一般有哪几种分类方法？

5. 单片机应用系统的开发大致要经过哪些过程？其中哪些过程要以计算机为主要工具？

第2章 51单片机基础

【学习目标】

(1)认识51单片机的引脚功能和内部结构。

(2)认识51单片机的存储器配置和特殊功能寄存器。

(3)认识51单片机的定时器/计数器、中断、串口。

一、51单片机封装形式与引脚功能

51系列单片机有多种封装形式,如DIP、PLCC、TQFP等,引脚数从8脚到44脚不等。但不论采用何种封装,其引脚构成和功能基本相同。图1-2-1a是最常见的DIP40(双列直插40引脚)封装的实际引脚排列,而在原理图符号中一般不按实际排列显示各引脚,而是按引脚分类排列显示(见图1-2-1b所示)。

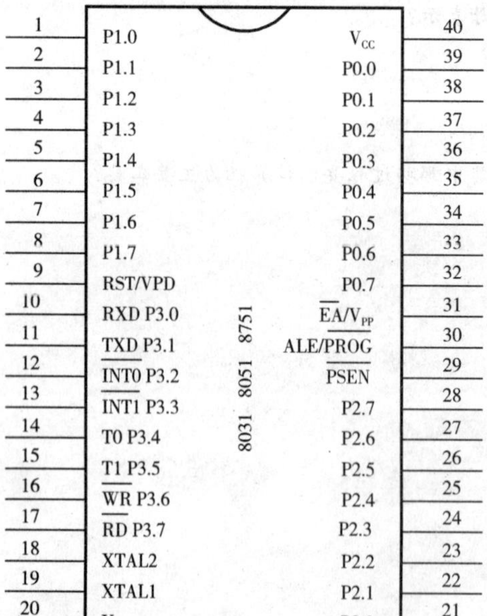

a)DIP40封装51单片机引脚排列

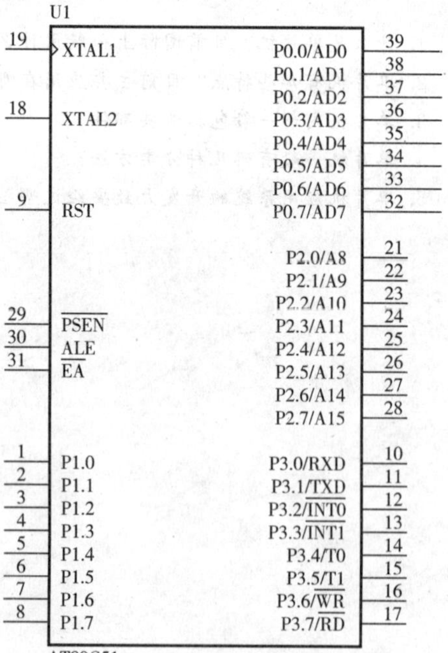

b)51单片机原理图符号

图1-2-1 单片机的引脚排列

下面对51单片机的各引脚功能进行说明:

1. 电源引脚 V_{ss} 和 V_{cc}

V_{ss}（第 20 脚）接地；V_{cc}（第 40 脚）接电源（一般为＋5V）。

在电路设计软件的原理图符号中，一般并不显示 V_{ss} 和 V_{cc} 引脚，因为这两个引脚是任何集成电路必有的引脚，已默认接地和接电源。

2. 外接晶振引脚 XTAL1 和 XTAL2

51 单片机片内有一个时钟振荡电路，在 XTAL1 和 XTAL2 引脚上外接石英晶振和电容组成的谐振回路，内部振荡电路就产生自激振荡作为系统的时钟，如图 1-2-2 所示。晶振频率可在该型号单片机的上限频率内选择（目前一般在 1.2～24MHz 之间选择）；电容值在 5～30pF 之间选择，一般取 22pF。电容量的大小可起到频率微调的作用。

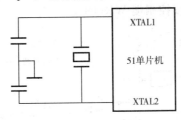

图 1-2-2　外接振荡电路

3. 复位端 RST

当振荡器运行时，若在此引脚上出现从低到高的跳变，并保持此高电平两个机器周期以上（一般为数毫秒），则将使单片机复位。在 V_{cc} 掉电期间，此引脚可接上备用电源，由 VPD 向内部供电，以保持内部 RAM 中的数据。MCS－51 单片机最常用的复位电路如图 1-2-3 所示。

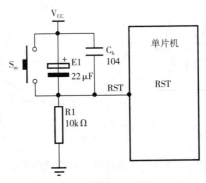

图 1-2-3　复位电路

该电路具有上电自动复位和手动复位两种功能。

加电瞬间，由于电容的作用，RST 端产生高电平，随着 RC 电路充电电流的减小，RST 的电位逐渐下降为 0，于是在 RST 端形成几个毫秒的高电平脉冲，使 MCS－51 单片机复位。

按钮 S_m 为手动复位。按下按钮时 RST 为高电平，松开按钮时 RST 恢复为低电平，形成的高电平脉冲使系统复位。

4. 通用并行输入/输出（GPIO）引脚

51 单片机提供 4 个 8 位并行 I/O 端口（P0～P3），各端口既可输入（读入引脚上的信号逻辑电平),也可输出(通过程序控制引脚上的逻辑电平,以控制外部设备)。它们既可在整个端口上进行字节操作(8 位同时操作),也可按位操作(用 P0.0～P0.7,P1.0～P1.7,P2.0～P2.7,P3.0～P3.7 表示其中各位,可对其中任一位置 1 或清 0 操作)。各端口的内部结构略有差异,如图 1-2-4 所示,其特点见表 1-2-1 所示。特别需要指出的是,P3 端口除了作为并行 I/O 端口外,各引脚还具有第二功能,这些功能在单片机应用中具有以下重要的作用:

(1)P3.0、P3.1 为串行通讯的收发引脚;

(2)P3.2、P3.3 为外部中断输入引脚 INT0、INT1;

(3)P3.4、P3.5 为计数器 T0、T1 的计数输入端;

(4)P3.6、P3.7 为片外写读控制端 WR、RD;

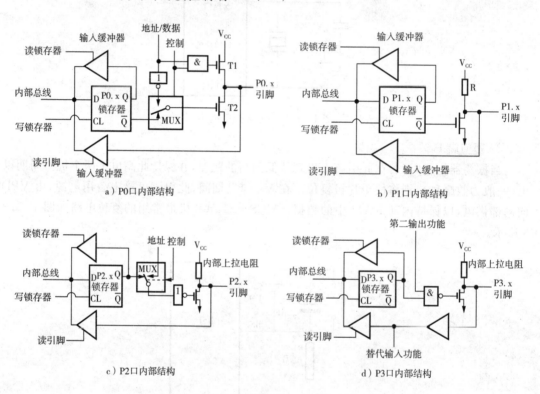

图 1-2-4　51 单片机 I/O 端口内部结构

下面通过表 1-2-1 对 P0～P3 四个端口特征作简单概括。

表 1-2-1　51 单片机 I/O 端口特性

端口	P0	P1	P2	P3
共性	8 位 I/O 端口,既可按字节操作(8 位),也可按位操作(1 位);根据指令不同,输入时有读端口锁存器和读引脚两种情形			
性质	双向/准双向	准双向	准双向	准双向
驱动能力	8 个 TTL	4 个 TTL	4 个 TTL	4 个 TTL

（续表）

端口	P0	P1	P2	P3
内部端口电路	作外部总线时，为 FET 推拉输出；作 I/O 输出时，为准双向口，输出为漏极开路	准双向口：输出时为带上拉电阻的 FET 输出；输入时要先向端口写 1 使输出 FET 截止		
其他功能	系统扩展时作为分时复用的片外数据总线/地址总线（低 8 位）		系统扩展时作为片外地址总线高 8 位	第二功能： P3.0/3.1——串口 RXD、TXD； P3.2/3.3——中断 INT0、INT1； P3.4/3.5——计数器 T0、T1； P3.6/3.7——写读 WR、RD

5. 其他引脚

以下引脚一般只在外部并行扩展存储器时才用到，这里只作简单介绍。

ALE/$\overline{PROG}$：正常操作时为 ALE 功能（允许地址锁存），提供把地址的低字节锁存到外部锁存器，ALE 引脚以不变的频率（振荡器频率的 1/6）周期性地发出正脉冲信号。因此，它可用作对外输出的时钟，或用于定时目的。

$\overline{PSEN}$：为外部程序存储器读选通信号输出端。

$\overline{EA}$/Vpp：为内部程序存储器和外部程序存储器选择端。当 $\overline{EA}$/Vpp 为高电平时，访问内部程序存储器；当 $\overline{EA}$/Vpp 为低电平时，则访问外部程序存储器。

二、51 单片机的内部结构

51 系列单片机包含很多不同型号的产品，内部配置存在一些差别。图 1-2-5 是最基本的 8051 的内部结构配置，我们就从这个最基本的 8051 内部结构配置来认识 51 系列单片机。

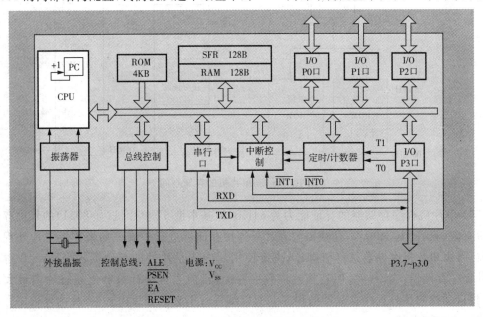

图 1-2-5　基本型 51 单片机内部结构

由图 1-2-5 可见,基本型 8051 单片机内主要包含下列部件:

① 一个 8 位 CPU;

② 一个片内振荡器及时钟电路;

③ 4K 字节 ROM 程序存储器;

④ 128 字节 RAM 数据存储器;

⑤ 23 个特殊功能寄存器 SFR;

⑥ 两个 16 位定时器/计数器;

⑦ 可寻址 64K 外部数据存储器和 64K 外部程序存储器空间的控制电路;

⑧ 32 条可编程的 I/O 线(四个 8 位并行 I/O 端口);

⑨ 一个可编程全双工串行口;

⑩ 具有五个中断源、两个优先级嵌套的中断结构。

这些部件大都通过编程来控制和使用,所以本节主要从编程角度介绍其内部结构。

三、51 单片机的存储器

MCS-51 单片机的存储器在物理上由以下 4 个部分组成(见图 1-2-6 所示)。

① 片内程序存储器 ROM:不同型号的单片机提供不同的类型,如掩模 ROM、PROM、EPROM、FlashROM 等,容量也从 0KB 到 64KB 不等。

② 片内数据存储器:一般为静态 RAM,不同型号的容量从 128B 到 2KB 不等。

③ 片外程序存储器:需要外接 ROM 芯片进行扩展。

④ 片外数据存储器:需要外接 RAM 芯片进行扩展。

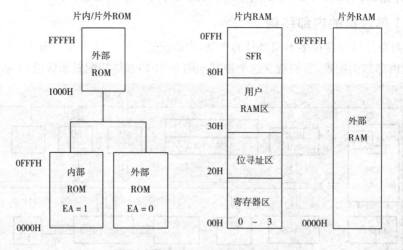

图 1-2-6 单片机的存储空间

51 单片机程序存储器的寻址能力为 64KB,但基本型 51 单片机(如 8051)的片内存储器容量有限(只有 4K ROM),往往需要在片外连接存储器进行扩展。如果扩展了片外程序存储器,将由单片机存储器选择引脚$\overline{EA}$决定使用片内还是片外的存储器。当$\overline{EA}=0$时选择片外程序存储器,当$\overline{EA}=1$时选择片内程序存储器,但当程序计数器值超过片内最大地址时,将自动指向片外程序存储器的程序。所以编程时不必区分片内外,将片内外程序存储器看成一个存储空间。

在单片机内部,地址采用的是二进制形式,但二进制书写起来冗长,所以我们一般都采用与二进制有简单对应关系的十六进制表示(在 C 语言中书写时加前缀 0x,汇编语言加后缀 H 来表示十六进制数),如二进制数 00001111B 用十六进制表示为 0x0F 或 0FH。

在增强型 51 单片机中,有很多型号的片内存储器容量有所增加,其片内程序存储器从 4K 增加到 8K~64K、片内数据存储器从 256 字节增加到 1K~2K,所以现在一般只要选用合适的型号即可满足存储容量要求,而不必在硬件上进行存储器的外部扩展,大大简化了硬件电路的设计和降低了成本。现实开发中已很少对 51 单片机进行外部存储器的扩展。为此,本书略去了存储器外部扩展的内容。

1. 程序存储器

单片机片内程序存储器的主要类型有 ROM 型(如 intel 8051 系列)、EPROM 型(如 intel 8751 系列)、FlashROM 型(如 Atmel 89C51 系列)和 Flash 类型的 ROM,其程序下载和擦写都很方便,目前得到了十分广泛的应用。

单片机工作时,以程序计数器 PC(片内独立的 16 位寄存器,最大寻址能力为 $2^{16}=65536=64KB$)的值作为地址,从程序存储器取指令予以执行。系统复位后的 PC 值为 0000H,即系统复位后,总是从程序存储器 0000 地址开始读取指令代码,取指令之后 PC 会自动修改为下一条指令的地址。我们可将 PC 理解为程序指针,它起着程序指挥棒的作用。不管程序是按顺序执行,还是分支跳转,PC 总是指出即将要执行的下一条指令的地址,于是,单片机的工作过程就是 CPU 按 PC 所指示的地址,从程序存储器中取指令并加以执行的过程。

2. 片内数据存储器

51 单片机的数据存储器 RAM 可划分为片内 RAM 和片外 RAM 两个空间。片外 RAM 需要在物理上外接扩展,在数据处理量不大时,可不考虑外部 RAM 扩展,只使用片内 RAM;片内 RAM 又可分为四个部分。编程时可根据需要选择数据的存储位置。在指令系统中是通过不同的传送指令来区分;在 C 语言中,则是在数据声明时用相应的关键字来指定其存储位置(见表 1-2-2)。

表 1-2-2 51 单片机存储空间的划分及表示方法

类别	数据存储位置	寻址范围	汇编语言中的表示方法	C51 中声明存储位置	访问特点
片内数据	片内 RAM 的通用寄存器区	00~0x1F	4 个寄存器区的 R0~R7	register	最快
	片内 RAM 的可位寻址区	0x20~0x2F	位地址 20H.0~2FH.7 或 00~7FH	bdata	可位寻址
	片内 RAM 的通用区	0x30~0x7F	MOV	data	
	特殊功能寄存器区	0x80~0xFF 中的部分单元	SFR 名称	sfr	直接寻址

类别	数据存储位置	寻址范围	汇编语言中的表示方法	C51中声明存储位置	访问特点
片外数据	片外RAM（用8位指针分页访问）	00～0xFF	MOVX A,@Ri（间接寻址）	pdata	较慢
	片外RAM（用16位指针访问）	0000～0xFFFF	MOVX A,@DPTR	xdata	慢
	程序存储器	0000～0xFFFF	MOVC A,@DPTR	code	只读

（1）工作寄存器区（0x00～0x1F）

片内数据存储器空间 0x00～0x1F 区域既能作为工作寄存器区（每个寄存器区有 R0～R7 八个寄存器），也可以作为普通的数据存储单元。由于 4 个区的寄存器名称均为 R0～R7，所以要通过 PSW 的 RS1、RS0 两位指定 4 个区之中的某一个作为当前工作区（R0～R7），如表 1-2-3 所示。

表 1-2-3　工作寄存器区

RS1	RS0	寄存器区	R0～R7 的地址范围
0	0	0	0x00～0x07
0	1	1	0x08～0x0F
1	0	2	0x10～0x17
1	1	3	0x18～0x1F

（2）位寻址区

内部 RAM 的 0x20～0x2F 为位寻址区，该区域共有 16 字节×8 位=128 位，可按字节读写，也可按位读写，通常把各种位控制变量设在位寻址区内。访问位寻址区中的某一位，既可以用"字节地址＋位"的形式表示，也可直接用位地址表示。例如 0x2F 单元的第 5 位，既可用 0x2F+5 表示，也可直接用位地址表示为 0x7D。两种表示方法的对应关系如表 1-2-4 所示。

表 1-2-4　RAM 位寻址区的位地址映象

字节地址	位地址（十六进制）							
	D7	D6	D5	D4	D3	D2	D1	D0
0x2F	7F	7E	7D	7C	7B	7A	79	78
0x2E	77	76	75	74	73	72	71	70
0x2D	6F	6E	6D	6C	6B	6A	69	68

（续表）

字节地址	位地址(十六进制)							
	D7	D6	D5	D4	D3	D2	D1	D0
0x2C	67	66	65	64	63	62	61	60
0x2B	5F	5E	5D	5C	5B	5A	59	58
0x2A	57	56	55	54	53	52	51	50
0x29	4F	4E	4D	4C	4B	4A	49	48
0x28	47	46	45	44	43	42	41	40
0x27	3F	3E	3D	3C	3B	3A	39	38
0x26	37	36	35	34	33	32	31	30
0x25	2F	2E	2D	2C	2B	2A	29	28
0x24	27	26	25	24	23	22	21	20
0x23	1F	1E	1D	1C	1B	1A	19	18
0x22	17	16	15	14	13	12	11	10
0x21	0F	0E	0D	0C	0B	0A	09	08
0x20	07	06	05	04	03	02	01	00

（3）一般数据区

内部 RAM 的 0x30～0x7F 的地址区,可作为一般数据区使用,存放可读写的数据。对于 52 系列,还有 0x80～0xFF 的 128 个单元,但是因与 SFR 共用 0x80～0xFF 的地址,为区别两者而要采用不同的寻址方式,SFR 只能用直接寻址方式访问,52 系列的这 128 个 RAM 单元只能采用间接寻址方式访问。

（4）特殊功能寄存器（SFR）

片内地址直接寻址空间(0x80～0xFF)称为特殊功能寄存器区(SFR),对 51 系列单片机而言其中仅有 23 字节是有定义的,如果访问该区域的其他地址单元,其结果是不确定的。SFR 的符号和功能见表 1-2-5 所示。SFR 对于控制单片机片内资源起到至关重要的作用,不论采用何种语言编写单片机应用程序,其主要任务都是通过对这些 SFR 进行设置和控制来实现单片机的各种功能。在增强型单片机中所扩展的功能,也是通过所增加的 SFR 来使用的。可以说熟悉 SFR 的名称、功能和用法是单片机程序开发的关键。由于在编程时都是通过这些特殊功能寄存器的名称(一般为功能的英文缩写)来访问,所以可不必记忆其地址,只需知道在 SFR 中,十六进制地址可以被 8 整除(即末位为 0 或 8)的可以按位操作,并且每个位有确定的名称,例如 P0 口的 0～7 八位可分别用 P0.0 到 P0.7 表示,可对其中任何一位单独进行置 1(例 P0.0=1)或清 0(P0.0=0)的操作。对那些十六进制地址不能被 8 整除的 SFR,则需要按字节进行操作,例如 TMOD=0x21。

表 1-2-5 51 单片机的特殊功能寄存器(SFR)(重点)

分 类	名 称	功 能	地 址
运算	ACC	累加器	E0
	B	寄存器 B	F0
	PSW	程序状态字(含进/借位、溢出、奇偶标志)	D0
指针	DPTR	数据指针(DPH/DPL,指示数据访问地址)	83/82
	SP	堆栈指针(指示栈顶地址)	81
并行 I/O	P0	P0 口锁存器(P0 口 I/O 读写)	80
	P1	P1 口锁存器(P1 口 I/O 读写)	90
	P2	P2 口锁存器(P2 口 I/O 读写)	A0
	P3	P3 口锁存器(P3 口 I/O 读写)	B0
串行通信	SCON	串口工作方式寄存器(设置串口工作方式)	98
	SBUF	串口锁存器(串口收发缓冲)	99
电源控制	PCON	电源控制寄存器(设置休眠等节电模式)	97
定时器/计数器	TMOD	定时器/计数器工作方式寄存器	89
	TCON	定时器/计数器控制寄存器(控制启停)	88
	TH0/TL0	T0 计数结果的高字节和低字节	8C/8A
	TH1/TL1	T1 计数结果的高字节和低字节	8D/8B
中断	IP	中断优先级寄存器(设置各中断的优先级)	B8
	IE	中断允许寄存器(各中断的允许与禁止)	A8

注:以下仿体字部分仅对使用汇编语言的读者比较重要;对使用 C51 的读者来说,可根据情况选学。

～～～～～～～～～～～～～～～～～～～～～～～～～～～～～～～～～～～～～～

51 单片机部分 SFR 功能介绍如下。

(1)累加器 ACC

累加器是一个最常用的专用寄存器,在指令中可以用"A"和"ACC"表示,但两者所表示的寻址方式不同,"A"表示寄存器寻址,"ACC"表示直接寻址。

指令系统中大部分单操作数指令的操作数和很多双操作数指令中的一个操作数都指定为 A。如加、减、乘、除算术运算指令中,其中一个操作数和结果都存放在累加器 A 中。例如:

ADD A,40H;

该指令的含义是以累加器 A 的内容作为被加数,加数存放在内部 RAM 的 40H 单元中,相加后的和存放在累加器 A 中。

（2）寄存器 B

寄存器 B 常用在乘法和除法指令中，乘法指令的两个操作数分别存放在 A 和 B 中，而乘积的低 8 位存放在 A 中，高 8 位存放在 B 中。例如：

MUL AB;

该指令的功能为 A 与 B 的乘积存放在 BA 中（即乘积为高字节的放在 B 中，为低字节的放在 A 中）。

除法指令中，被除数存放在 A 中，除数存放在 B 中，运算结果，商数存放在 A 中，余数存放在 B 中。在其他指令中，B 寄存器可作为 RAM 中的一个单元使用。

（3）程序状态字 PSW

程序状态字是一个 8 位寄存器，由一些标志位组成，它们标志着指令运行的状态。其包含的状态信息及含义见表 1-2-6 所示。系统复位时，PSW＝00H。

表 1-2-6 程序状态字 PSW

位	D7	D6	D5	D4	D3	D2	D1	D0
标志	CY	AC	F0	RS1	RS0	OV	—	P
含义	进位/借位	辅助进/借位	用户标志	寄存器区选择		溢出	保留	奇偶

其各位的功能如下。

① CY 进位标志：当执行算术运算时，最高位向前进位或借位时，CY 被置位。在执行逻辑运算时，可以被硬件或软件置位或清 0，在布尔处理机中，它被认为是位累加器。

② AC 辅助进位标志：进行加法或减法运算时，当低四位向高四位进位或借位时，AC 被置位，否则就被清 0。AC 被用于十进制调整，详见 DA A 指令。

③ F0 标志：是用户定义的一个状态标志，可以用软件来使它置位或清 0，也可以用软件测试 F0 以控制程序的流向。

④ RS1、RS0 工作寄存器区选择控制位：为了提高编程的效率和使用方便，MCS－51 内部有 4 组且每组（工作寄存器区）名为 R0～R7 的寄存器，可以用软件来置位或清 0，以确定工作寄存器区。RS1、RS0 与工作寄存器区的对应关系见表 1-2-3 所示。

⑤ OV 溢出标志：对带符号数作运算时，OV＝1 表示运算的结果超出符号数的正确范围。

⑥ P 奇偶标志：表示累加器 A 中 1 的个数的奇偶性。若累加器 A 中 1 的个数为奇数，则 P 置位，若 A 中 1 的个数为偶数，则 P 清 0。

此标志位对串行通信中的数据传输有重要意义。在串行通信中常用奇偶校验来检验数据传输的错误，若通信协议中规定采用奇校验，则在发送端将每帧数据都靠奇偶校验位凑成奇数个 1，即 P＝1，当数据传输到接收端，若 P 仍为 1，则表示接收到的数据中 1 的个数仍为奇数，说明传输过程中，无奇偶校验错，可以接收。若接收端 P＝0，表明数据中 1 的个数变成了偶数，一定存在将某位 1 与 0 弄错的现象，产生奇偶校验错误，接收数据无效。

（4）数据指针寄存器 DPTR

这是一个 16 位的专用寄存器，既可作一个 16 位寄存器用，也可作为两个 8 位寄存器来用（高字节寄存器 DPH 和低字节寄存器 DPL）。当访问外部数据存储器时，可用来存放外部数据存储器的 16 位地址,即作为数据指针。

(5)堆栈指针 SP

在计算机内,常需要一个按"先进后出"(First In Last Out,简称 FILO)原则存取数据的存储区,即严格地按与存放相反的顺序取出数据,以便实现数据的有序保存和恢复。

子程序调用时由硬件自动将当前 PC 值放入堆栈,便于子程序结束之后准确返回。中断响应服务子程序通常也需要使用堆栈来保存现场,以便子程序或中断服务程序执行结束后能够正确返回主程序。

为了正确存取堆栈区内的数据,需要一个寄存器指示最后进入堆栈的数据所在单元的地址(栈顶地址),堆栈指针 SP 寄存器就是为此设计的。51 单片机的堆栈是向上生长的,即将一字节数据压入堆栈后,堆栈指针 SP 寄存器的值自动加 1。从堆栈中弹出一字节时,SP 的值自动减 1。即在堆栈操作过程中,SP 的值始终为栈顶地址,也就是 SP 始终自动指向栈顶。

在 51 系列单片机中,SP 复位后的值为 0x07,即指向片内 RAM 的 0x07 单元,可以通过程序赋值使其指向内部 RAM 中 0x00～0x7F 的任一单元,为使堆栈区避开寄存器区和用户数据区,同时又要避免堆栈溢出(超过 0x7F),在所需的堆栈深度不超过 16 个字节的情况下,一般在程序开始处将堆栈初始值设为 0x6F,使得实际堆栈区的地址在 0x70～0x7F 范围内。如果需要更深的堆栈,可以将 SP 的初始值设为一个更小的值,如 0x5F,则堆栈区的深度为 0x60～0x7F 的 32 个字节。

(6)8 位并行 I/O 端口锁存器

P0、P1、P2、P3 这四个特殊功能寄存器是 I/O 口的端口锁存器,可以通过读写来实现 I/O 口的输入和输出,在系统的输入输出控制中起着重要作用。

从中可以看出,P0 口在作为 I/O 口使用时为漏极开路,一般需要外接上拉电阻(5～10kΩ),而 P1、P2、P3 内部具有 20kΩ 上拉电阻。

目前在一些增强型 51 单片机中(如 STC 系列),对 I/O 口做了改进。一是提高了输出驱动能力(可达 20mA),二是引脚可由程序配置为不同的状态(输入、高阻、准双向和强推挽输出)以适应不同的输入输出需要。

(7)电源控制寄存器 PCON

电源控制寄存器 PCON(见表 1-2-7)不能按位寻址,只能按字节操作。例如:

PCON = PCON | 0x80

表 1-2-7　PCON 位定义

PCON	D7	D6	D5	D4	D3	D2	D1	D0
位符号	SMOD	—	—	—	GF1	GF0	PD	IDL

SMOD 是波特率加倍位,SMOD 置位时,则串行口工作在模式 1、2、3 时的波特率自动加倍。

GF1、GF0 是用户通用标记(可作为用户标志使用,但不能位寻址)。

PD 是掉电模式控制位。PD 置位,单片机工作在掉电方式下,片内振荡器停止工作,单片机内所有运行状态都停止,只有片内 RAM 和 SFR 中的数据被保存下来。我们只能用硬件复位退出掉电工作方式,复位操作将重新定义所有的 SFR,但不改变片内 RAM 中的内容。

IDL 是空闲模式控制位。空闲模式下 CPU 内核进入休眠,功耗下降,芯片内部的周边设备,即定时器中断、计数器中断、外部中断、串口中断仍然工作。

空闲模式与掉电模式不同的是,空闲模式由软件启用。芯片中的 RAM 和特殊功能寄存器在该模式下保持原来的值。空闲模式可以由任何中断或者硬件复位来唤醒,但掉电模式比空闲模式功耗更低。

四、51 单片机的指令系统与寻址方式

程序是指令的有序集合。单片机的 CPU 所能执行的指令集合称为该单片机的"指令系统",指令中寻找操作数的方式称为"寻址方式"。由于这些概念都是来自面向机器的底层操作,以机器码或汇编指令的形式给出,对使用高级语言编程的用户,可以利用高级语言环境提供的大量数据类型、运算符和函数来实现所需的功能,对这些底层操作只需简单了解即可,不必深究。表 1-2-8 给出了 51 单片机指令系统的指令分类。

表 1-2-8 MCS-51 指令系统中的指令分类

指令类别	指令功能
数据传送指令	在存储器单元、寄存器之间传送数据
算术运算指令	实现 8 位的加、减、乘、除运算
逻辑运算指令	实现与、或、异或、求反、移位等逻辑运算
控制转移类指令	实现程序的跳转或调用
位操作指令	对一个二进制位置 1、清 0、求反操作

寻址方式即指令中寻找操作数的方式。MCS-51 指令系统提供 7 种寻址方式,现归纳在表 1-2-9 中。

表 1-2-9 MCS-51 的 7 种寻址方式

寻址方式	特 点
立即寻址	操作数本身就包含在指令中
直接寻址	指令直接给出操作数的地址
寄存器寻址	操作数在指令给出的寄存器中
寄存器间接寻址	指令给出的寄存器,其内容是操作数的地址
基址+变址寻址	以 DPTR(或 PC)和 A 的内容相加之和作为操作数的地址
相对寻址	用相对于当前地址的偏移量来确定目标地址
位寻址	对二进制位操作

五、51 单片机的定时器/计数器

测量和控制领域经常要用到定时和计数功能。例如,时间测量和控制、脉冲计数等。另外像频率、距离、转速等物理量也都可以通过时间测量和计数来实现。为此,几乎所有的单片机内部都包含定时器/计数器。

51 单片机的定时器/计数器的结构如图 1-2-7 所示,由图可见,基本型 51 单片机内有两个可编程的 16 位定时器/计数器 T0 和 T1。T0 实质上是由高 8 位寄存器 TH0 和低 8 位寄存器 TL0 组成的计数器,同样 T1 由 TH1、TL1 组成。

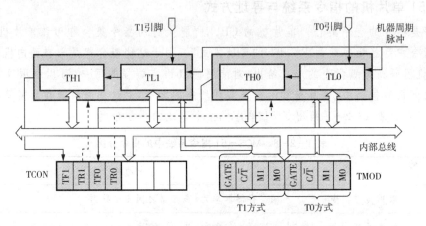

图 1-2-7　51 单片机的定时器/计数器结构

所谓可编程,是指它们的工作方式(工作在计数或定时模式,以及工作方式选择 0,1,2,3)、启动和停止、读取计数结果等均可通过图 1-2-7 中所示的几个特殊功能寄存器编程来实现。其中:

① TMOD 用于设定 T0、T1 的工作方式。

② TCON 用于控制 T0、T1 的启停和表示 T0、T1 是否溢出的状态。

③ TH0/TL0 和 TH1/TL1 分别记录 T0 和 T1 的计数结果。

系统复位时,这些特殊功能寄存器均被清 0。

下面对这几个特殊功能寄存器作一简单介绍。

1. 与定时器/计数器有关的特殊功能寄存器

(1)计数器 TH0/TL0、TH1/TL1

T0 和 T1 分别由高 8 位寄存器和低 8 位寄存器组成,既可以以 8 位方式工作,也可以将高 8 位和低 8 位组合起来以 13 或 16 位方式工作。它们将根据工作模式的设置,对 T0 或 T1 引脚上的信号下跳沿计数(称为计数方式)或对系统时钟的 12 分频(机器周期)计数(称为定时方式)。我们随时可以通过程序从 TH0/TL0 或 TH1/TL1 中读出 T0 或 T1 的计数结果。当计数器计满时,如 8 位方式计到 $2^8 = 256$ 或 16 位方式计到 $2^{16} = 65536$ 时,计数器溢出(计数器值回 0,相应的溢出标志置 1)。

(2)工作方式寄存器 TMOD

TMOD 用于设置定时器/计数器 T0、T1 的工作模式和工作方式,TMOD 的低四位用于设置 T0,高四位用于设置 T1,其格式如表 1-2-10 所示。

表 1-2-10　定时器/计数器工作方式寄存器 TMOD

位	D7	D6	D5	D4	D3	D2	D1	D0
功能	GATE	C/$\overline{\text{T}}$	M1	M0	GATE	C/$\overline{\text{T}}$	M1	M0
控制对象	T1				T0			

现对 TMOD 寄存器中每一位的功能介绍如下(因 T1 与 T0 的设置方式基本相同,故此处以 T0 来说明):

① GATE——门控位。

从图 1-2-8 可以看出,当 GATE=1 时(称为门控方式),经反相器变为 0,所以外部中断引脚 INT0(P3.2)必须为 1 才能使或门输出 1 到与门的输入端,与门的另一输入端为 TR0,所以此时要求外部中断引脚 INT0(P3.2)和 TR0 必须均为 1 才能使与门输出 1 启动 T0 工作。可见门控方式的特点是由 INT0 引脚(硬件电平)和 TR0 位(软件设置)共同控制 T0 的运行。而当 GATE=0 时(非门控方式),经反相器变为 1,不论 INT0 如何,或门均输出 1,与门输出仅取决于 TR0,即非门控方式下,T0 的工作完全由 TR0 位(软件)来控制启停。

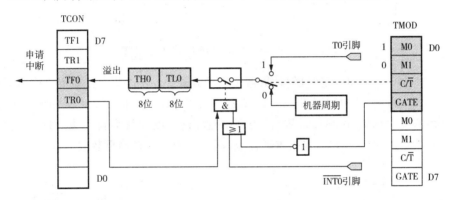

图 1-2-8　T0 的控制结构示意图

② C/$\overline{\text{T}}$——计数器/定时器模式选择位。

从图 1-2-8 可以看出,当 C/$\overline{\text{T}}$=1 时计数器对 T0 引脚(P3.4)的外部脉冲(下降沿)计数,称为计数器模式。当 C/$\overline{\text{T}}$=0 时对内部时钟振荡信号的 12 分频,也就是对机器周期计数,因为机器周期恒为晶振振荡周期的 12 倍。例如 $f=12\text{MHz}$ 晶振,机器周期 $T=12/f=1$ 微秒,可作为固定的时基,对机器周期计数也就是对该时基的计数,故称为定时器模式。

③ M1M0——定时器/计数器工作方式选择位。

M1M0 组合共有四种编码 00,01,10,11,表 1-2-11 给出了四种工作方式(方式 0,1,2,3)的特点。

表 1-2-11　51 单片机定时器/计数器的工作方式

M1M0	方式	功　能
0　0	0	13 位方式(为与 48 系列兼容而设,现一般不用)
0　1	1	16 位方式
1　0	2	8 位自动重装载方式
1　1	3	TL0/TH0 作为两个 8 位定时器/计数器使用(只用于 T0)

由于方式 0 只是为与前一代的 48 系列单片机兼容而保留的,现很少使用。下面仅对常用的方式 1、方式 2 以及方式 3 进行说明。

● 当 M1M0 为 01 时,定时器/计数器工作于方式 1,工作于方式 1 的 T0 的结构如图 1-2-9 所示。可以看出,方式 1 是以 16 位方式工作,TH0 和 TL0 中分别是计数结果的高 8 位和低 8 位。

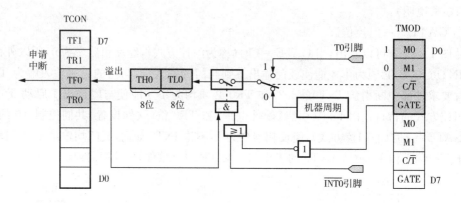

图 1-2-9　T0 方式 1(16 位)工作示意图

● 当 M1M0 为 10 时,定时器/计数器工作于方式 2。方式 2 为自动重装载初值的 8 位计数器。以 T0 为例,结构如图 1-2-10 所示。可以看出,T0 的方式 2 只用低 8 位 TL0 计数,TH0 用来保存初值(由程序设置)。当 TL0 溢出时,硬件就会自动将 TH0 中的初值重新装入 TL0,使 TL0 从该初值开始重新计数,所以称为 8 位自动重装载方式。

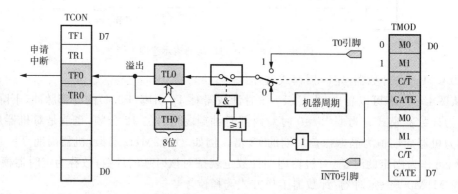

图 1-2-10　T0 方式 2(8 位自动重装载)工作示意图

● 方式 3 只适用于定时器/计数器 T0,此方式下 TH0 和 TL0 作为两个 8 位计数器使用(见图 1-2-11 所示),TH0 占用了 TR1 和 TF1,所以此时 T1 只能工作于方式 0,1,2,且无法使用中断和 TR1 控制,常可用作串行口波特率发生器。若将 T1 设置为方式 3,则 T1 停止工作。

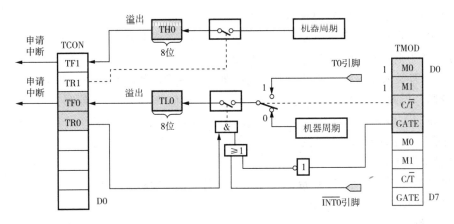

图 1-2-11　T0 方式 3(两个 8 位)工作示意图

(3)控制寄存器 TCON

特殊功能寄存器 TCON 的高四位用于控制 T0、T1 的运行,其定义见表 1-2-12 所示。

表 1-2-12　TCON 的位定义

位序号	D7	D6	D5	D4	D3	D2	D1	D0
位名称	TF1	TR1	TF0	TR0	IE1	IT1	IE0	IT0
作用	T1 溢出	T1 启停	T0 溢出	T0 启停	用于中断			

TCON 对定时器/计数器工作的控制功能如下:

① TR0——定时器/计数器 T0 运行控制位。

当 GATE=0,TR0=1 时,定时器/计数器 T0 开始工作;TR0=0 时,定时器/计数器 T0 停止工作。TR0 由软件置 1 或清 0,所以,此时定时器/计数器 T0 的启停完全由软件控制。

当 GATE=1 时(门控方式下),只有 TR0 与 INT0 均为 1 时,定时器/计数器 T0 才工作。TR0 由软件置 1 或清 0,INT0 由硬件引脚电平决定。所以,此时定时器/计数器 T0 的启停由软件和硬件共同控制。这个特性可以用来精确测量 INT0 引脚上脉冲高电平的宽度。

② TF0——定时器/计数器 T0 溢出标志位。

由于 n 位二进制计数器的最大计数值为 2^n,当计数器的计数值达到 2^n 时会归零(好比时钟计到 12 点又回到 0 点一样),并产生溢出标志 TF0=1,所以,可采用查询 TF0 的状态来判断 T0 溢出情况。TF0=1 也可作为 T0 中断请求信号,CPU 响应 T0 中断后,TF0 被硬件自动清 0。

③ TR1——定时器/计数器 T1 溢出运行控制位,其功能和 TR0 类似。

④ TF1——定时器/计数器 T1 溢出标志位,其功能和 TF0 类似。

2. 定时器/计数器的编程要点

由于定时器/计数器的工作方式、模式需要由程序确定,所以称其为初始化编程。其要点和步骤如下。

(1)设定模式和工作方式

根据使用要求,设定时需要考虑以下三个方面要素:

① 确定模式。其本质是选择计数信号的来源,即是来自芯片的引脚(计数模式),还是

来自系统内部的机器周期(定时模式)。

② 根据位数要求确定工作方式。方式 0 为 13 位,方式 1 为 16 位,方式 2 为 8 位自动重装载,方式 3 为双 8 位。

③ 是否需要采用门控方式(GATE=1),即是否需要外部引脚的电平参与对定时器/计数器的控制。模式与工作方式设置的具体方法是通过向 TMOD 寄存器写入方式控制字实现的。例如:TMOD=0x2D;因为 0x2D=00101101B,所以对照 TMOD 的各位,得知 T1 为 8 位自动重装载定时模式、非门控方式;T0 为 16 位计数模式,门控方式。

(2)设定计数初值

如果只是读取计数结果,开始计数时应该设初值为 0(系统复位时 T0、T1 值均为 0,所以有时可省略设置初值 0 的操作)。

有时我们不是简单计数,而是希望计到一定值时给出信号,此时,可以用计数器的溢出标志 TF0 在计满时(8 位计到 $2^8=256$ 次计满,16 位计到 $2^{16}=65536$ 计满)自动置 1 的特点。不难理解,对于计数方式,如果需要计数到 N 次给出溢出标志,则需要预先将初值 $X=2^n-N$ 写入计数器来实现(式中 n 为所设置的计数器二进制位数)。

对于定时方式,如果需要 t 时间溢出,由于每个机器周期 T 计数一次,所以就需要在计数 t/T 次时溢出,所以初值应为 $X=2^n - t/T$。

例如:对于 12MHz 晶振,机器周期 $T=12/f_{osc}=1$ 微秒,若需要 T0 每 100 微秒产生一次定时信号,可选方式 2 的定时器方式,此时应取初值 $X=2^8-100/1=256-100=156$,相应指令为:

```
TMOD = 0x02;

TH0 = TL0 = 156;
```

如果需要定时较长,例如需要 1ms 定时,对于上述 12MHz 晶振,由于 1ms=1000 个机器周期,此时大于 8 位计数器最大计数值 256,应采用方式 1(16 位计数器),$X=2^{16}-1000=65536-1000$,由于是 16 位初值,需要分别将高 8 位写入 TH0,低 8 位写入 TL0,相应指令为:

```
TMOD - 0x01;
TH0 = (65536 - 1000)/256;
TL0 = (65536 - 1000) % 256;
```

(3)启动或停止计数

在非门控方式下,通过对 TCON 中的 T0 运行控制位 TR0 置 1,可启动 T0 计数,TR0 清 0 则停止 T0 计数,即:

```
TR0 = 1;//启动 T0 工作
TR0 = 0;//停止 T0 工作
```

(4)计数结果(读取值、查询溢出、中断)

程序中可以随时读取 TH0 和 TL0 中的计数值,如:

```
x = TH0 * 256 + TL0;
```

如果需要根据计数器的溢出来判断计数是否到达预定值,通常有以下两种方法:

一是 CPU 不断查询溢出标志 TF0,根据是否溢出来判断计数是否到达设定值,如:

if(TF0)OUT = ! OUT;

二是采用定时器/计数器中断的方法,当计数器溢出时向 CPU 发出中断请求信号,CPU 响应后予以处理。

上面以定时器/计数器 T0 为例,说明了定时器/计数器的编程要点,除了方式 3 仅对 T0 有效外,对其余三种方式来说,T1 和 T0 是完全相同的。本书的实践篇中有多个项目都用到定时器/计数器(见表 1 - 2 - 13 所示),读者可结合这些项目实践来掌握单片机定时器/计数器的使用。

表 1 - 2 - 13　定时器/计数器在本书实践项目中的应用

项 目 名 称	定时器/计数器的工作方式
项目 4:顺序控制	定时器方式 1(中断)
项目 5:电子计数器	计数器方式 1(16 位)
项目 6:方波信号发生器	定时器方式 1(16 位)和方式 2(8 位自动重装载)
项目 7:数字频率计	定时器方式 1(中断)和计数器方式 1
项目 10:超声波测距	定时器方式 1,门控方式
项目 13:数字时钟与定时控制器	定时器方式 1(中断)

六、51 单片机的中断系统

1."中断"的概念

日常生活中,我们常会因一些事件的发生而暂时放下手头的事情而去处理这些事件,如看书时听到电话铃响了,我们放下书去接听电话,接完电话继续看书。这实际上就是所谓"中断"的概念。在计算机领域中,中断是指 CPU 执行正常程序时,系统中出现特殊请求,CPU 需要暂停当前的程序,转去处理这些特殊请求,处理完毕后再返回被暂停的程序继续执行的过程。

我们还可以医生在医院的病房工作过程为例,说明中断的概念以及中断方式的优点。

一般情况下医生都是依次对病房进行逐一查房(查询方式),此时医生大量时间都用在循回检查中,危重病号却往往得不到及时抢救,因此效率不高。比较有效的方法是,在每个病床安装一个紧急按钮,同时将病人按病情分成不同的级别。医生在值班室处理日常工作,当病号按下床头的按钮发出请求时,医生可以暂停自己的手头工作及时予以处理;当危重级别更高的病号发出请求时,还可以暂停轻病号的处理诊治,优先处理危重病人。这样医生在做自己工作的同时管理多个病人,并可按轻重缓急对病人的请求给予分别处理,结果是既减轻了医生的工作负担,又可使各病人都能得到及时的处理。

同样的,在计算机系统中,CPU 往往要与多个不同设备进行信息传递,对此常采用两种方式:第一种是程序查询方式,即 CPU 通过程序依次查询各个外设的状态,发现某设备需要处理,就进行相关的操作,周而复始。第二种是中断方式,即由设备在需要时提出请求,CPU 接到请求后根据情况做出相应的处理。显然后一种方式具有很多优点:

(1)实现主程序和多个随机事件的并行处理,处理的实时性好;

（2）提高了 CPU 的工作效率；

（3）可按随机事件的优先级予以处理；

另外，中断与子程序虽然都是暂停主程序，执行另外一段程序，完成后返回主程序，但两者最主要的区别是子程序是在程序中预先安排好的地方通过调用指令予以执行，而中断是随机发生的，事先并不能确定在何时何处执行。

2.51 单片机的中断系统

51 系列单片机的中断系统可用等效电路（如图 1-2-12 所示）表示。

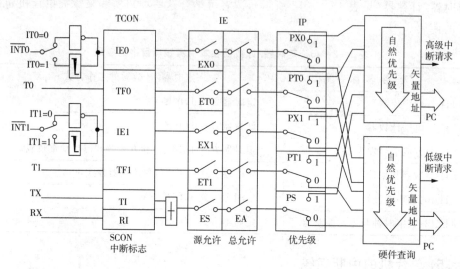

图 1-2-12   MCS—51 中断系统组成

从图 1-2-12 中可以看出，51 单片机的中断系统主要包括以下内容：

（1）中断源与中断请求标志

51 单片机拥有 5 个中断源，其中两个为 INT0（P3.2）、INT1（P3.3）引脚上的信号引起（外部中断），两个为定时器/计数器 T0、T1 溢出引起的中断（定时器中断），一个为片内串行口发送或接收引起（串口中断）。这些中断源在下列条件下将触发中断请求：

① INT0（P3.2）外部中断 0。当 CPU 检测到 P3.2 引脚上出现有效信号时（可由 TCON 中的 IT0＝0 设置为低电平有效，或 IT0＝1 设置为下降沿有效），其中断请求标志 IE0（TCON.1）置 1，向 CPU 申请中断。

② INT1（P3.3）外部中断 1。当 CPU 检测到 P3.3 引脚上出现有效信号时（可由 TCON 中的 IT1＝0 设置为低电平有效，或 IT0＝1 设置为下降沿有效），使中断请求标志 IE1（TCON.3）置 1，向 CPU 申请中断。

③ TF0（TCON.5）定时器/计数器 T0 溢出中断请求标志位。当定时器/计数器 T0 产生溢出时，置位 TF0，并向 CPU 申请中断。

④ TF1（TCON.7）定时器/计数器 T1 溢出中断请求标志位。当定时器/计数器 T1 产生溢出时，置位 TF1，并向 CPU 申请中断。

⑤ RI（SCON.0）或 TI（SCON.1）串行口中断请求标志位。当串行口接收完一帧串行数据时置位 RI，当串行口发送完一帧串行数据时置位 TI，并向 CPU 申请中断。

所有中断的申请均是通过中断相关的标志位置 1 来实现的，但是否能够得到响应进入中断处理,还要取决于以下中断控制寄存器的状态。

(2)中断的允许和优先级

通过对中断允许寄存器(IE)相应的控制位置1或清0,可允许或禁止对应的中断;通过对中断优先级寄存器(IP)相应的控制位的置1或清0,可将每个中断源设为高优先级或低优先级。

① 中断允许寄存器 IE

IE 的状态可通过程序设定,某位设定为1,相应的中断被允许;某位设定为0,相应的中断被禁止。CPU 复位时,IE 各位清0,禁止所有中断。IE 中的每一位可以进行位操作,各位的功能见表1-2-14所示。

表1-2-14   中断允许寄存器 IE(可位操作:1为允许,0为禁止)

位	7	6	5	4	3	2	1	0
位符号	EA	—	ET2	ES	ET1	EX1	ET0	EX0
设置对象	总允许		T2	串口	T1	INT1	T0	INT0

● EA:MCS−51 的 CPU 的中断允许(总允许)位,是总开关,如果它等于0,则所有中断都不允许。

● ES:串行口中断源允许位。

● ET1:定时器/计数器 T1 中断允许位。

● EX1:外部中断 INT1 中断允许位。

● ET0:定时器/计数器 T0 中断允许位。

● EX0:外部中断 INT0 中断允许位。

只有在中断总允许置位(EA=1),并且同时相关的中断允许位置位,CPU 才可能响应该中断。

② 中断优先级寄存器 IP

各个中断源在 IP 中相关的位置见表1-2-15所示,置1为高优先级,反之是低优先级,系统复位时所有的位均为0,所以默认情况下,各中断源均为低优先级。

表1-2-15   中断优先级寄存器 IP(可位操作:1为高优先级,0为低优先级)

位	7	6	5	4	3	2	1	0
位符号	—	—		PS	PT1	PX1	PT0	PX0
设置对象				串口	T1	INT1	T0	INT0

● PS:串行口中断优先级设定位。

● PT1:定时器/计数器 T1 中断优先级设定位。

● PX1:外部中断 INT1 中断优先级设定位。

● PT0:定时器/计数器 T0 中断优先级设定位。

● PX0:外部中断 INT0 中断优先级设定位。

单片机对多个中断响应的一般原则是:

● 只有高优先级才可以打断低优先级的中断;

● 同级中断不同时发生，则按照先后顺序响应；

● 同级中断同时发生，按照内部的自然逻辑顺序响应（按 IP 中从低位到高位的顺序）。

（3）中断的响应

① 响应中断的条件

● 有中断请求，即某中断标志置 1。

● 中断是开放的，即总中断允许置位（EA＝1）和相应中断源的允许位置 1。

● CPU 不在执行高级或同级的中断。

● 当前正在执行的一条指令执行完毕。

只有同时满足上述 4 个条件，单片机才能够响应中断，进入中断程序进行处理。

② 中断响应过程

● 硬件自动将断点地址压入堆栈（即响应中断时 PC 的值）。

● 根据不同中断源的入口地址或中断号（汇编语言中每个中断源对应固定的入口地址，C 语言对应固定的中断号），转入中断程序或中断函数，进行中断处理。

● 中断处理完毕后，将断点地址从堆栈弹回至 PC，返回主程序。

③ 中断请求信号的撤销

响应中断后，中断请求标志应予撤销，否则会不停地发出中断请求。通常有以下两种撤销方式：

● 硬件自动撤销。定时器溢出中断和边沿触发的外部中断响应后会自动撤销。

● 软件撤销。电平触发的外部中断和串口中断响应后不能自动撤销中断请求标志，必须通过指令将其清 0 以撤销中断请求。

3. 中断程序设计要点

MCS－51 中断系统的主要编程信息见表 1－2－16 所示。

表 1－2－16 51 单片机中断系统主要编程信息

中断请求		中断响应		中断入口	
中断源	触发条件	中断标志 TCON	中断允许 IE	优先级 IP	入口地址（A51）	中断号（C51）
外部中断 INT0 (P3.2)	IT0＝0 时，INT0＝0 触发；IT0＝1 时，INT0 下跳沿触发	IE0	EX0	PX0	0003H	0
T0 中断	T0 计数溢出	TF0	ET0	PT0	000BH	1
外部中断 INT1 (P3.3)	IT1＝0 时，INT1＝0 触发；IT1＝1 时，INT1 下跳沿触发	IE1	EX1	PX1	0013H	2
T1 中断	T1 计数溢出	TF1	ET1	PT1	001BH	3
串口中断	发送完一帧数据	TI	ES	PS	0023H	4
	接收完一帧数据	RI				

在 C51 中,中断程序的设计要点有:

(1)中断初始化设置

在主函数中设置相关的中断允许和优先级,即将中断允许寄存器 IE 中所要使用的中断允许位和总中断允许位置为 1;在中断优先级寄存器 IP 中,将需要设为高优先级的中断源置 1。由于这两个特殊功能寄存器都是可位寻址的,所以可以按位来进行置 1 操作,例如:

```
EA = 1;        // 开放总中断
ET0 = 1;       // 开放 T0 中断
PT0 = 1;       // T0 中断设为高优先级
```

对外部中断,还要进行触发方式的设置(推荐使用下跳沿触发),即:

```
IT0 = 1;       // INT0 采用下跳沿触发
IT1 = 0;       // INT1 采用低电平触发(缺点是中断响应后需设法清除该触发信号,否则总在请求中
               断)
```

(2)定义中断函数

中断函数用关键字 interrupt 进行定义,格式如下:

中断函数名()interrupt 中断号 [using 寄存器组号]

例如:

```
void T0_int()interrupt 1 using 2
{
OUT = ! OUT;        // 中断处理函数体
}
```

就是定义了一个中断函数 T0_int(),其中断号为 1(即定时器 0 中断),using 2 表示指定该中断函数使用第 2 组寄存器,若不指定,则由系统自动安排。

注意:库函数中有些函数不是再入函数,如果在执行这些函数的时候被中断,而在中断程序中又调用了该函数,将得到意想不到的结果。最好不要在中断中使用这些非再入函数。

4. 中断应用举例——利用中断技术实现并行处理

使用中断的主要目的就是实现程序的并行处理,下面通过一个流水灯、秒表、按钮同时工作的例子予以介绍(见图 1-2-13 所示)。该实例需要并行处理三项工作:

(1)控制流水灯的运行——由主函数中的循环完成。

(2)秒表——由定时器 T0 中断程序实现。

(3)响应用户按钮——由 INT0 外部中断程序实现。

```
/ * 利用中断实现并行处理的 C51 源程序  * /
# include   <reg51. h>
# include   <INTRINS. H>
sbit   D = P1^0;                 // 流水灯方向控制开关
sbit   K1 = P1^1;                // 流水灯速度控制开关
unsigned char LED[16] = {0x3F,0x06,0x5B,0x4F,0x66,0x6D,0x7D,
0x07,0x7F,0x6F,0x77,0x7C,0x39,0x05E,0x79,0x71};
unsigned char sec;               // 秒计数值
```

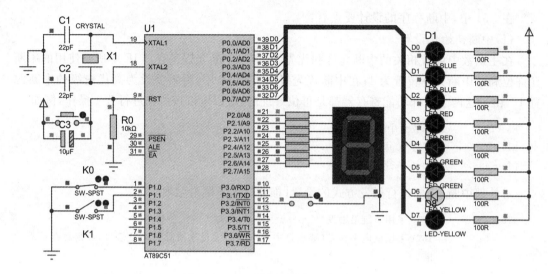

图 1 - 2 - 13 利用中断实现并行工作

```
void delay(int ms);              /* 声明延时函数 */
/* 主函数 */
void main()
{
TMOD = 0x01;                     // T0 定时器模式 1
TH0 = (65536 - 50000/1)/ 256 ;   // 定时 50ms 的 T0 初值(12MHz 晶振)
TL0 = (65536 - 50000/1)% 256 ;
TR0 = 1;                         // 启动 T0
IT0 = 1;                         // 下跳沿触发外部中断 INT0
EA = 1;                          // 允许中断
ET0 = 1;
EX0 = 1;
P0 = 0xfe;
while(1)                         // 主循环:流水灯控制程序
{
if (D)
{ P0 = _crol_(P0,1); }           // 若 P3.7 为高电平,则循环左移
else
{ P0 = _cror_(P0,1);}            // 若 P3.7 为低电平,则循环右移
if(K1)delay(200);else delay(50); // 若 K1 = 1 慢速,否则快速
}
}
/* 延时函数 */
void delay(int ms)
{  unsigned int i = ms * 91;
for(;i>0;i - -)
  {;}
```

```
}
/ * 外部中断 0 函数 * /
void INT0_int()interrupt 0
{
sec = 0;
}
/ * 定时器 0 中断函数 * /
void T0_int()interrupt 1
{
static unsigned char ms50;
TH0 = (65536 - 50000/1)/ 256 ;        // 定时 50ms 的 T0 初值(12MHz 晶振)
TL0 = (65536 - 50000/1) % 256 ;
if ( + +ms50> = 20)                    // 如果到 20 次,为 1 秒
{
ms50 = 0;
P2 = LED[sec + +  % 16];             // 十六进制显示秒,保留个位
}
}
```

中断是单片机应用的重要方面,建议读者结合表 1 - 2 - 17 中所列项目实例来学习和掌握 51 单片机中断的应用。

表 1 - 2 - 17   中断在本书项目中的应用

项 目 名 称	中 断 源
项目 4:任务 2——十字路口交通信号灯控制与实现	定时器中断
项目 6:任务 2——利用定时器中断实现的方波信号发生器	定时器中断
项目 7:数字频率计	定时器中断
项目 10:超声波测距	外部中断
项目 11:任务 3——单片机远程通讯	串口中断
项目 13:任务 1——利用单片机定时器中断实现的数字时钟	定时器中断

七、51 单片机的串口

1. 概述

MCS—51 系列单片机有一个可编程的全双工串行通信接口,它一般作为 UART 用,其帧格式可有 8 位、10 位或 11 位,波特率可以根据需要设置,因此给使用者带来很大的灵活性。此外,它还可作为同步移位寄存器使用。

该串口通过引脚 RXD(P3.0,串行数据接收端)和引脚 TXD(P3.1,串行数据发送端)与外界进行通信。

2. 有关的特殊功能寄存器

8051 串行口是一个可编程接口,对它的编程可以通过相关的特殊功能寄存器实现。

（1）串口控制寄存器 SCON（可以位操作）

可以通过 SCON 设置串口的工作方式，SCON 各位定义如下：

① SM0、SM1：两位可在串行口 4 种工作方式中选择方式 0,1,2,3，各方式的功能与波特率如表 1-2-18 所示，其中 f_{osc} 为系统时钟的晶振频率。

表 1-2-18　串口的 4 种工作方式

SM0	SM1	工作方式	功能描述	波特率
0	0	方式 0	8 位移位寄存器	$f_{osc}/12$
0	1	方式 1	8 位 UART	由 T1 溢出率决定
1	0	方式 2	9 位 UART	$f_{osc}/64$ 或 $f_{osc}/32$
1	1	方式 3	9 位 UART	由 T1 溢出率决定

② SM2：多机控制位，主要用于方式 2 和方式 3 两种通信方式中，其中的第"9"位数就是多机通信的控制信息。在方式 2 或方式 3 中，只有令 SM2＝1 才允许多机通信，即当 SM2 ＝1 且接收到的第"9"位数据为"0"时，RI 才被置 1。

③ REN：允许接收控制位，若 REN＝1，允许接收；若 REN＝0，禁止接收。

④ TB8 发送的第 9 位数据位，可用作校验位和地址/数据标识位，用于方式 2 和方式 3 中。

⑤ RB8：接收的第 9 位数据位或停止位，用于方式 2 和方式 3 中。

⑥ TI：发送中断标志，当发送一帧结束时，TI＝1，必须软件清零。

⑦ RI：接收中断标志，当接收一帧结束时，RI＝1，必须软件清零。

（2）电源控制寄存器 PCON

SMOD（PCON.7）：波特率加倍控制位。对方式 1,2,3 有影响。若 SMOD＝1，波特率在原有设置基础上加倍。因 PCON 寄存器不支持位操作，只能通过字节赋值语句完成，例如：PCON |＝ 0x80；即 SMOD 置 1，使波特率加倍。

（3）数据缓冲寄存器 SBUF

SBUF 是串行口缓冲寄存器，包括发送寄存器和接收寄存器，它们虽然有相同的名称（即 SBUF）和地址，但其物理空间是相互独立的，分别用于数据的发送和接收。其读写特性也不同：写入时访问的是发送寄存器，例如 SBUF＝c，为将 c 送到发送寄存器；而读取时访问的是接收寄存器，例如 c＝SBUF，为读取接收寄存器。由于二者是相互独立地传送数据，所以 51 单片机的串行口发送数据和接收数据可以同时进行，是一个典型的全双工通信接口。

3. 串口的工作方式与波特率的设置

（1）方式 0

同步移位寄存器方式。一帧 8 位，无起始位和停止位。RXD 为数据输入/输出端，TXD 为同步脉冲输出端，每个脉冲对应一个数据位，移位波特率 $B＝f_{osc}/12$。多用于通过串口来扩展并行 I/O 接口。

(2)方式1

8位数据异步通讯方式。一帧为10位:8个数据位,1个起始位,1个停止位。RXD为数据接收端,TXD为数据发送端。

波特率:$B=(2^{SMOD}/32)\times f_{osc}/[12\times(2^8-X)]$,式中$X$为定时器T1工作在8位自动重装载方式下的初值。

采用11.0592MHz的晶振时,该初值应取为$X=256-11059200/384/B$,式中B是所要设置的波特率。

(3)方式2和方式3

方式2和方式3一帧共有11位(如图1-2-14所示):1个起始位(0),9个数据位,1个停止位,第9位数据位在SCON的TB8/RB8中,常用作校验位和多机通讯标识位。RB8=1表示为地址帧,否则为数据帧。RXD为数据接收端;TXD为数据发送端。方式2波特率是固定的$B=(2^{SMOD}/64)\times f_{osc}$。方式3的波特率是可变的,取决于T1的溢出率,当定时器T1工作在自动重装载方式时,$B=(2^{SMOD}/32)\times f_{osc}/[12\times(2^8-X)]$,$X$为$T_1$初值。

图1-2-14 方式2、方式3的帧格式

(4)串行口收发条件

发送的条件:波特率发生器工作,发送缓冲区空(TI=0)。

接收的条件:波特率发生器工作,接收缓冲区空(RI=0),允许接收(REN=1)。

4. 串口编程要点

(1)串行口的初始化,对SCON赋值,以确定工作方式。

(2)依据波特率要求,设置T1工作在自动重装载方式下的初值,并启动T1。

(3)利用检测和清除TI和RI标志,通过SBUF进行单字节数据的收发;也可利用循环结构进行批量数据的收发。

(4)一般情况下接收是随机发生的,所以最好利用串行口的中断方式进行数据的接收。这就需要在初始化的过程中增加设定串口中断的语句。

下面是一个串口方式1收发数据的编程实例,可以帮助我们理解串口的工作和编程要点。其中分别定义了串口初始化、串口发送字符、串口接收中断三个函数。利用这三个函数实现以下功能:若从串口中断中收到字符"C"则调用发送函数回发26个大写字母A～Z,收到字符"c"则回发26个小写字母a～z。建议读者在Keil中仿真调试运行该程序,利用其串口窗口观察该程序的结果:

```
#include <reg52.h>
#define fosc 11059200
#define uchar unsigned char
uchar * p;

// 串口初始化函数,设置波特率和串口工作方式、允许串口中断
void init_comm(int baud)
{
```

```
    TMOD| = 0x20;                // T1 方式 2 作为波特率发生器
    TH1 = TL1 = 256 - fosc/baud/384;
    TR1 = 1;
    EA = 1;ES = 1;               // 允许串口中断
    SCON = 0x50;                 // 串口方式 1,允许接收
}
 ****** 主函数 *********/
void main(void)
{
init_comm(9600);                // 串口初始化
while(1);                       // 等待中断
}
// ****** 向串口发送一个字符的函数 *********/
void send_char(unsigned char c)
{
    SBUF = c;                   // 字符 c 发送缓冲寄存器 SBUF
    while(TI = = 0);            // 查询是否发送完毕(   TI = = 1)
    TI = 0;                     // 清除 TI 标志
}
// ******* 串口接收中断函数 *********/
void serial ()interrupt 4 using 2
{
    if(RI)                      // 如果是接收中断
    {uchar cn;
       RI = 0;                  // 清 RI 标志
    switch (SBUF)               // 根据收到的字符发送不同的数据
    {  case'C';{ for(cn = 0x41;cn! = 0x5b;cn + + )send_char(cn);}break;//
       case'c';{ for(cn = 0x61;cn! = 0x7b;cn + + )send_char(cn);}break;//
}
}
}
```

实际上,在 C51 库函数中定义的 I/O 函数都是通过串行口实现的,我们也可以直接调用 C51 库函数中的 I/O 函数实现串行口的收发,这只需要在头文件中包括<stdio. h>即可(见项目 11 的任务 1),其中最基本的两个函数是:

函数 putchar(char)的功能是通过 51 单片机的串行口输出一个字符;

函数_getkey()的功能是从 51 单片机的串行口接收一个字符并且返回该字符。

采用 I/O 函数方法收发数据,其优点是用法简单、程序可读性强,缺点是生成的目标代码较长。

表 1 - 2 - 19 列出了串口在本书有关项目中的应用,建议读者结合这些项目实践来学习串口的应用。

表 1-2-19　串口在本书实践项目中的应用

项目名称	串口的工作方式
项目 11:单片机串口的应用	方式 0:同步移位寄存器实现 I/O 口扩展;方式 1:10 位 UART 实现双机通信
项目 16:LED 点阵的显示驱动	方式 0:同步移位寄存器实现 I/O 口扩展

八、增强型 51 单片机简介

随着技术的发展,很多厂家推出了基于 51 单片机内核的增强型产品,其芯片内部增加了很多部件,功能大为增强。如 Atmel 公司的 AT 系列、原飞利浦 Philips 的 LPC900 系列、Cygnal 的 C8051F××× 系列、ADI 的 ADμC8×× 系列、DALLAS 的 DS87C××× 系列,尤其是国内宏晶公司的 STC 系列单片机以品种丰富、内置功能多、开发方便、性价比高而深受欢迎,目前其 8 位单片机产量已居世界第一位,但增强型 51 单片机在引脚和指令上与 51 基本型单片机仍保持兼容。图 1-2-15 为 STC 系列的内部结构图,其主要功能如下:

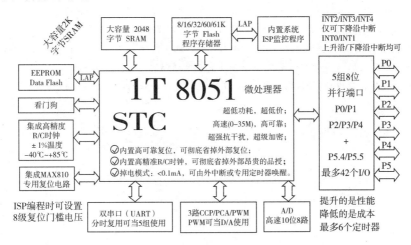

图 1-2-15　STC 系列单片机的功能扩展

(1)增强型 8051 CPU,1T,单时钟/机器周期。

(2)指令代码完全兼容传统 8051,但速度快 8～12 倍。

(3)内部集成 MAX810 专用复位电路,2 路 PWM,8 路高速 10 位 A/D 转换。

(4)程序空间 8K/16K/20K/32K/ 40K/48K/52K/60K/62K。

(5)片上集成 1280 字节 RAM。

(6)通用 I/O 口(36/40/44 个),可设置成四种方式。

(7)ISP(在系统可编程)/IAP(在应用可编程),无需专用编程器,无需专用仿真器,可通过串口(P3.0/P3.1)直接下载用户程序,数秒即可完成一片。

(8)EEPROM 功能(STC12C5A62S2/AD/PWM 无内部 EEPROM)。

(9)内置监视器 WDT(Watch Dog Timer),俗称"看门狗"。

(10)内部集成 MAX810 专用复位电路(外部晶体 12M 以下时,复位脚可直接接 1kΩ 电阻到地)。

(11)4 个 16 位定时器。

(12)外部中断 I/O 口 7 路,传统的下降沿中断或低电平触发中断,并新增支持上升沿中断的 PCA 模块。

(13)PWM(2 路)/PCA(可编程计数器阵列,2 路)。

(14)10 位精度 ADC,共 8 路,转换速度可达 250K/S(每秒钟 25 万次)。

(15)通用全双工异步串行口(UART),双串口。

思考与练习

1. 简述 MCS—51 单片机的组成。

2. 简述 51 单片机片内 RAM 存储器的构成及各部分功能。

3. 51 单片机内有哪些 SFR? 为什么说掌握这些 SFR 的名称和作用非常重要?

4. 51 单片机定时计数器的定时模式和计数模式的区别是什么? 门控方式和非门控方式的区别是什么? 方式 1 和方式 2 的各自特点有哪些?

5. 结合实践项目篇中的项目 5、项目 6,简单概括 51 单片机定时器/计数器的编程要点。

6. 51 单片机的中断源有哪几个? 各在什么情况下请求中断?

7. CPU 响应中断请求的条件有哪些? 若遇到多个中断请求,处理的原则又是什么?

8. 结合实践项目篇中的项目 6,简单概括 51 单片机中断程序设计的要点。

9. 51 单片机串口的工作方式如何设定? 方式 0 和方式 1 的特点是什么? 各用于什么场合?

10. 串行异步通信的双方必须满足哪些条件才能正常通信?

11. 结合实践项目篇中的项目 11,简单概括 51 单片机串口编程的要点。

第3章 硬件设计与仿真工具

【学习目标】

(1)学习电路设计与仿真工具 Proteus ISIS 的使用。

(2)学会使用 Proteus ISIS 进行单片机电路的设计和仿真。

一、Proteus ISIS 介绍

完成单片机系统的开发,在方案论证和硬件选型之后要做的工作就是硬件电路的设计,目前一般利用 EDA 软件在计算机上绘制原理图。本书介绍的电路设计仿真软件是 Proteus。Proteus ISIS 是英国 Labcenter 公司开发的电路设计、分析与仿真软件,功能极其强大。该软件不仅适用于工程设计,也特别适合电工、电子、单片机、计算机接口等课程的教学和学生实验。

1. Proteus ISIS 的特点

(1)具有从概念到产品的集成设计环境

将原理图设计与仿真分析功能(ISIS)和印刷电路板设计功能(ARES)集成于一身,可以完成从原理图绘制、仿真分析到生成印刷电路板图的整个电路设计过程。

(2)丰富的元器件

可提供数万种电工和电子元器件的电路符号、仿真模型及外形封装。三者互相绑定,为原理图编辑、仿真和电路板设计的集成奠定了基础。

① 分立元件:各种类型和参数的电阻、电容、电感、二极管、三极管、电子管等;

② 集成电路:模拟/数字/混合,如 CMOS/TTL/ECL 全系列、A/D 与 D/A、存储器、PLD、FPGA、单片机等;

③ 光电器件:如 LED、光电耦合器;

④ 传感器:如热电偶、热电阻、压力传感器等;

⑤ 变压器和电机(交直流、伺服、步进、无刷);

⑥ 其他元器件:各种开关、继电器、蜂鸣器、接插件等。

(3)外观和操作都很逼真的虚拟仪器

① 交直流电流、电压表;

② 二踪或四踪示波器;

③ 信号发生器;

④ 逻辑分析仪;

⑤ 数字计数器/计时器/频率计；

⑥ 串口调试终端(RS—232、I²C、SPI)；

⑦ 点阵发生器。

(4)强大的仿真功能

① 交互仿真——活性元件、虚拟仪器和动画效果可以直观显示电路运行结果；

② 图表仿真——生成各种分析曲线和图表。

(5)支持多种系列单片机及接口

① 支持目前各主流单片机系列的设计和仿真；

② 支持常用的计算机接口仿真，如 RS232、I2C、SPI、A/D、D/A、键盘、LED、LCD 等。

(6)支持多层次电路

利用子电路功能，可以将一些功能电路封装在子电路模块中，通过输入输出端口使用其功能，并可以通过设计浏览器分层次显示各级电路。

2.界面简介

安装 Proteus 后，执行开始菜单→程序→Proteus7 Prefessional→ISIS 7 Prefessional，将显示 ISIS 启动画面，然后出现对话框询问是否要查看系统提供的设计范例，如果不需要查看，可以选择"NO"，就会显示 ISIS 窗口(如图 1－3－1 所示)。

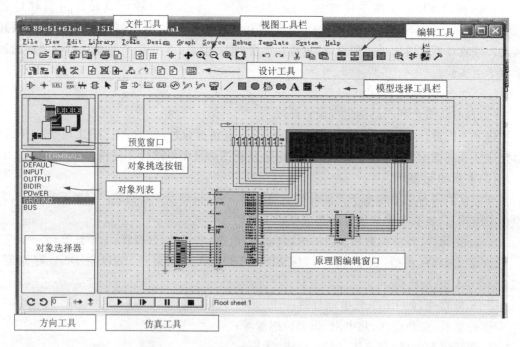

图 1－3－1 ISIS 界面

该窗口包括以下部分：

(1)预览窗口(The Overview Window)

位于窗口左上角，它具有两个功能：一是当你在元件列表中选择一个元件时，它会显示该元件的预览图；二是当你的鼠标焦点落在原理图编辑窗口时(即放置元件到原理图编辑窗口后或在原理图编辑窗口中点击鼠标后)，它会显示整张原理图的缩略图，并会显示一个绿色的方框,你可用鼠标改变绿色的方框的位置,从而改变原理图的可视范围。

(2)原理图编辑窗口(The Editing Window)

该窗口用来绘制原理图。蓝色方框内为可编辑区,元件要放到它里面。可通过 system/paper 进行图纸大小的设置,通过视图工具栏进行缩放显示。由于原理图编辑窗口没有滚动条,可在编辑窗口通过按下＜Shift＞＋鼠标移动到窗口边框来实现滚动,或通过鼠标在预览窗口中定位来改变原理图的显示区域。

(3)菜单栏(如图 1－3－2 所示)

File View Edit Library Tools Design Graph Source Debug Template System Help

图 1－3－2　菜单栏

File——文件操作:新建、打开、保存、打印等;

View——查看:控制界面元素的显示、放大、缩小等;

Edit——编辑:对象的查找、编辑、剪贴,操作的撤销、恢复;

Library——库:元件的制作和元件库的管理;

Tools——工具:布线、电气检查、元件清单、电路板设计等工具;

Design——设计:设计图纸的标题和说明,父子电路的切换等;

Graph——图表:提供各种图表仿真分析工具;

Source——源程序:添加源文件、选择编译工具、构造目标程序;

Debug——调试:程序调试运行的有关操作;

Template——模板:设置图形、颜色、字体、连线、有关默认值等;

System——系统:设置系统环境、图纸尺寸、仿真参数等;

Help——帮助:系统提供的帮助信息。

(4)工具栏

ISIS 的除了通过菜单操作外,使用工具栏上的工具按钮操作更加便捷。ISIS 包括以下几个工具栏:文件和视图工具栏(如图 1－3－3 所示)、编辑工具栏(如图 1－3－4 所示)、设计工具栏(如图 1－3－5 所示)、模型选择工具栏(如图 1－3－6 所示)、方向和仿真工具栏(如图 1－3－7 所示)。前四个工具栏可以通过"View"菜单的"Toolbars"显示或关闭。各工具栏的位置可以通过拖动其左端适当调整。

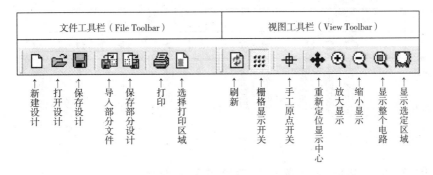

图 1－3－3　文件和视图工具栏

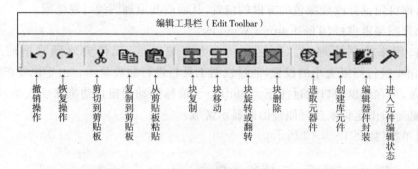

图 1-3-4　编辑工具栏

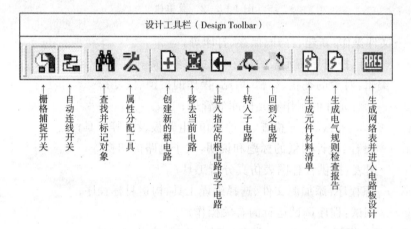

图 1-3-5　设计工具栏

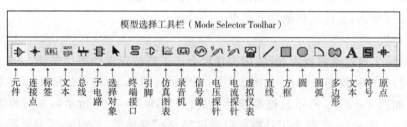

图 1-3-6　模型选择工具栏

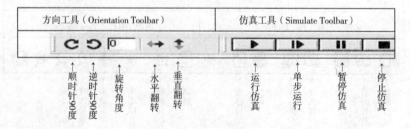

图 1-3-7　方向和仿真工具栏

二、用 Proteus ISIS 设计单片机电路的基本步骤

用 Proteus ISIS 进行单片机应用系统设计与仿真的基本步骤有：

① 新建设计文件或打开一个现有的设计文件。

② 选择元器件(通过关键字或分类检索)。

③ 将元器件放入设计窗口。

④ 添加其他模型(电源、地线、信号源等)和相关的虚拟仪器。

⑤ 编辑和连接电路。

⑥ 根据需要,设置对象的属性,如设置晶振的频率,加载目标程序。

⑦ 启动仿真功能,对电路进行仿真操作,验证其功能

下面以设计一个用单片机控制彩灯的电路为例,介绍 ProteusISIS 操作步骤。

1. 创建并保存新的设计

(1)启动 ISIS(第一个对话框询问是否要使用本软件所提供的设计范例,这些范例对学习很有帮助,这里可以选 NO)。如果已经启动了 ISIS,可以通过菜单或工具执行"新建—New Design"命令,将出现一张空的图纸供我们进行电路设计(说明:新设计的缺省名字为 UNTITLED. DSN,设计文件扩展名为"DSN")。

(2)用"保存—Save Design"命令保存文件,在保存对话框中选择保存路径和文件名(建议保存在 D 盘或 U 盘中,并按照章节给文件夹命名,按设计内容或练习题号给文件命名,以便以后使用。这里可取文件夹路径 D:\MCU\2,文件名 D2-1)。以后再次使用时,在 Windows 下双击该文件即可自动启动 ISIS 并打开该文件。或在 Proteus ISIS 中执行菜单命令"File —Open Design",从打开对话框中选择设计文件,打开该设计文件。

2. 选择元件(关键字筛选或分类筛选)

Proteus 提供了丰富的元器件资源,包括 30 余类、上万种不同型号参数的元器件。在模型选择工具栏中选中"元件"按钮 ➡,单击"P"按钮,即弹出元器件选择(Pick Devices)窗口,要从众多的元件中筛选出所需的元件可有两种方法:分类筛选法和关键字筛选法(或两种方法结合)。

(1)分类筛选法

分类筛选法就是根据元器件所在的类别逐步筛选,在元器件选择窗口的"Category(器件种类)"下面,单击该器件所在的类别(表 1-3-1 为元件分类)。

表 1-3-1 元件分类英汉对照表

Category	类 别
Analog IC	模拟 IC
Capacitors	电容器
CMOS 4000	CMOS 4000 系列 IC
Connectors	连接器、接插件
Data Convertors	A/D 与 D/A 转换器
Debugging Tools	调试工具
Diode	二极管
ECL	ECL 系列 IC

（续表）

Category	类　别
Electromechanical	电机
Inductors	电感
Laplace Primitives	拉普拉斯组件
Memory ICs	存储器
Microprocessor ICs	微处理器 IC(包括单片机)
Miscellaneous	杂件、其他器件
Modelling Primitives	模型化组件
Operationnal Amplifiters	运算放大器
Optoelectronics	光电器件
PLD & FPGA	可编程逻辑器件 & 现场可编程门阵列
Resistance	电阻
Simulator Primitives	模拟组件
Speaker & Sounders	扬声器、蜂鸣器
Switches & Relays	开关与继电器
Switching Device	开关器件
Thermionic Valves	电子管
Transducer	传感器
Transistors	三极管
TTL	TTL 各系列 IC

对于单片机，我们应单击选择"Microprocessor IC"类别，在对话框的右侧 Results 栏中，我们会发现这里有大量常见的各种型号的单片机。如果嫌结果太多，可以进一步在下方的 sub—category 中选择子类别。我们在这里可单击"8051 Family"，使得结果中只包括8051 系列单片机，然后从结果栏中找到自己所需的单片机芯片型号，例如 89C51。

（2）关键字筛选法

在元器件选择窗口的关键字搜索栏 Keywords 中输入元件型号或名称(支持模糊筛选，即可以用元件名称、型号和描述中所包含的部分文字作为搜索关键字，如 10K、22p 等)就可以将包含该关键字的元件筛选出来显示在结果栏中。

实际工作中常将类别和关键字两种方法配合起来使用。比如，如果关键字"10K"模糊匹配筛选出来的元件太多，可以再从 category 中和 sub—category 中限定一下类别 Resistor 和子类别 0.6W 以缩小筛选范围。当然也可以先选定类别后再输入关键字。注意若输入了关键字，则 Category 中只会显示包含该关键字的类别；如果要显示出所有类别，必须将搜索关键字清空。

在筛选结果栏中单击所需的元器件后，右侧会显示出该芯片的原理图符号和外形封装，最终确认后,双击所选元件即可将其添加到 ISIS 主窗口左侧的元件列表中以供绘制电路图。

下面大家可以尝试用上述方法将表 1－3－2 的元器件筛选出来添加到元件列表中,以供绘制单片机彩灯控制电路使用。

表 1－3－2　彩灯控制器元器件清单

元器件	类别/子类别	关键字
单片机芯片 AT89C51	Micoprocessor IC/ 8051 Family	89C51
LED 数码管	Optoelectrics	7SEG－COM－CAT－GRN
10kΩ 电阻	Resistor	10K
22pF 和 10μF 电容	Capacitor	22pF 和 10μF
按钮	Switches & Relay	Button
8 位拨码开关		DIPSWC_8
晶振	Miscellaneous	CRYSTAL

3. 将元件从对象选择器放入原理图编辑区

左击对象选择器中的某个元件,然后把鼠标指针移到右边的原理图编辑区的适当位置(蓝色方框内),点击鼠标的左键,把该元件放到了原理图编辑区。按照后面的第 4 章图 1－4－17 所示的电路图,大家可以尝试将表 1－3－2 中的元件放到合适的位置。

在原理图设计中,可以打开 Tools 菜单的即时编号(Real Time Annotation)开关,在添加元件时由系统按添加的先后顺序自动编号。也可在设计时先关闭此开关,使得每个元件暂时用字母(默认情况下,电容用 C,电阻用 R,集成电路用 U)后跟 ? 预编号,绘制完毕后,利用 Tool 菜单下的 Global Annotator 对所有元件统一自动编号,这样可以按元件在图中的位置自动编号,使得元件编号更加有序。

4. 选择和放置其他类别的模型

单击模型选择工具栏中不同的模型工具,可以显示相应的对象列表,往往不必像元器件那样要经过筛选,可以直接单击选中,再在编辑区中单击就将其放入了原理图。

这里,我们单击模型选择工具栏中的终端接口图标 目,从终端模型中单击 GROUND(地线)后,在编辑区中单击将地线放置到原理图中。同样的方法可放入 POWER(电源)。

5. 编辑对象

对于已放入原理图的发光二极管或电阻等对象,可按照以下方法进行编辑:

(1)选中对象

对编辑区中的对象进行各种操作均需要先选中该对象,对象被选中后改变颜色。在空白处点击鼠标左键可以取消所有对象的选择。

① 左击对象可以选中单一对象。

② 按住 Ctrl 键依次左击各个对象(或用鼠标拖出一个选择框将所需要的对象框选进来)可以选中一组对象。

注:右击对象可以选中单一对象的同时弹出该对象的快捷菜单,可通过快捷菜单实现对

该对象的各种操作。

（2）删除对象

① 选定对象后按下 Del 键（或单击编辑工具栏中的"块删除"按钮 ）可删除这些被选中的对象。

② 右键双击单一对象可以直接删除该对象。

（3）拖动对象

① 选定对象或对象组后可用左键拖动的方法移动对象。

② 对于对象组，单击编辑工具栏中的"块移动"按钮，再移动鼠标可移动该组对象。

（4）旋转对象的方向

左键单击或框选已选定对象或对象组后，单击编辑工具栏中的"块旋转"按钮，在对话框中输入旋转角度或选择翻转方向，单击 OK。

（5）复制对象

左键单击或框选已选定对象或对象组，单击编辑工具栏中的块复制按钮，把拷贝的轮廓拖到需要的位置，左击鼠标放置拷贝。

（6）替换对象

有时在电路连接后需要更换元器件，如果先删除旧元件再添加新元件，则删除元件的同时会同时删除该元件的所有连线，新元件需要重新连线。为省去重新连线的工作，我们可以将新元件（例如用单片机 89C52）拖放到原电路中的 89C51 上，在出现的对话框（如图 1-3-8 所示）中单击"OK"确认替换即可实现元件的替换而保留原有的连接线。

图 1-3-8　替换对象对话框

6. 连接电路

（1）连接电路不需要选择工具（注意：连线与 2D 图形工具中的绘制直线不同，连线具有导线性质，2D 线段不具备导线性质）。直接用鼠标左击第一个对象连接点后再左击另一个连接点，则自动连线。如果你想自己决定走线路径，只需在拐点处左击鼠标。在连线过程的任何一个阶段，你都可以按 ESC 来放弃连线。

（2）若要重复绘制若干相同的连线，可以在绘制一条后，在下一条的起始位置处直接双击即可。

（3）为了避免导线太长太多影响图纸布线的美观，对于较长的导线，可以分别在需要连接的引脚开始绘制一条短导线，在短导线末端双击鼠标以放置一个节点，然后在导线上放置一个标签（Label 工具），输入标签文字，凡是标签文字相同的点都相当于在它们之间建立了电气连接而不必在图上绘出连线。若需要添加多个连续编号的标签，可用菜单"Tools/Proterty assignment"，在打开的对话框（图 1-3-9）中设置"NET=D♯"（其中 D 为标号所选用的首字母，♯ 为可自动递增的数字）。若选起始标号"0"和增量 Increment"1"后，则每次在导线上单击，即可从起始的 D0 开始，自动添加递增编号的标签 D0、D1、D2 等。

（4）为了更简洁地表示出一组导线的连接走向，还可以用总线（BUS）工具绘制出总线（单击开始、双击结束），再用绘制导线的方法将各分支导线连接到总线上（若按下 Ctrl 键

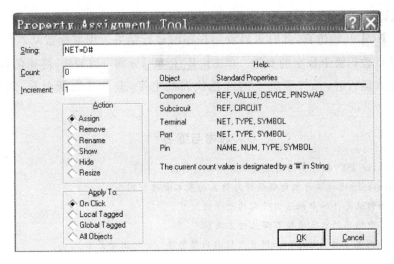

图 1 - 3 - 9　添加连续编号的标签

可绘制 45 度线),要注意的是,总线本身并不进行电气连接,需要在各分支线上通过标签 Label 文字表示对应的连接关系。有些元件模型还提供带总线的电路符号,可以减少电路上的引脚数目。

7. 设置对象的属性

有些对象必须设置相关属性才能进行仿真运行。双击对象可打开属性编辑对话框,在其中输入必要的属性(如图 1 - 3 - 10)。对于单片机有两个重要属性:一是晶振的频率,它决定了系统的时钟频率;二是程序文件(Program File),相当于将该目标程序下载到单片机的程序存储器中。具体操作方法是:在电路设计窗口中双击单片机,出现 Edit Componet 对话框;在 Program File 属性后单击,出现文件浏览对话框,找到所需的目标文件(扩展名 . hex)或仿真程序调试文件(扩展名 . OMF),单击 OK 即可实现目标程序的仿真下载。

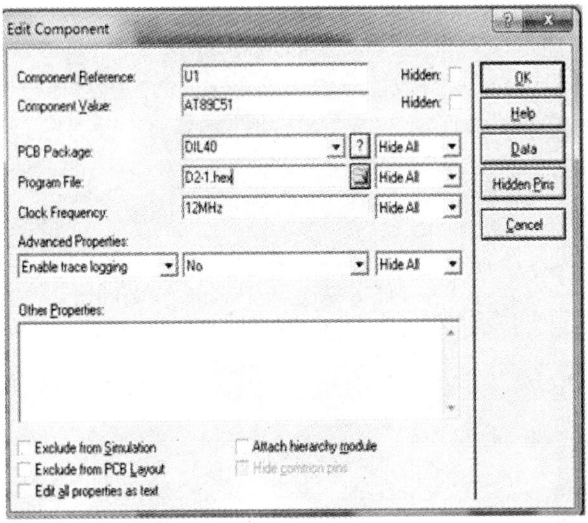

图 1 - 3 - 10　属性编辑对话框

8. 仿真运行

单击 ▶ 开始仿真,此时可以看到程序的运行结果。用鼠标拨动八位拨码开关可以观察到 LED 数码管中数字的变化。单击 ▮▮ ▬ 分别可以暂停/终止仿真的运行。

说明:仿真运行时,元件引脚上的红色代表高电平,蓝色代表低电平,灰色代表悬空(floating)。

思考与练习

1. 简述 Proteus ISIS 操作界面的组成及各部分的作用。

2. 用 ProteusISIS 进行单片机电路设计与仿真的基本步骤有哪些?

3. 一般是如何从元件库中挑选出所需的元件的?

4. 实现电路中两点的电气连接有哪几种方法?

5. ISIS 中如何显示整张电路?如何放大显示局部电路?如何滚动显示?

第4章　程序设计与开发工具

【学习目标】

(1)初步掌握单片机程序开发工具 Keil 的使用。

(2)初步掌握 C51 程序设计的基本知识,包括 C51 程序基本结构、数据类型、运算符和表达式、基本语句、函数的定义和调用以及分支、循环等基本程序结构的设计方法。

一、单片机的程序设计语言

在第 2 章中,我们认识了 51 单片机的内部结构,而单片机中所有的资源都是要通过程序来控制和使用的,所以单片机的应用开发离不开程序设计。

我们通常将计算机系统划分为若干层,硬件处于最低层,计算机用户处于最高层,程序设计语言根据其在系统中与硬件和人的关系可以分为:

(1)机器语言——计算机硬件可以识别执行的二进制指令代码,这是一种面向机器硬件的语言,即最底层的语言,最终下载到单片机内部的程序就属该种语言。

(2)汇编语言——用助记符来代替二进制机器码指令,仍然是面向机器的低级语言。

(3)高级语言——用接近人的自然语言编写程序,面向过程或面向对象,如 C、Basic 等。由于在计算机系统中比较贴近位于高层的人,所以称为高级语言。

图 1-4-1 表示了高级语言、低级语言与硬件和人之间的关系。可将其概括为以下三点:

(1)机器语言和汇编语言是针对机器内部硬件结构编程,称为面向机器的语言。机器语言对于人来说,难懂难记,不适合用来编程。汇编语言用助记符代替难懂难记的机器码,比机器语言要容易理解和记忆,但编程者需要把解决问题的思路转化为对机器硬件的操作流程,需要熟悉计算机硬件结构,编程仍较复杂,一般用于直接对硬件的操作。

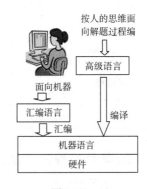

图 1-4-1

(2)高级语言更贴近人的书写和思维习惯,可以按人解决问题的思路编程,称为面向过程的语言。一般不必考虑机器内部结构和存储地址单元分配等底层问题,更容易阅读和维护,尤其是程序中需要进行复杂的数学运算时,可以直接按日常的数学表达式进行书写,也很容易在不同系列的单片机之间移植。目前在单片机开发中大都采用 C 语言。

(3)汇编语言要经过汇编、连接,高级语言源程序要经过编译、连接,也就是都需要在 PC 机上用特定的开发工具编写源程序,并将源程序翻译成机器语言的目标程序才能被计算机硬件执行。在 Keil 集成环境下，均是通过对工程进行 Build（创建）完成上述过程，生成的目标程序扩展名为 . HEX。

不同系列计算机的汇编语言存在很大差异，针对 51 系列的 C 语言也与标准 C 存在一些差别。本书中，我们将针对 51 系列单片机的汇编语言简称为 A51，C 语言简称为 C51。本章介绍的集成开发环境 Keil 对两种语言都能很好地支持。虽然对硬件直接控制的场合（如简单的输入输出、移位）采用汇编语言编程效率较高（占用存储空间小，执行速度快），但由于是面向机器编程，程序的可读性、可移植性、结构化和进行复杂运算等方面均不如 C 语言。随着单片机技术的发展，存储空间和运算速度大大提高，节省空间和执行速度已不是重点考虑的因素，而 C 语言编程在程序的易读性、可移植性、结构化和运算等方面的优势十分明显，是单片机开发的首选语言。为此，本书全部采用 C 语言。汇编语言和 C 语言的比较见表 1-4-1 所示。

表 1-4-1 汇编语言和 C 语言的比较

类 别	汇编语言	C 语言
基本特点	针对机器硬件结构编程（面向机器），需要全面掌握硬件和指令系统	贴近人的书写和思维习惯（面向过程），不需要全面掌握硬件和指令系统
源文件扩展名	. ASM 或 A51	. C
产生目标程序	经过汇编、连接	经过编译、连接
结构和可读性	程序结构复杂，难读难懂	模块化结构，易读易懂
数据类型与存储空间分配	由编程者自己考虑分配	由编译器自动分配管理
数学运算	指令系统仅提供少量的运算指令，实现数学运算需编写较复杂的程序	提供了丰富的数据类型、运算符和函数库，数据处理能力强，运算程序简单
硬件操作	更直接	稍间接
空间和时间效率	程序占用空间少，运行速度更快	程序占用空间稍大，速度稍慢
移植性	难以在不同指令系统的单片机间移植	可以在不同指令系统的单片机间移植
开发调试	编程复杂，开发效率低	编程较简单，开发效率高

二、单片机程序开发工具 Keil

1. Keil 及其安装

Keil 是目前使用广泛的单片机开发软件，支持汇编语言、C 语言、PL/M 语言，可以完成编辑、编译、连接、调试、仿真等功能，通常被称为集成开发环境。目前常用版本有 μVision2、μVision3、μVision4。各版本的界面和操作方法基本相同，本书范例使用的是 μVision3 版本。

（1）Keil3 软件安装

双击安装文件夹下的 SETUP.exe，并按照默认选项安装即可，建议不要改变默认安装位置(C:\Keil)。安装完成之后在桌面上会出现快捷方式。也可以从其他已经安装好的计算机上直接复制整个 Keil 文件夹,但是需要复制到相同的位置,否则需要修改其安装配置文件。

(2)汉化过程

一般常用两种操作方法:

① 如果 Keil 安装文件中提供了汉化的批处理文件(.bat),则双击该文件,按提示操作即可。

② 如果从网上获得汉化的 uv3.exe 文件,只需将 Keil 安装目录下原来的 uv3.exe 改名为 uv3—en.exe,然后将汉化的 uv3.exe 文件复制到原安装目录下。

③ 有些版本的 Keil3 汉化后出现光标位置和汉字显示不正常,可以在 Keil 安装目录下,将配置文件 TOOL.INI 的第一段[uv2]中添加一行 ANSI＝1,即

```
[UV2]
BOOK0 = UV3\RELEASE_NOTES.HTM("μVision Release Notes")
BOOK1 = UV3\UV3.CHM("μVision3 User's Guide")
ARMUSE = 0
Version = V2.2
ANSI = 1
```

2.Keil 的操作界面——集成开发环境 μVision3

Keil 集成开发环境 μVision3 的启动与 Windows 其他软件的运行相同,双击图标或 uv3.exe 即可进入 μVision3 的集成开发环境。该软件窗口的组成与其他应用软件基本相同,有标题栏、菜单栏和工具按钮以及显示不同信息的若干子窗口(见图1-4-2所示)。

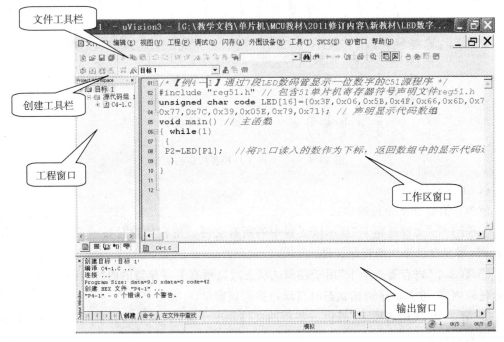

图 1-4-2　Keil 设计窗口

μVision3 的窗口由以下部分组成：

(1)标题栏

显示当前正在处理的文件路径、文件名等信息。

(2)菜单栏

包括以下菜单：

文件(File)——文件的新建、打开、保存、另存为、打印等。

编辑(Edit)——复制、粘贴、剪切、查找、替换、撤销等。

视图(View)——启用或关闭屏幕上的显示元素，如有关的窗口、工具栏等。(注意：Keil 有两种工作状态，即设计状态和调试状态，这两种状态下所显示的内容是不同的，视图菜单中不可选的项目是在当前状态下无法显示的内容。)

工程(Project)——工程的新建、打开、保存、另存为，属性的设置，编译连接。

调试(Debug)——主要在调试状态下使用，具有单步、多步、断点设置等功能。

闪存(Flash)—— 对单片机片内 Flash 存储器进行擦除和下载程序操作。

外围设备(Peripherals)——在调试状态下显示 I/O 口、定时器等外围设备的状态。

工具(Tools)——允许在 μVision3 集成开发环境下启动用户功能。

SVCS——提供对版本控制的功能。

窗口(Windows)——对工作区内的文件窗口进行切换、平铺、拆分等操作。

帮助(Help)——提供帮助信息。

(3)工具栏

包括最常用的文件工具、创建工具以及调试工具等常用文件工具，如图 1 - 4 - 3 所示。

图 1 - 4 - 3　文件工具栏各按钮功能

(4)工程窗口

该窗口有以下 5 个选项卡：

① 第 1 个"文件选项卡"显示该工程中的所有文件。工程初建时显示空文件夹 Source Group1，需要自己添加源程序文件。

② 第 2 个"寄存器选项卡"用于在调试状态时显示有关寄存器的内容，在设计状态下不显示任何内容，进入程序调试状态时自动切换到该窗口。

③ 第 3 个"文档选项卡"提供一些帮助文件和电子文档，如果遇到疑难问题，可以随时到这里来查找答案。

④ 第 4 个"函数选项卡"显示工程中所有的用户函数，以便快速定位和查看这些函数。

⑤ 第5个"模板选项卡"用于将一些编程中常用的内容设置为模板,使用这些模板可以提高程序输入的效率,格式也更规范统一。

(5)工作区窗口

显示在 Keil 中打开的各种文件如源程序、头文件、反汇编程序等内容,可以用窗口下方的标签进行文件之间的切换。需要说明的是,工程以外的文件虽然也能在此窗口内打开和编辑,但不能影响当前工程的结果。

(6)输出窗口

该窗口有"创建"、"命令"、"文件内查找"三张选项卡,分别用来显示创建(编译、创建目标文件)的结果信息、输入操作命令和查找结果信息。

上述的窗口均可以利用"菜单栏-视图菜单"中的相关命令进行显示或隐藏(见图 1-4-4 所示)。

μVision3 有设计和调试两种不同工作状态。在设计状态下完成工程的建立,工程属性的设置,程序的编辑、修改、创建(汇编/编译和连接);调试状态是在目标创建成功的情况下,用来进行跟踪调试和检验程序在逻辑上是否正确。由于两种状态的作用和操作不同,界面也有些不同。一个窗口是否显示以及菜单栏和工具栏是否可用,都取决于当前所处状态下该操作是否被允许。例如,在设计状态下,调试菜单和调试工具大都变成灰色不可用状态,有关调试窗口也就无法显示(如图 1-4-4 所示,视图菜单中的一些窗口选项不可用)。而在调试状态下,工程菜单和创建工具大都变成灰色不可用状态,但可以通过视图菜单选择打开多个观察单片机内部资源的窗口,以跟踪观察这些资源在程序运行过程中的状态。

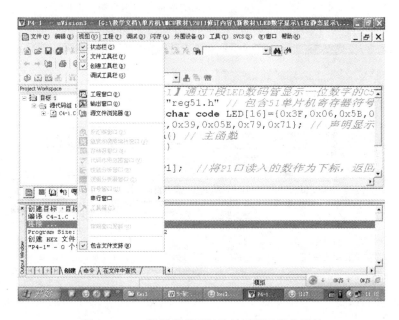

图 1-4-4　视图菜单可以选择屏幕元素的显示

(7)程序调试时常用的窗口

Keil 软件为调试程序提供了多个窗口。进入调试模式后,可以通过菜单"视图"下的相应命令(如图 1-4-5 所示)打开或关闭这些窗口。这些窗口主要包括:源程序窗口、工程窗口寄存器页、输出窗口（Output Window）、存储器窗口（Memory Window）、观察窗口（Watch&Call Statck Window）、反汇编窗口（Dissambly Window）、串行窗口（Serial Window）等。图1-4-6给出了通过视图菜单打开"工程窗口"、"存储器窗口"、"监视和调用堆栈窗口"后，Keil所显示出这些窗口的情况。

图1-4-5　调试状态下视图菜单可打开多个调试窗口

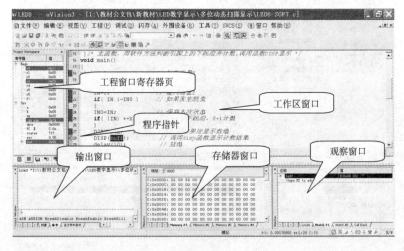

图1-4-6　调试状态下的部分窗口

① 源程序窗口

程序调试时，在源程序窗口可以观察到程序当前所运行的位置（黄色箭头代表程序指针，即下一条将要执行的语句），行左端绿色表示是已经执行过的语句行。

② 工程窗口寄存器页

工程窗口寄存器页包括了当前的工作寄存器组和系统寄存器组。系统寄存器组有一些是实际存在的寄存器,如 A、B、DPTR、SP、PSW 等;有一些是实际中并不存在或虽然存在却不能对其操作的寄存器,如 PC、Status 等。每当程序中执行到对某寄存器的操作时,该寄存器会以反色(蓝底白字)显示,用鼠标单击然后按下 F2 键,即可修改该值。

③ 输出窗口命令页

进入调试状态后,输出窗口自动切换到 Command 页。该页用于输入调试命令和输出调试信息。初学者多采用菜单或工具操作,可以暂不学习调试命令行的使用方法。

④ 存储器窗口

存储器窗口中可以显示系统各存储空间中的值,通过在 Address 后的编辑框内输入"字母:数字"即可显示相应地址中的值,其中字母可以是 C、D、I、X,分别代表程序存储空间、直接寻址的片内存储空间、间接寻址的片内存储空间、扩展的外部 RAM 空间,数字代表想要查看的起始地址。例如输入"D:0"即可观察到地址 0 开始的片内 RAM 单元值、键入"C:0"可显示从 0 开始的 ROM 单元中的值,即可查看程序的二进制代码。该窗口的显示值可以以各种形式显示,如十进制、十六进制、字符型等,改变显示方式的方法是点鼠标右键,在弹出的快捷菜单中选择。

⑤ 观察窗口

观察窗口是很重要的一个窗口,可以在调试状态下观察任何指定的监视表达式(包括任何寄存器名称、变量名称等)。例如要观察变量 buff 的值,可以将变量 buff 添加到监视窗口。添加方法有两种:一是在监视窗口中按 F2,输入变量名称 buff;二是在源程序窗口用鼠标选中变量 buff,右击后从快捷菜单选"Add buff to Watch Window"。加入监视窗口后,即可在调试状态下观察这些变量的地址和值了。

一般情况下,我们仅在单步执行时才对变量的显示值的变化感兴趣,全速运行时,变量的值是不变的,只有在程序停下来之后,才会将这些值最新的变化反映出来,但是,在一些特殊场合下我们也可能需要在全速运行时观察变量的变化,此时可以点击 View→Periodic Window Update(周期更新窗口),确认该项处于被选中状态,即可在全速运行时动态地观察有关值的变化。但是,选中该项将会使程序模拟执行的速度变慢。

其他窗口将在以下的实例中介绍。

3. 用 Keil 开发单片机程序的基本步骤

在单片机程序开发过程中,并不是仅有一个源程序就行了,还要选择器件(CPU)种类,确定编译(汇编)、链接的参数,指定调试的方式等,期间还会产生一些相关的文件。为方便管理和使用,μVision3 将一个项目所需的各种设置和相关文件都通过工程来管理(工程文件会自动添加扩展名 .uv2),强烈推荐按照每个工程建立一个文件夹(在学习本课程的过程中,建议大家按项目号和任务号创建文件夹,例如"项目 5"可以创建文件夹"P5",若项目 5 下有两个任务,则在 P5 文件夹下再分别创建"P5-1"和"P5-2"文件夹,分别存放任务 1 和任务 2 的有关文件(包括电路图文件 .DSN 和与程序有关的文件)。

用 Keil 开发单片机程序的一般步骤是:①新建工程,并选择单片机型号;②设置工程属性;③编辑源文件并加入工程;④创建目标程序;⑤调试程序,以排除程序中的逻辑错误。

下面将详细介绍这些操作步骤。

(1)建立工程

选择"工程菜单"(Project)→"新建工程"(New Project),出现创建新工程的对话框(见

图1-4-7),要求指定保存在何处(建议按章节和项目序号建立文件夹,如 D:\mcu\P1\P1-1)并起一个工程名(建议按项目和任务序号命名,例如 P1-1,不用加扩展名,系统会自动加上扩展名.uv2),单击"保存"即可;然后出现"选择设备"对话框,在下拉列表中选择单片机厂家和型号(见图1-4-8),这里可选择 Atmel 公司的 89C52,单击"确定"按钮,即建立了一个工程。

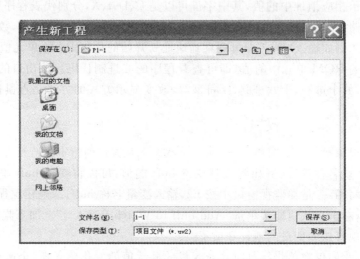

图1-4-7 新建工程,保存到指定位置

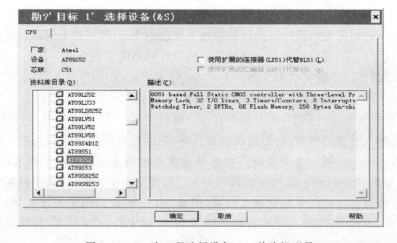

图1-4-8 为工程选择设备——单片机型号

（2）设置工程选项

根据不同的软硬件配备和仿真调试情况,需要对工程选项进行设置,操作步骤如下:用鼠标右击工程窗口下的"目标1",然后选择"为目标'目标1'设置选项"(见图1-4-9),出现设置选项对话框。该对话框有11个选项卡(见图1-4-10),若无特殊需要,大部分选项可取默认值，只需对"输出"选项卡行进行设置即可。

图 1-4-9 设置工程选项

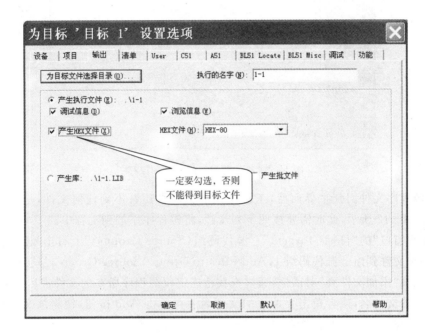

图 1-4-10 工程选项对话框——设置输出选项

"输出(Output)"选项卡的设置："为目标文件选择目录"按钮——默认为工程文件所在的文件夹，一般不需修改，也可以单击该按钮进行查看和修改；"执行的名字"——默认为与工程文件同名(但扩展名为 HEX)，一般也不需修改。

为了产生在 ProtuesISIS 中进行单片机仿真调试和下载到单片机中的目标文件，一定要勾选"产生 HEX 文件"，则在创建时会产生 HEX 格式的目标文件，这是 Intel 公司提出的数据格式。所有数据使用 16 进制数字表示的文件(提示：这里默认是未勾选，若忘记勾选，则不会生成相应的目标文件)。

(3)源程序文件的建立和添加

μVision3 内集成有一个文本编辑器，可以在 μVision3 集成环境中直接进行源程序的输入和编辑。

选择"新建文件"工具或"文件菜单(File)—新建(New)"，在源程序窗口出现一个新的文件输入窗口，可在该窗口里输入源程序。输入完毕之后，选择"保存"工具或"文件(File)—保存(Save)"，给该文件取名保存，把文件保存在上述工程文件夹中。文件取名时必须要加上扩展名，C 程序必须以扩展名 .C 保存，汇编程序必须以 .ASM 或 .A51 为扩展名保存。学习时建议文件名按章节和题号取名，如项目 4 第 1 个 C51 程序命名为 4-1.C(如图 1-4-11 所示)。

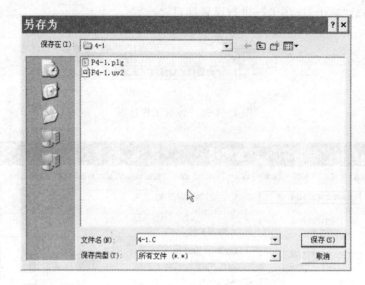

图 1 - 4 - 11　源程序的命名和保存

　　保存源程序文件回到主界面后,工程窗口的文件页还看不到任何文件,是一个空的工程,见图 1 - 4 - 12 所示,此时需要按照下列步骤,将源程序添加到工程中。

　　在"工程窗口"的"目标(Target)"/"源代码组(Source Groups)"上右击鼠标,在快捷菜单中选"添加文件到组－源代码组 1(Add Files to Group 'Source Group 1')"。

　　此时出现"添加文件到"对话框,通过查找范围定位源程序所在的文件夹后,用鼠标左键双击要加入的文件名,或者单击要加入的文件名后再单击 Add 按钮,便将该文件加入到工程中。此时,在工程窗口的文件页中可以看到所添加的文件。

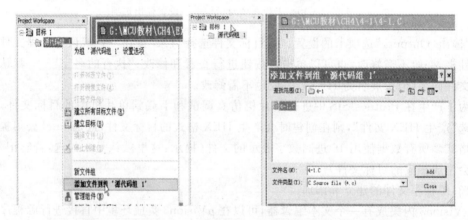

图 1 - 4 - 12　将源程序文件添加到工程中

　　(4)创建目标程序

　　设置好工程并添加了源程序文件后,即可单击创建工具(如图 1 - 4 - 13 所示)进行创建(或用快捷键 F7),即对工程进行编译、链接,最终生成目标文件。

　　一般用"创建目标"工具或"创建所有"工具,对工程中所有文件进行编译处理,并自动进行链接,产生目标文件(扩展名．HEX)。

　　创建过程中有关信息将出现在屏幕下方输出窗口中的 Build(创建)页中,如果源程序中

编译当前文件　创建目标　创建所有　停止构造　工程属性　选择目标

图 1-4-13　创建工具(Build ToolBar)

有语法错误,这里会出现错误报告,双击错误报告行,可以定位到源程序中相应的出错行。一般应先排除最前面的错误行,因为后面的错误可能是前面的错误造成的,排除了前面的错误,后面相关的错误往往会自动消失。对源程序修改之后,必须再次单击创建工具对工程重新进行创建,输出窗口中出现"0 错误或 0Error"时,表示程序已没有语法错误,完成了目标文件 * . HEX 的创建。在这一过程中,工程文件夹还会生成一些其他文件,如: * . LST(列表文件)、* . obj(目标文件)、* . M51(程序符号列表文件)等。

　　需要提醒的是,如仅对源程序作了修改,但没有进行重新创建,或者所修改的源程序没有添加到工程中,则 μVision3 调试所使用的目标文件仍然是上一次创建的结果。

　　(5)程序调试

　　虽然创建目标时可以自动检查出源程序中的语法错误,但程序中的逻辑错误要靠自己通过调试来发现。程序创建无误后,单击"调试(Debug)"工具按钮可进入调试状态,以实现程序的跟踪和查看有关资源。关于调试方法,可通过"调试(Debug)"选项卡中的设置,从以下几种方式中选择(如图 1-4-14 所示)。

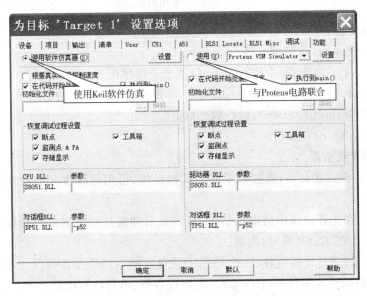

图 1-4-14　工程属性中可选择不同的程序调试工具和方法

　　① 使用 Keil 软件仿真器

　　在 Keil 集成环境中对程序进行软件仿真调试,这时应在"调试"选项卡中选左边的"使用软件仿真器"。该仿真调试方法不需任何硬件设备,但只能仿真单片机的资源,无法对单片机以外的硬件设备进行仿真。

② 与 Proteus 联合仿真

该方法需要先安装 Proteus 提供的 vdmagdi. exe,启动 Keil 后,在工程设置的"调试"选项卡中选右边的"使用",然后从下拉列表中选择"Proteus VSM Simulator"方式(见图 1-4-14 右边的选项),这种方法可以与 Proteus ISIS 进行程序和电路的联调(注:还要在 Proteus ISIS 的 DEBUG 菜单下选"use remote debug monitor"),我们在后面的实验中将会用到该方法。

③ 使用硬件仿真器

需要配备与 Keil 配套的硬件仿真器,通过该仿真器连接用户系统板,对实际的单片机应用系统进行仿真调试。

在 Keil 中,通过程序跟踪调试可以找出程序中的逻辑错误。常用的调试手段有跟踪、单步运行、设置断点和监视等。用调试菜单、快捷键或调试工具(Debug ToolBar)均可操作。

① 调试工具

图 1-4-15 给出了调试状态下常用的调试工具,通过这些工具使程序单步运行或到断点处暂停,然后通过观察窗口(监视和调用堆栈)或有关窗口查看内容来分析程序是否正确。读者可结合本书实践项目 2 的调试实践,来掌握这些程序调试技术。

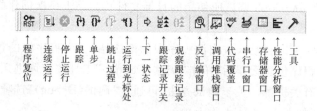

图 1-4-15 常用调试工具

② 调试快捷键

F5(go):全速运行,遇到断点停止。

F10(step over):单步,每次执行一步,将整个子程序作为一"步"执行。

F11(step into):跟踪,每次执行一条指令,将跟踪进入所调用的子程序。

CTRL+F10(run to cursor):运行到光标处。

ESC(Stop running):退出。

③ 查看单片机资源

μVision3 在调试状态下,通过菜单或工具栏操作,可用仿真方式查看和修改单片机内部各单元的值。

● 寄存器:在工程窗口中的寄存器页,可以显示和通过单击鼠标直接修改相关寄存器(A、B、R0~R7、DPTR、SP 等)的内容。

● 外围设备:通过外围设备(Peripherals)菜单选择不同的设备可以查看或修改这些外围设备对应的特殊功能寄存器(I/O 端口、定时计数器、串行口和中断)。

● 存储器:"视图(View)-存储器窗口(Memory window)"菜单或直接使用工具栏上的按钮,会出现包含 4 张选项卡的存储器窗口,便于同时观察不同空间的存储器。在存储器地址中,使用字母 D、I、X、C 后加":地址"的命令,可分别观察不同存储空间的内容,例如,输入 D:00 可显示片内 RAM 直接寻址空间 00 开始的各单元,输入 I:0x80 可显示片内 RAM 的间接寻址空间 0x80 单元开始的内容,输入 X:0x2000 可显示片外数据存储器地址 0x2000

开始的内容,输入 C:0x0000 可显示程序存储器空间的内容,如图 1-4-16 所示。

(6)程序下载

所谓程序下载(又称固化或烧写)就是将目标程序写入单片机的程序存储器。目前常用的程序固化的方法有两种:一是采用专用编程器,二是采用 ISP 功能,通过下载线将目标程序写入芯片。

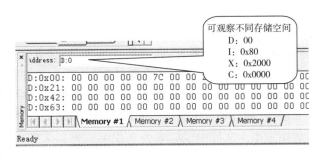

图 1-4-16　存储器窗口

三、单片机 C 程序设计基础

针对 MCS-51 单片机的 C51 与标准 C 的语法基本相同,主要不同在于 C51 中添加了一些专门针对 51 单片机的内容,如不同的存储空间分配、bit 和 sbit 数据类型,以及 I/O 口、串行口、定时器、中断等片内资源,所以 51 单片机 C 程序设计的要点主要有两点:①C 程序设计基础;②51 单片机的内部结构(尤其是各特殊功能寄存器的用法)。下面我们通过几个简单实例来学习 51 单片机的 C 程序设计。

1. 一个最简单的 C 程序

程序功能:把单片机 P1 口的状态传送到 P2 口(电路如图 1-4-17 所示)。

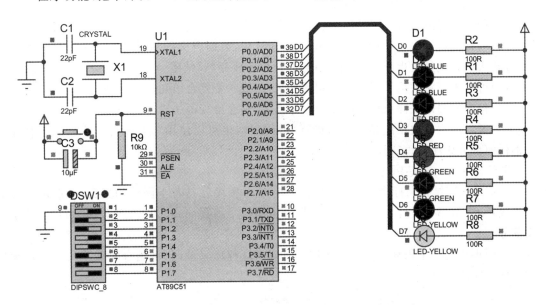

图 1-4-17　把单片机 P1 口的状态传送到 P2 口的电路

下列示例程序中行首的行号在程序中并不需要输入，Keil3 等开发工具中会自动显示。

```
# include<reg51.h>    // 用预处理指令包含头文件 reg51.h
void main()  // 主函数
{
while(1){P2 = P1; }  // 循环执行 P2 = P1,将 P1 口输入状态传送到 P2 口
}
```

程序各行的作用如下。

第 1 行：用预处理指令包含了一个名为 reg51.h 的头文件，包含 reg51.h 相当于把该文件内容放在该处而不必自己逐字输入。那为什么要包含 reg51.h 文件呢？这是因为 C 语言中除关键字和运算符外的任何符号和函数都要先声明后才能在程序中使用，但对大量的通用符号（如各寄存器）和函数（如各种数学函数），并不需要编程者自己来逐一声明，而是将这些符号和函数的声明放在一个头文件中（以 .h 为扩展名），例如文件 reg51.h 就对 51 单片机中的编程资源（如各寄存器的名称对应的地址）进行了声明或定义。如果在程序开始处用预处理指令 # include <reg51.h> 包含了该头文件，在程序中就可以通过寄存器名称来使用这些资源而无需自己事先逐一声明。

第 2 行：定义了主函数 main()，void 表明该函数是空类型，即无返回值；main() 是规定的主函数名，每个 C 程序必须有一个主函数 main()，并且总是从主函数开始运行。

第 3~5 行：函数名后花括弧括起来的为函数体，包括了为实现函数功能所需要的各种语句。这里的 while(1){P2＝P1;}，即重复不断地将单片机 P1 口各引脚的状态传送到 P2 口，如果 P1 口连接一个 8 位开关，P2 口连接 8 位 LED，则 8 位 LED 会按 8 位开关的状态显示。（读者可以按 Keil 操作步骤创建目标程序后，下载到图 1-4-17 的电路中仿真运行。）

2.C 程序的书写格式

关于 C 程序的书写格式，初学者要注意以下几点：

（1）程序书写格式自由，但区分大小写。

（2）一行内可以写一个或几个语句，每个语句和数据定义的最后必须有一个分号";"。（# 号开头的为预处理指令，不属于 C 语句，所以不要用";"结尾。）

（3）可以用 对大括号将若干语句括起来，组成 个复合语句。

（4）程序中的语法标点均不能用中文标点，否则会出现语法错误。

（5）可以用"//"放在注释文字前进行单行注释，也可以使用"/ * …… * /"对 C51 程序中的任何部分作注释（多行注释）。

3.C 程序的一般结构

C51 的程序结构与标准 C 语言相同，一个 C51 程序就是若干函数的集合，一般由三部分组成：①声明部分（包括函数和全局数据的声明）；②函数 main()定义部分；③用户函数定义部分。

下面再通过一个稍复杂的程序实例——流水灯程序来说明（可结合实践项目 1 进行编程和仿真实践）。

```
// --------------------- 函数和全局数据声明部分
(1)# include "reg51.h"          // 头文件 reg51.h 包含 51 寄存器符号定义
(2)# include "intrins.h"         // 头文件 intrins.h 包含本征函数声明
```

```
(3) #define uchar unsigned char        // 宏定义 uchar 代替 unsigned char
(4) void delay(int ms);                // 声明用户自定义函数 delay
(5) sbitD = P3^7;                       // 全局变量 D 定义为 P3 口第 7 位
// ----------------主函数部分
(6) void main()
(7) {
(8) unsigned char out = 0xfe;          // 定义无符号字符变量并赋初值
(9) while(1)                            // 条件恒为 1,不断循环
(10) {
(11) if (D)
(12) out = _crol_(out,1);              // 调用循环左移函数
(13) else
(14) out = _cror_(out,1);              // 调用循环右移函数
(15) P0 = out;
(16) delay(P1);                        // 调用延时函数
(17) }
(18) }
// ----------------用户自定义函数部分
(19) void delay(unsigned int ms)       // 自定义延时函数
(20) {   unsigned int i = ms * 91;
(21) for(;i>0;i--){;}
(22) }
```

下面对该程序说明如下：

(1)函数声明和全局数据定义部分(第 1~5 行)

C 语言中所有函数和符号使用前必须有相关的声明或定义。为了方便,通常将一些通用符号的定义、函数的声明放在某一个头文件(以 . h 为扩展名)中,用户只要根据自己需要用预处理指令 #include(注:#号开头的为预处理指令,供编译前的预处理,而不是 C 语言本身的组成部分)将该头文件包含到自己程序中,就相当于在自己的程序中声明或定义了这些符号和函数。如第 1 行就是将含有 51 寄存器名称和符号定义的头文件 reg51. h 包含在用户文件中,以便在后面的程序中使用这些寄存器名称和符号。

C51 函数分为库函数和用户自定义函数,库函数是由系统定义的一些通用函数,只要用相应的 # include 预处理指令将含有该库函数声明的头文件包含进来,就可以在程序中调用这些库函数。C51 中的库函数和标准 C 语言定义的库函数有些不同。标准 C 语言定义的库函数是按通用微型计算机来定义的,而 C51 中的库函数是按 MCS−51 单片机相应情况来定义的。包含 Keil C51 库函数原型的头文件可参见附录 3。

第 2 行是用 #include 预处理指令将含有内部函数(本征函数)声明的头文件 intrins. h 包含在用户文件中,以便在第 12 行和第 14 行使用这些内部函数。所谓内部函数就是编译时直接将指令嵌入,而不必采用调用方式,可提高运行速度,减少资源占用。

第 3 行是宏定义,是用预处理指令 #define,实现用一个相对简单的名称来代表某一个字符串或表达式。

第 4 行是自定义函数的声明,由于函数 delay()的调用在第 16 行,而定义在第 19 行,像

这样调用位置在定义之前的函数都要在调用前加以声明。

第 5 行声明了一个位于 SFR 中的位变量 D,像这样在函数外定义的变量为全局变量,其作用域是从定义开始到整个程序结束。

(2)主函数部分(第 6～18 行)

一个 C 程序必须有且只有一个名为 main 的函数(主函数),不论主函数位于何处,程序总是从主函数开始运行。

(3)用户函数定义部分(第 19～22 行)

函数定义的一般形式为:

函数类型　函数名(形式参数类型　形式参数名称)

{

声明部分

语句部分

[return(返回值);]

}

4. 有关说明

(1)关于头文件的路径

如前所述,在 C 语言程序设计中,常要用到一些扩展名为 .h 的头文件,Keil 系统提供的头文件一般位于 Keil 安装目录下的 C51\inc 文件夹,Keil 编译时会自动找到位于该文件夹中的头文件。但有时用户所用到的某些特定头文件(如专为某个器件定义或用户自己定义的头文件)并不在该文件夹中,为使 Keil 在编译时也能找到这些头文件,可采用以下方法中的任何一个:

① 将这些头文件放在 Keil 安装目录下的 C51\inc 文件夹中。

② 将这些头文件放在当前工程文件夹(即工程文件所在的文件夹)中。

③ 在♯include 中写明头文件的路径,如♯include "D:\MCU\H\STC12.H"。

④ 在 Keil 工程选项中设置包含文件路径(推荐)。

对于方法①和方法②,如果头文件名在♯include 中被< >括起来,则会先从 Keil 安装目录下的 C51\inc 文件夹查找,而用" "括起来,则会先从当前工程文件夹查找。

方法③使得♯include 指令显得冗长,而且常因不同计算机中文件位置不同而造成找不到头文件的情况,所以不太常用。

方法④的操作如图 1-4-18 所示。

(2)C51 中变量的定义

C51 中变量定义的语法格式如下:

[存储类别]　数据类型[存储位置]　变量名[=初值];

在上述定义格式中,方括号用来表示可选项,缺省时自动取默认值。类型说明和可选项的默认值分别见表 1-4-2、表 1-4-3 所示。从表中可以看出,C51 中的数据类型与标准 C 的数据类型有一定的区别,C51 中增加了几种针对 MCS-51 单片机特有的数据类型,如 bit、sbit、sfr、idata 等。

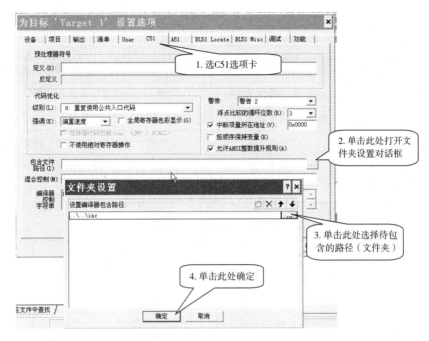

图 1-4-18 在工程属性中设置包含路径

表 1-4-2 C51变量声明中的数据类型、存储类别和存储位置

	关键字		说　明
存储类别	auto(默认)	自动变量	自动分配,调用结束自动释放
	extern	外部变量	声明在后面或其他文件中定义的全局变量
	static	静态变量	调用结束后可保留值的局部变量
	register	寄存器变量	放在寄存器中的变量,访问速度最快
数据类型	unsigned char	单字节无符号数	0～255
	signed char	单字节符号数	−128～+127
	unsigned int	双字节无符号数	0～65535
	signed int	双字节符号数	−32768～+32767
	unsigned long	四字节无符号数	0～4294967295
	signed long	四字节符号数	−2147483648～+2147483647
	float	四字节浮点数	$\pm1.175494E-38 \sim \pm3.402823E+38$
	*	指针	1～3 字节
	sfr	SFR 中的单字节	0～255
	sfr16	SFR 中的双字节	0～65535
	bit	位	0 或 1
	sbit	SFR 中的位	0 或 1

（续表）

	关键字		说　　明
存储位置	data	直接访问片内 RAM	128 字节，访问速度最快，适合存放常用变量
	bdata	可位寻址片内 RAM	16 字节，允许位与字节混合访问
	idata	间接访问片内 RAM	共 256 字节
	pdata	片外 RAM	用 8 位指针分页访问，共 256 字节
	xdata	片外 RAM	用 16 位指针访问，共 64KB
	code	程序存储器	64KB

表 1 - 4 - 3　不同存储模式下的默认存储位置

存储模式	默认的存储位置
SMALL 小型	DATA
COMPACT 紧凑	PDATA
LARGE 大型	XDATA

关于存储类别中的寄存器变量，C51 编译器编译时能自动识别程序中使用频率最高的变量，并自动将其作为寄存器变量，用户无需专门声明。

关于存储位置的说明：

在变量声明时，如果省略存储位置，系统会根据在 C51 编译器选项中所选择的存储模式所约定的默认存储位置存放，例如，在 Keil μVision 中可以通过工程属性中的目标选项卡设置存储器模式，如图 1 - 4 - 19 所示，各模式的默认存储位置如表 1 - 4 - 3 所示。

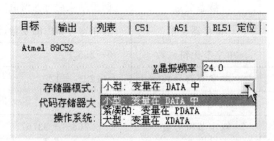

图 1 - 4 - 19　Keil 中的存储器模式选择

关于函数定义的说明：

① 函数类型说明函数返回值的类型，若不需要返回值，可用 void 作为类型。

② 函数名后必须跟小括号，括号内给出形式参数的声明，若不需要参数，括号内可以为空。

③ 函数内的声明部分，其格式与前面介绍的函数外的数据声明相同，所不同的是，在函数内定义的变量为局部变量，其作用域为所在函数的内部。

④ 函数内的语句部分定义了函数所要完成的工作。这里要注意的是，函数可以嵌套调用，即函数中可以调用其他函数，但函数不能嵌套定义，即在函数定义中不能再定义其他函数。

⑤ 如果需要函数返回结果，可用 return(x)返回值 x。

⑥ 当用户函数较多或多人合作编程时,函数定义可以分门别类地分放在不同的 .C 文件中,但需要将这些 C 文件都加入工程,再进行编译创建。如果在当前文件中要使用其他文件中定义的变量和函数,需要在当前文件中用关键字 EXTR 说明这些在当前文件以外定义的变量和函数,否则会在编译时报错。当然,将一些函数定义放在头文件中,用 ♯ include 指令将该头文件包含到自己的源程序中也是一种不错的方法。

（3）C51 的关键字

C51 包含 ANSI C 关键字（见表 1－4－4）和针对 51 单片机扩展的一些关键字（见表 1－4－5）,用户不能将这些关键字用于定义常量或变量的名称。（注：在默认情况下,Keil 中这些关键字将自动显示为蓝色字体。如果某个关键字未显示为蓝色,则表示存在拼写错误。）

表 1－4－4　ANSI C 关键字

关键字	含　义
auto	自动变量
const	声明只读变量
register	声明寄存器变量
static	声明静态变量
extern	引用在其他文件中声明的变量
volatile	说明变量在程序执行中可被隐含地改变
void	声明函数无返回值或无参数,声明无类型指针
signed	声明有符号类型
unsigned	声明无符号类型
char	声明字符型类型
int	声明整型类型
short	声明短整型类型
long	声明长整型类型
double	声明双精度类型
float	声明浮点型类型
struct	声明结构体类型
enum	声明枚举类型
union	声明联合数据类型
typedef	用以给数据类型取别名（当然还有其他作用）
sizeof	计算数据类型长度
if	条件语句
else	条件语句否定分支（与 if 连用）
switch	用于开关语句

（续表）

关键字	含义
case	开关语句分支
default	开关语句中的"其他"分支
do	循环语句的循环体
while	循环语句的循环条件
for	循环语句
continue	结束当前循环，开始下一轮循环
break	跳出当前循环
return	子程序返回语句（可以带参数，也可不带参数）
goto	无条件跳转语句

表 1-4-5　C51 扩展关键字

关键字	含义
_at_	为变量定义存储空间绝对地址
alien	声明与 PL/M51 兼容的函数
bdata	可位寻址的内部 RAM
bit	位类型
sbit	声明可位寻址的特殊功能位
sfr	8 位的特殊功能寄存器
sfr16	16 位的特殊功能寄存器
data	直接寻址的内部 RAM
idata	间接寻址的内部 RAM
pdata	分页寻址的外部 RAM
xdata	外部 RAM
code	ROM
compact	使用外部分页 RAM 的存储模式
small	内部 RAM 的存储模式
large	使用外部 RAM 的存储模式
priority	RTX51 的任务优先级
reentrant	可重入函数
task	实时任务函数
interrupt	中断服务函数
using	选择工作寄存器组

(4)C51 的运算符

在 C 语言中可以直接用下列运算符组成表达式。这些运算符及其优先级与数学中的规定基本一致,大大简化了运算程序的编写。表 1-4-6 给出了 C51 的运算符,其中的优先级别表示运算时的先后顺序,需要时可用圆括号改变运算顺序,内层括号优先。若对表达式中运算符的优先级拿不准时,建议多使用圆括号来保证运算顺序的正确。当表达式中出现优先级相同的运算符时,一般都是按"从左到右"的顺序运算,称为左结合。但单目运算、条件运算和赋值运算是按"从右到左"的顺序运算,称为右结合。关于各运算符的用法将在以后有关项目中予以说明。

表 1-4-6　C51 的运算符

优先级别	类　　别	名　　称	运算符
1	初等运算	圆括号	( )
		下标	[ ]
		存取结构或联合成员	->或.
2	单目运算 (右结合)	逻辑非	!
		按位取反	~
		加一	++
		减一	--
		取地址	&
		取内容	*
		负号	-
		类型转换	(类型)
		长度计算	sizeof
3	算术运算	乘	*
		除	/
		取模	%
4		加	+
		减	-
5	位移运算	左移	<<
		右移	>>
6	关系运算	大于等于	>=
		大于	>
		小于等于	<=
7		小于	<
		等于	==
		不等于	!=

（续表）

优先级别	类　别	名　称	运算符
8	位逻辑运算	按位与	&
9		按位异或	Λ
10		按位或	|
11	逻辑运算	逻辑与	&&
12		逻辑或	||
13	条件运算（右结合）	条件运算	?:
14	赋值运算（右结合）	赋值和复合赋值	=,+=,-=,*=,/=,%=, >>=,<<=,&.=^=,|=,等
15	顺序求值	逗号运算	,

5. 程序举例

通过 7 段 LED 数码管显示一位数字。

7 段 LED 数码管的显示原理和笔画显示代码可参见本书实践篇中的项目 2。在 C51 中可以将笔画显示代码定义为一个数组，将要显示的数字作为下标来取得该数字对应的笔画显示代码。下面给出程序示例，仿真电路见图 1-4-20 所示，详细分析和实践可见本书项目 2 中的任务 1。

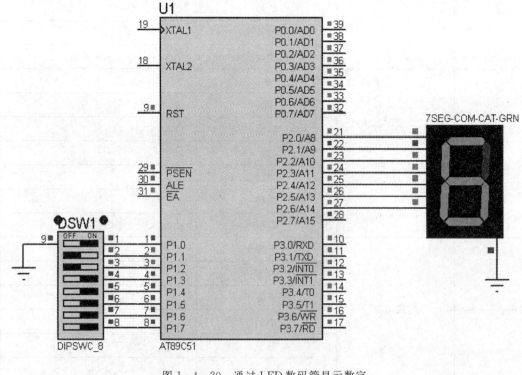

图 1-4-20　通过 LED 数码管显示数字

参考程序如下：

```
/＊通过 7 段 LED 数码管显示一位数字的 C51 源程序 ＊/
＃include "reg51.h" //包含 51 单片机寄存器符号声明文件 reg51.h
unsigned charcode LED[16] = {0x3F,0x06,0x5B,0x4F,0x66,0x6D,0x7D,0x07,0x7F,0x6F,
0x77,0x7C,0x39,0x5E,0x79,0x71};          //声明显示代码数组
void main()                              //主函数
{ for(;;)                                //使程序循环运行
{
P2 = LED[P1];                            //将 P1 口读入的数作为下标,返回数组中的显示代码送 P2
                                         驱动 LED
}
}
```

四、分支(选择)结构程序设计

程序中常要根据不同情况作不同的处理,这就需要采用分支结构,又称为选择结构。二分支流程见图 1－4－21 所示。

1. 用 if 语句实现分支

语法格式：

if (条件表达式){语句 1;} else {语句 2;}

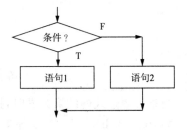

图 1－4－21 二分支程序框图

即当条件表达式为真时,执行语句 1,否则就执行语句 2。

例如,要求通过开关控制彩灯显示方式,当开关合上(P3.7＝0),8 位彩灯全亮;当开关断开(P3.7＝1),8 位彩灯隔位点亮。用 if 结构的参考程序如下：

```
＃include ＜reg51.h＞
sbit P3_7 = P3^7; //定义 SFR 中的位变量 P3_7 = P3.7
main()
{
while(1)
  {
  if (P3_7)    //测试 P3.7
  {P0 = 0x55;}    //为真时 P0 输出 0x55
  else {P0 = 0x00;} //为假时 P0 输出 0x00
  }
}
```

注:由于∧在 C 语言中代表运算符,所以这里对在 reg51.h 中声明的符号 P3∧7 需改用 P3_7 表示。

2. 用条件运算表达式实现两分支

C 语言中的条件运算表达式的格式为:条件表达式? 表达式 1:表达式 2;

整个表达式当条件表达式为非 0 时取表达式 1 的值,为 0 时取表达式 2 的值,于是上述彩灯控制可以用下面条件表达式实现：

```
#include "reg51.h"
sbit P3_7 = P3^7; //定义 SFR 中的位变量 P3_7 = P3.7
main()
{
while(1)
{P0 = (P3_7? 0x55;0x00);}        //条件表达式,当 P3-7 为非零时返回 0x55,为 0 时返回 0x00。
}
```

C 语言中的 if 结构还有以下两种形式:

① if(条件表达式)语句

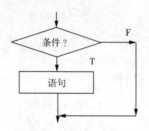

图 1-4-22　if 结构的一种形式

当条件表达式的结果为真时,执行语句,否则就跳过,流程见图 1-4-22 所示。

如 if(a==b)a++;当 a 等于 b 时,a 就加 1。

② if(条件表达式 1)语句 1;

　else if(条件表达式 2)语句 2;

　　　⋮

　else if(条件表达式 n)语句 n;

　else 语句 m;

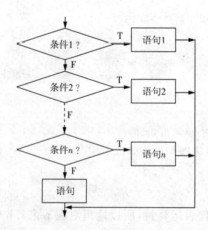

图 1-4-23　if 语句实现多分支

也就是说,我们可以用多个 if else 语句实现多分支(图 1-4-23)。使用时应注意 if 和 else 的配对使用,记住 else 总是与最临近的 if 相配对。

例如,用 if 结构实现温度控制三分支的程序如下:

```
# include <reg51. h>
# define PreT 10                      // 定义设定温度 PreT 代表数值 10
main( )
{
while(1)
{
if (P1 = = PreT)P0 = 0x7f ;          // 如果温度等于设定值
else if (P1<PreT)P0 = 0xc7 ;         // 如果温度小于设定值
else P0 = 0xf8 ;                     // 如果温度大于设定值
}
}
```

3. 用 switch 语句实现多分支

虽然可以通过上述 if 结构来实现多分支,但程序结构会显得不够简洁,为了使多分支程序结构清晰,C 语言中可以采用下面的开关语句(switch 语句)实现:

```
switch (表达式)
  {
     case 常量表达式 1：语句 1；break；
     case 常量表达式 2：语句 2；break；
     case 常量表达式 3：语句 3；break；
     case 常量表达式 n：语句 n；break；
     default：语句
  }
```

注意,其中分支语句后的 break；表示该分支执行后则退出 switch 结构,若没有 break；则会顺次执行后面的 case 语句。

例如,要求根据 P1 口开关各位的不同组态,实现 P0 口彩灯的多种不同显示方式,即可利用 switch 语句实现。下面给出参考程序,有兴趣的读者可以自行编写不同分支所需的函数 BR2( )、BR3( )等。

```
# include "reg51. h"
void   BR0( )                 // 分支 0 所调用的函数,隔位亮
{P0 = 0x55；}
void   BR1( )                 // 分支 1 所调用的函数,亮高 4 位
{P0 = 0x0f；}
void   BR2( )                 // 分支 2 所调用的函数,亮低 4 位
{P0 = 0xf0；}
  ：                          // 此处省略其他各分支所调用的函数
void main( )                  // 主函数
{
while(1)
  {
    switch (P1)               // 测试 P1 的值
    {
```

```
        case 0：BR0(); break ;      // 若 P1 = 0,调用函数 BR0()
        case 1：BR1(); break ;      // 若 P1 = 1,调用函数 BR1()
        case 2：BR2(); break ;      // 若 P1 = 2,调用函数 BR2()
            :                        // 此处省略若干分支
        default：  P0 = 0xff ;       // 否则 P0 = 0xff
        }
    }
}
```

与使用多个 if 语句相比,switch 语句的结构比较简洁,但也存在一个缺点,即 case 后只能使用常量表达式,无法实现复杂的条件匹配。

五、循环结构程序设计

具有重复性质的操作可用循环结构的程序完成,C51 中用 while、for 等语句实现循环。

1. while 循环

C51 中有两种类型的 while 循环:

(1)while(表达式){循环体语句}

(2)do{循环体语句}while(表达式)

类型(1)是先测试表达式,结果为真执行循环,否则不执行循环而执行后面的语句。例如:

```
while(x> = 1){P0 = ~P1;}
```

表示只要条件 x>=1 的条件成立,就不断将 P1 口状态按位求反后送 P0 口,一旦条件不成立就结束循环,执行后面的语句。

类型(2)是将测试放到循环体后,即先循环再测试表达式,所以即使条件为假,也至少执行了一次循环。

如果 while 后面小括号中的表达式为非 0 常数,则表示条件始终为真,构成所谓的死循环。例如要不断循环检测 P1 口状态,并按位求反后送 P0,可以用下面的语句实现:

```
while(1){P0 = ~P1;}
```

2. for 循环

语法格式为:for(表达式 1;表达式 2;表达式 3){语句;}

for 循环是 C 语言中功能最灵活的循环。for 后面的小括号中有三个表达式,对这三个表达式并无特别要求,但一般情况下,我们将表达式 1 用于给循环变量赋初值;表达式 2 用于对循环变量进行判断;表达式 3 用于对循环变量的值进行更新。它的执行过程如下:

(1)先求解表达式 1 的值。

(2)求解表达式 2 的值,如表达式 2 的值为真,则执行循环体中的语句,执行完毕后,求解表达式 3;然后再重复第(2)步;如表达式 2 的值为假,则结束 for 循环。

for 语句可以实现各种类型的循环,如上面的两例循环,可分别用 for 循环实现如下:

while(x>=1){P0=~P1;}可用 for(; x>=1;){P0=~P1;} 实现。

while(1){P0=~P1;}可用 for(;;;){P0=~P1;} 实现。

3. 循环程序举例

【例1】 包含循环和分支的 C51 程序举例——流水灯控制程序：

```c
# include "reg51.h"              // 包含 51 寄存器符号声明
# include "intrins.h"            // 包含本征函数
sbit   P37 = P3^7;               // 声明位变量
void delay(int ms);              /* 用户自定义函数声明 */
void main()                      // 主函数
{P0 = 0xfe;                      // P0 初始值,最低位 = 0 点亮
 while(1)                        // 无条件的死循环
  {
  if (P37)  P0 = _crol_(P0,1);   // 若 P3.7 = 1 ,P0 左移 1 位
  elseP0 = _cror_(P0,1);         // 否则 P0 右移 1 位
      delay(P1);
  }
  }
/* 用户自定义的延时函数,利用循环实现程序延时 */
void delay(int ms)
{ unsigned int i;
 for(;ms>0;ms - - )
  { for(i = 0;i<124;i + + ){;} }
}
```

【例2】 将 89C52 片内 RAM 0x80 开始的 100 个单元依次填入 1 到 100 的自然数,然后统计 0x80~0xA0 单元中偶数的个数,统计结果存入 B 寄存器。(注:本题在 Keil 工程中器件应选择 AT89C52,因为 89C51 片内 RAM 仅 128 字节,没有 0x80 地址以上的单元。)

我们可以利用 C51 中的指针实现直接对 RAM 中给定地址的单元操作,程序中用 unsigned char * dp 定义了一个指向单字节无符号数的指针变量 dp ,通过该指针来访问 RAM 中 80H 地址开始的数据区域。程序如下:

```c
# include <reg52.h>                  // 52 系列 SFR 的符号说明
void   main()
{
unsigned char i;                     // 定义变量 i
unsigned char idata   * dp = 0x80;   // 定义指针 *dp,并指向片内 RAM 的 80H 单元
for(i = 1;i< = 100;i + + )            // 从 i = 1 到 i = 100,进行第一轮 100 次计数循环
{ * dp + + = i;}                     // 对指针 dp 所指各单元赋值 i,然后指针 dp + 1,指向下一单元
for(dp = 0x80;dp< = 0xa0;dp + + )     // 进行第二轮循环,统计偶数
{
if( * dp % 2 = = 0) + + B;            // 如果 dp 所指单元的值为偶数,B + 1
}
}
```

思考与练习

1. 简述使用 Keil μVision3 开发单片机程序的基本步骤。

2. Keil 工程中文件扩展名 .uv2、.c、.asm、.hex 分别表示什么文件？

3. 在 Keil 中，调试程序的常用手段有哪些？

4. 在 Keil 中，如何观察和修改单片机片内各资源的内容？

5. 简述采用 C 语言进行单片机程序设计的优点。

6. 一个 C51 程序主要由哪几部分组成？

7. 程序开始处经常看到"# include reg51.h"命令，其作用是什么？

8. C51 自定义函数的一般格式是什么？

9. 列举 C51 程序中的运算符类别，简述其功能和比较它们的优先级。

10. 简述在 C51 程序中，是如何实现分支、多分支、条件循环、计数循环等程序结构的。

11. 编程实现：P3.0＝ P1.7＋P1.0＊(P1.1＋P1.2)，并通过电路仿真该逻辑控制功能(式中＋表示"或"，＊表示"与")。

12. 设逻辑表达式为：y＝K1＊(K2＋$\overline{K3}$)＋K4＊$\overline{(K5＋\overline{K6})}$，其中变量 K1、K2、K3 分别代表口线 P1.0、P1.1 和 P1.2，K4、K5、K6 分别是 ACC.0、Cy 和位地址 00，输出 Y 为 P1.5，请编写程序实现上述功能。

13. 利用多分支结构实现：根据单片机 P1 口低 3 位(P1.2－P1.0)的 8 种不同状态，分别执行 M0～M7 8 个不同的模块。

14. 编写程序将片内 RAM 从 30H 单元到 50H 单元依次填入连续自然数 1,2,3,…。

15. 编写程序将片内 RAM 30H 单元到 60H 单元的数据传送到片外部 RAM 1000H 开始的区域，并统计其中大于 20 的数的个数，统计结果存入变量 CNT。

第5章 单片机的接口技术

【学习目标】

(1)掌握利用单片机I/O口实现简单人机交互接口的方法。

(2)了解单片机常见功率驱动接口及其特点。

(3)了解单片机与外围器件之间几种常见的接口方式。

(4)了解单片机的几种常用通信接口及特点。

一、单片机接口技术概述

单片机由于应用的多样性,不可能像 PC 机那样提供标准的显示器、键盘等外围接口,而往往要根据不同的需要,设计和扩展各种外围接口。主要接口有:

(1)人机交互接口:如 LED 或 LCD 显示接口、键盘接口等。

(2)外围芯片接口:与系统内其他芯片接口,如扩展数据存储器、A/D 转换器、D/A 转换器、时钟等芯片。

(3)功率驱动接口:因单片机本身 I/O 口驱动能力有限,一般仅为几个毫安。所以在需要较大的驱动功率时,需要使用功率三极管、功率场效应管或驱动 IC 进行驱动。有时还需要采用电磁继电器、固态继电器、光控可控硅等实现与强电的隔离。

(4)通信接口:用于与其他系统通信,常用的如 RS-232、RS-485、电流环、USB 接口以及网络接口等。

下面对这些接口分别予以介绍。

二、单片机的人机交互接口

1. 键盘接口及其常见类型

按键作为人机交互界面里最常用的输入设备,是单片机系统设计中非常重要的一环。我们可以通过按键输入数据或命令来实现简单的人机通信。目前,微机系统中最常见的是触点式开关按键,按照其接口原理又可分为编码键盘与非编码键盘两类。编码键盘主要是用硬件来实现对按键的识别,非编码键盘主要是由软件来实现按键的识别。开关一端接 I/O 口的引脚,另一端接地时,当未被按下时,该引脚输入为高电平,开关按下后,对应引脚输入为低电平。于是,我们可以采用程序不断查询引脚电平的方法来判断按键是否按下。由于按键是机械触点,当机械触点断开或闭合瞬间,会产生抖动,这种抖动虽然人感觉不到,但计算机完全可以感觉到并会当作多次按键处理。为使 CPU 能正确地读出引脚的状态,对每一次按键只作一次响应,就必须考虑如何去除抖动。单片机中为了节省硬件,常用软件法去除抖动,就是在单片机获得按键所连接的口线电平为低的信息后,不是立即认定按钮已被按下,而是延时 10～30 毫秒后再次检测,如果该口线电平仍为低,这时才确认按键按下。这实际上是排除了按键按下时的抖动时间。另外,一般情况下,是将按下按键后再释放的过程判断为一次按键操作,所以要等检测到按键释放(对应口线电平恢复为高)后再作为按键处理。非编码键盘按连接方式的不同,一般可分为独立式、矩阵式和显示扫描共享式三种。单片机系统中一般按键数量不多,故从经济实用方面考虑,大都采用这几类非编码方式。

本书的项目 8 中具体介绍了几种常见的按键处理方法,读者可以通过这些项目实践来学习在单片机应用中如何使用按键功能。

2. LED 数码管显示接口

单片机应用装置中常采用 LED 数码管显示,如果仅用一位数码管,我们可以直接通过 8 根 I/O 口线经驱动电路驱动 LED 的 8 个笔划段。但若要同时显示多位数码管,此种方式将需要大量的口线,如 8 位 LED 就需要 $8 \times 8 = 64$ 根口线,显然单片机的硬件资源无法满足。实际工程中常用以下方法实现多位数码管的显示。

(1)动态扫描

该方法是使 LED 各位轮流扫描显示,利用人的视觉暂留将看到多位数字同时显示。本书项目 2 中的任务 2 即采用该方法实现了 8 位 LED 数码管的显示驱动(如图 1-5-1 所示)。

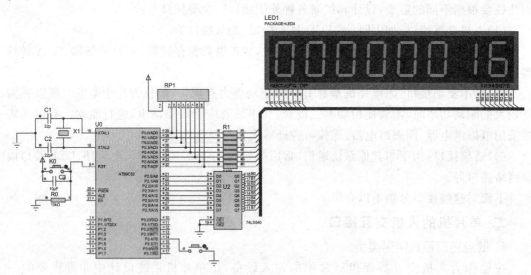

图 1-5-1 动态扫描法驱动多位 LED 数码管的电路

(2)串口输出扩展

当 LED 数码管位数较多,单片机引脚不够用的情况下,还可以利用单片机的串行口扩展 I/O 接口,即利用 51 单片机串行口的方式 0(同步移位寄存器),接上串入并出的移位寄存器(如 74HC595)来扩展并行输出口。本书项目 11 中的任务 2 就是一个用 4 片 74HC595 扩展 4 个并口以静态方式驱动 4 位 LED 数码管的电路,这种扩展方法只占用串行口,而且通过多个移位寄存器芯片的级联可以扩展更多数量的并行 I/O 口（一般可扩展到 20～30 个），以驱动多位 LED 数码管。

如果在利用串口扩展的同时，结合多位 LED 动态扫描的方法，可以用较少的移位寄存器获得较多数位的 LED 驱动。图 1-5-2 是一个利用两片 74HC595 实现 8 位 8 段 LED 显示的参考电路。一片 74HC595(U3)用来将单片机串口输出的段码转换为并口输出驱动 LED 的笔画段，另一片 74HC595(U2)则将单片机串口输出的位驱动码实现 8 位 LED 的位轮流驱动。

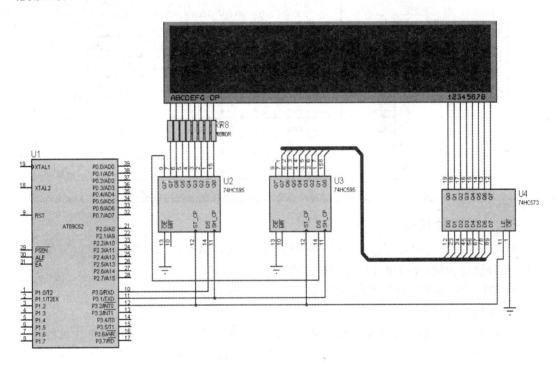

图 1-5-2　串口扩展结合多位 LED 动态扫描

（3）专用芯片

现有很多用于驱动多位 LED 的专用芯片，如 7219、CH45x 系列等。下面简单介绍使用 CH45x 系列芯片(CH450/451/452/453)的方案（见图 1-5-3 所示）。

CH45x 芯片是以硬件实现的多功能外围芯片，使用串行接口，支持显示驱动和键盘扫描以及 μP 监控，外围元器件极少，非常适合作为单片机的外围辅助芯片。具体优点有：

① 动态显示扫描控制，直接驱动 8 位数码管、64 位发光管 LED 或者 64 级光柱。

② CH45x 具有大电流驱动能力，段电流不小于 25mA，字电流不小于 150mA。

③ 内置 64 键键盘控制器，基于 8×8 矩阵键盘扫描。

④ 内置按键状态输入的下拉电阻，内置去抖动电路。

⑤ CH45x 用硬件实现显示驱动和键盘扫描，简化了程序设计且各功能之间相互独立，彼此不受干扰。

⑥ CH45x 内置振荡和上电复位以及看门狗，不但不需要外部提供时钟和外部复位输入，还能够向外部的主控单片机提供上电复位和看门狗。

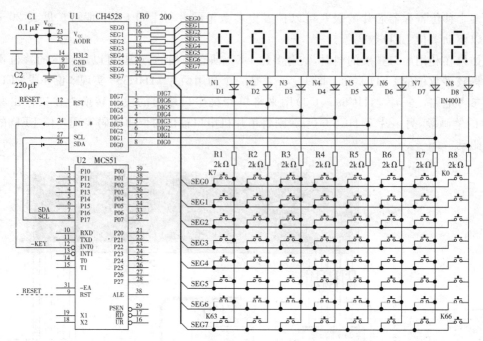

图 1-5-3　通过专用芯片驱动 LED 数码管和进行按键处理

三、外围芯片接口

单片机应用系统中有时需要使用一些外围芯片,如存储器、A/D 转换,实时时钟等。下面以 A/D 转换为例,介绍单片机与这些芯片间的接口方式。

1. 单片机外围芯片接口的几种方式

(1)采用并行接口

早期 A/D 转换芯片大多采用此种接口,如 ADC0809、MC14433 等,利用单片机的并行 I/O 接口组成系统外部总线,与 A/D 转换芯片连接(见图 1-5-4 所示)。

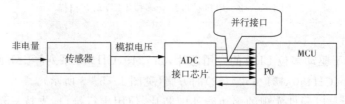

图 1-5-4　利用并行接口连接外围器件

(2)采用串行接口

为了简化与单片机的连接电路,越来越多的 A/D 转换芯片采用了串行接口(见图 1-5-5 所示),如下一单元要用到的 ADC0832。

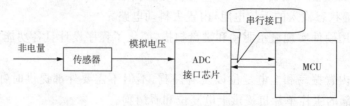

图 1-5-5　利用串行接口连接外围器件

（3）采用具有内部 ADC 的单片机

目前很多新型单片机内部都包含了多路 A/D 转换器，如目前常见的 AVR 系列、MSP430 系列、PIC 系列等，采用 8051 内核的还有 C8051F、AduC、STC、P8xC552 等许多系列，这样就可省去外部的 A/D 转换芯片（见图 1-5-6 所示）。

图 1-5-6 新型单片机将外围器件集成到芯片内

（4）采用数字传感器

由于模拟量抗干扰性较差，对于传输距离长、干扰强的场合，可以采用数字式传感器。此类传感器直接将模拟量以数字量（或频率）输出（见图 1-5-7 所示），就不需要再进行 A/D 转换。如集成数字温度传感器 DS18B20 等。

图 1-5-7 直接得到数字信号

2. 芯片之间最常用的串行总线接口

由于并行接口方式在单片机领域已逐渐被淘汰，已将功能集成到片内的单片机，不再需要连接外围芯片，只需要掌握其内部器件的使用方法。所以这里重点介绍芯片之间常用的串行接口。

（1）SPI 接口

SPI（串行外围设备接口 Serial Peripheral Interface 的缩写）是 Motorola 公司推出的一种同步串行全双工的通信接口，因其硬件功能很强，所以与 SPI 有关的程序就相当简单，使 CPU 有更多的时间处理其他事务。三线 SPI 接口的三线分别为：时钟线（SCLK）、数据输入/主设备输出线（DIN 或 MOSI）、数据输出/主设备输入线（DOUT 或 MISO）（见图 1-5-8 所示）。当三线接口同时连接多个器件时，每个器件还需要一条片选线（CS），所以有时也叫做四线接口。

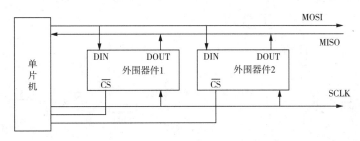

图 1-5-8 单片机与三线串行接口器件的连接电路

（2）I²C 接口

目前最常见的二线接口 I²C（INTER-IC 串行总线的缩写）是 PHILIPS 公司推出的芯

片间串行传输总线。它以 1 根串行数据线(SDA)和 1 根串行时钟线(SCL)实现了半双工的同步数据传输(见图 1-5-9 所示)。它具有接口线少,器件封装形式小,允许多个 I²C 总线器件同时接到 I²C 总线上(不需要片选信号线,通过地址来识别通信对象)等优点。

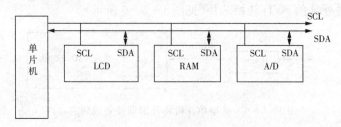

图 1-5-9　单片机与二线 I²C 接口器件的连接

目前大量的单片机外围器件(如数据存储器、LCD 显示器、A/D、实时时钟等)都采用了上述串行总线接口,可用很少的口线实现与单片机的连接。由于 51 单片机在硬件上并未真正提供 SPI 接口和 I²C 总线接口,使用这些接口的外围器件时,需要用软件模拟相应的传输信号协议。ProteusISIS 中提供了 SPI 调试器和 I²C 调试器,可进行有关的仿真调试。

在一些增强型 51 单片机中,已提供了硬件 SPI 接口或 I²C 接口,可以直接连接 SPI 接口或 I²C 接口的芯片,通过简单的指令即可实现数据的传输,而无需用软件去模拟 SPI 或 I²C 接口的传输协议。

四、单片机的功率接口

单片机的 I/O 口为弱电接口,一般电压为 5V 以下,驱动电流一般为:高电平拉电流仅为 0.4~0.5mA,低电平灌电流 2~3mA,即使有些单片机的 I/O 驱动电流增大到 20mA,仍无法直接驱动各种强电设备如电动机、电磁铁、继电器、灯泡、电热器等,而必须通过各种驱动接口电路来驱动,称此类接口为单片机的功率接口。

目前在单片机控制电路中常用的功率接口有以下几类。

1. 晶体管与功率场效应管

(1)普通晶体管

多用于直流电源下小功率、低电压的场合,选择晶体管要考虑其输出功率、耐压、最大输出电流、开关速度等参数。图 1-5-10a 是一个简单的晶体管驱动电路。有些场合需要对驱动电路的输入输出两端实现电气的隔离,这时可采用光电耦合器,如图 1-5-10b 所示。

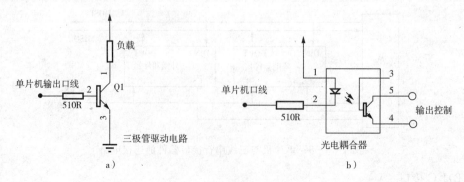

图 1-5-10　三极管驱动与光电耦合器

（2）功率场效应管

功率场效应管（VF）又称 VMOS 场效应管，也称作功率 MOSFET，驱动电路如图 1-5-11 所示。与普通晶体管相比，功率场效应管具有以下优点：

① 具有较高的开关速度，即具有较高的可靠性。

② 具有较强的过载能力，即短时过载能力通常为额定值的 4 倍。

③ 具有较高的开启电压（阈值电压，一般在 1.5～5V 之间）。当环境噪声较高时，可以选用阈值电压较高的管子，以提高抗干扰能力。

④ 由于它是电压控制器件，其特点是栅-源电压 UGS 控制漏极电流 ID，具有很高的输入阻抗，因此所需的驱动功率很小，往往单片机的输出口即可直接驱动。

⑤ 具有较宽的安全工作区而不会产生热点，并且具有正的电阻温度系数，适合进行并联使用。

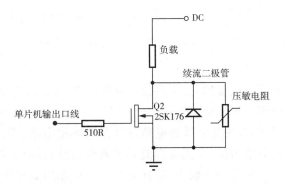

图 1-5-11　功率场效应管驱动电路

选用功率场效应管时主要考虑的参数有：

① 漏极（额定）电流 ID；

② 漏-源击穿电压 BUDS；

③ 开启电压 UGS(th)，又称为阈值电压，如 3.2V、1.5V；

④ 通态电阻 RDS(ON)；

⑤ 跨导 gfs（电压控制电流的增益，单位为 S，西［门子］）；

⑥ 开通时间 t_{on} 和关断时间 t_{off}，简称开关时间；

⑦ 极间电容。

2. 功率驱动 IC

如果需要多路功率驱动，可以选择集成电子开关、多路驱动开关等功率驱动 IC。图 1-5-12 所示的 ULN2803 是八达林顿晶体管驱动阵列，其 1～8 脚为 8 路输入，18～11 脚为 8 路 OC 开路输出。当输入低电平 0，输出达林顿管截止；输入高电平时，输出达林顿管饱和导通。驱动能力 500mA/50V。应用时 9 脚接地，如果驱动感性负载，则 10 脚接负载电源 V＋。

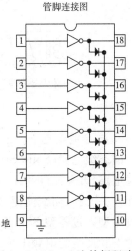

管脚连接图

图 1-5-12　八达林顿驱动阵列 ULN2803

3. 可控硅(晶闸管)

在用弱电控制强电的场合,还常采用可控硅(晶闸管)。可控硅可分为单向和双向可控硅,有些内部还包含光耦实现输入输出的隔离。图 1-5-13 是采用 MOC 系列光隔双向可控硅的驱动电路。

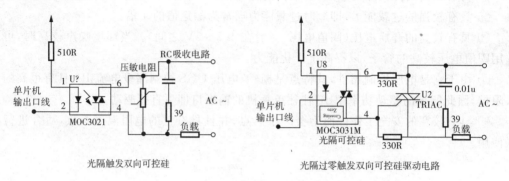

图 1-5-13　光隔双向可控硅驱动电路

4. 继电器

在用弱电信号控制强电设备时,为实现强弱电的隔离,还常采用继电器。主要分为电磁继电器和固态继电器(SSR)两大类。

图 1-5-14 是常见的电磁继电器的电路符号及其应用电路。其特点是开关输出基本无电压降、无漏电流、过载能力强、交流与直流开关兼容、价格低廉。但响应速度慢(数十到数百毫秒),输入端所需的驱动功率较大(数百毫瓦),且存在因触点电弧、氧化、烧结等造成的触点寿命短等问题。图中续流二极管的作用是:当三极管突然截止时,减小继电器线圈所产生的感应电势,保护三极管不被击穿。

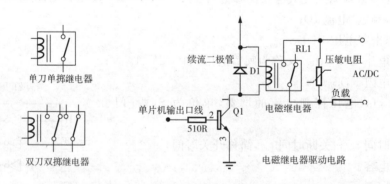

图 1-5-14　电磁继电器电路符号及应用电路

5. 固态继电器

固态继电器(Solid State Relay,缩写 SSR)主要分为交流和直流两种,内部由光电隔离、触发电路、开关元件和保护电路组成(如图 1-5-15 所示),一般直流型 SSR 是以功率晶体管作开关元件,而交流型 SSR 则以双向可控硅作为开关元件。交流 SSR 又分为过零型和非过零型。过零型 SSR 等到负载电压过零区域(约±15V)时才开启导通,减少了负载电流的冲击和产生的射频干扰。

固态继电器的优点和缺点与电磁继电器正好相反。由于无机械触点,其响应速度快(可达微秒级)、寿命长、输入端所需的驱动功率较小(数十毫瓦),可以实现交流开关过零触发。但开关元件存在电压降和漏电流,过载能力不如电磁继电器,不能使交流与直流开关兼容,价格稍高。

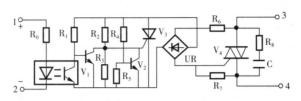

图 1-5-15　交流固态继电器内部电路结构

五、串行通信接口

串行通信由于接线少、成本低,在单片机与外部的数据交换中得到了广泛的应用,大多数单片机内部都提供了串行通信接口。这里简单介绍几种典型的串行接口电路。

1.RS-232C 接口

该接口是目前最常用的串口标准之一。现在多采用一种 9 针的插座来互相连接(如 PC 机上的 9 针插座)。RS-232C 接口每根线都规定了固定的功能,可以查询相关的手册。在最简单的全双工通信系统中,只需要用到收(R)、发(T)和信号地线(G)三条线即可(如图 1-5-16 所示)。

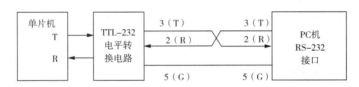

图 1-5-16　单片机 RS-232C 接口(9 针)的连接方式

在电气特性上,RS-232C 采用负逻辑,为了提高噪声容限,要求高、低两种电平信号间有较大的幅度差,具体标准为:逻辑"1"为 $-5\sim-15V$;逻辑"0"为 $+5\sim+15V$。

由于 MCS-51 单片机系统采用单一 +5V 供电方式,信号电平是与 TTL 电平兼容的,其电压变化范围在 $0\sim5V$ 之间,若 MCS-51 单片机的串行口要和其他带有 RS-232C 接口的设备连接,则必须把信号电平转变为与 RS-232C 的电平标准相一致,因此必须外接电平转换电路(如集成电路 MC1488/MC1489、MAX232 等)来完成 TTL 与 RS-232C 之间的电平转换。

2.RS-485 接口

在工业现场环境下,由于环境较为恶劣,存在各种各样的电磁干扰,RS-232C 的抗干扰性和传输距离均不能满足工业应用的要求。在自动化领域,随着分布式控制系统的发展,迫切需要一种总线能适合远距离的数字通信,RS-485 总线标准就是这样一种支持多节点(32 个)、远距离和接收高灵敏度的数字通信标准(见图 1-5-17 所示)。

RS-485 接口具有以下特点:

(1)采用平衡驱动器和差分接收器的组合,采用屏蔽双绞线传输,抗共模干扰能力增强,即抗干扰性好。

(2)RS-485 的电气特性为逻辑"1"以两线间的电压差为 $+(0.2\sim6)V$ 表示,逻辑"0"

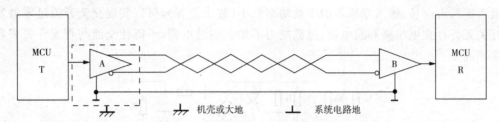

图 1-5-17 通过 RS-485 总线接口传输数据

以两线间的电压差为 $-(0.2\sim6)$V 表示。接口信号电平比 RS-232C 降低了,就不易损坏接口电路的芯片,且该电平与 TTL 电平兼容,可方便与 TTL 电路连接。

(3)RS-485 总线上允许连接多个收发器(32~128 个,取决于芯片的驱动能力),即具有多站能力,这样用户可以利用单一的 RS-485 接口方便地建立起通信网络。

(4)RS-485 的数据最高传输速率为 10Mbps,最大传输距离标准值约为 1200 米(根据传输速率等参数的不同而不同)。

表 1-5-1 对 RS-232 与 RS-485 的特点作了简单的对比。

表 1-5-1 RS-232 与 RS-485 主要参数对比

接口标准	RS-232	RS-485
传输方式	全双工	半双工(2 线)
工作方式	单端	差分
节点数	1 收、1 发	1 发 32 收
理论传输距离	15 米	1200 米
最大传输速率	20Kb/S	10Mb/s

因 RS-485 接口具有良好的抗干扰性、长的传输距离和多站能力等优点,因此使其得到十分广泛的应用。许多智能仪器设备均配有 RS-485 总线接口,将它们联网也十分方便。图 1-5-18 是一个利用 RS-485 实现单片机装置联网的示意图。

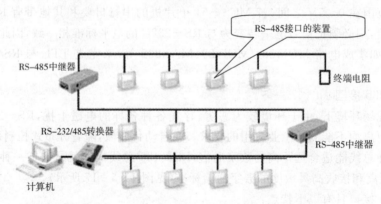

图 1-5-18 利用 RS-485 实现单片机联网

当然,由于单片机信号一般为 TTL 电平,需要通过相应的转换芯片实现 TTL-

RS—485的转换,如 MAX487、MAX1487、75176 等。

3. USB 接口

USB 技术以其低成本、高稳定性、较高的数据传输速率和即插即用的方便性,得到了日益广泛的应用。另外,具有 USB 接口的存储设备因其优异的性价比和灵活性常被用来进行数据的存储和交换,所以在单片机领域使用 USB 接口已是必然趋势。

目前,单片机技术中使用 USB 控制器主要有两种方式:

(1)本身带 USB 接口的单片机,如 C8051F340 等;

(2)在单片机系统中连接外围 USB 接口芯片,如 CH340、CH341 等。

4. 20mA 电流环接口

工业现场的干扰比较严重,往往会产生较高的干扰电压,而 20mA 电流环的低阻传输线对干扰电压不敏感,而且易于实现光电隔离,所以在电磁干扰严重的场合得到了广泛的应用(见图 1-5-19 所示)。

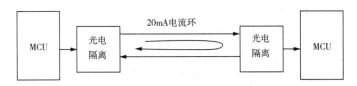

图 1-5-19 20mA 电流环传输示意

5. CAN (Controller Area Network 控制器局域网络)

CAN 总线是德国 BOSCH 公司从 20 世纪 80 年代初为解决现代汽车中众多的控制与测试仪器之间的数据交换而开发的一种串行数据通信协议。目前已广泛用于自动控制、航空航天、航海、过程工业、机械工业、纺织机械、农用机械、机器人、数控机床、医疗器械及传感器等领域,已被 ISO 国际标准组织制定为国际标准,被公认为是最有前途的现场总线之一。鉴于 CAN 特别适合工业过程监控设备的互联,是组成单片机控制网络的最佳选择,很多新型单片机都将 CAN 接口集成到芯片内部,如 NXP 公司(原 Philips 公司属下的半导体公司)的 51 内核单片机 P8XC592、P8XCE598 等。对于片内没有 CAN 接口的单片机,也可使用专用的 CAN 接口芯片。目前已有多家公司开发了符合 CAN 协议的通信芯片,如 NXP公司的 SJA1000/SJF1000CCT (CAN 控制芯片)和 PCA82C250(通用 CAN 差分收发器)。

CAN 总线有如下基本特点:

(1)灵活性方面

① CAN 废除了传统的站地址编码,代之以对通信数据块进行编码,网络内的节点个数在理论上不受限制(节点数主要取决于总线驱动电路,目前可达 110 个)。

② CAN 支持多种工作方式,可以点对点,一对多及广播集中方式传送和接收数据。

③ CAN 的通信介质可为双绞线、同轴电缆或光纤,选择灵活。

(2)通信距离和速率方面

① CAN 的直接通信距离最远可达 10km(速率 5kbps 以下)。

② 通信速率最高可达 1Mbps(此时通信距离最长为 40m)。

(3)实时性方面

CAN 采用短帧结构,每一帧的有效字节数为 8 个,数据传输时间短,受干扰的概率低,重新发送的时间短,保证了通信的实时性。

(4)可靠性和抗干扰性方面

① 采用非破坏性仲裁技术,当两个节点同时向网络上传送数据时,优先级低的节点主动停止数据发送,而优先级高的节点可不受影响继续传输数据,有效避免了总线冲突。

② 每帧数据都有 CRC 校验及其他检错措施,数据出错率极低。

③ 集成了错误探测和管理模块,检错能力强;节点在错误严重的情况下,具有自动关闭总线的功能,切断它与总线的联系,以使总线上其他操作不受影响。

(5)易用性方面

① 电路结构简单。采用双线串行通信方式,只有两根线与外部相连。

② 开发周期短。CAN 具有的完善的通信协议,总线通信接口中集成了 CAN 协议的物理层和数据链路层功能,可完成对通信数据的成帧处理,包括位填充、数据块编码、循环冗余检验、优先级判别等工作,从而大大降低系统开发难度,缩短了开发周期,这些是只有电气协议的 RS-485 所无法比拟的。

图 1-5-20 所示为德国 TRIANMIC 公司利用 CAN 总线控制 1100 个步进电机的计算机控制系统应用实例。

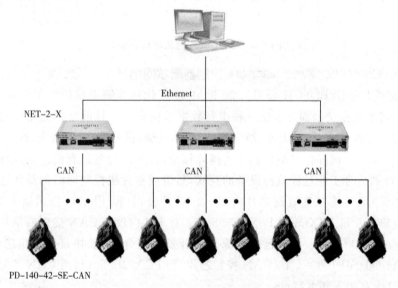

图 1-5-20　CAN 总线控制 1100 个步进电机的计算机控制系统

思考与练习

1. 单片机常用的接口有哪几类?分别起什么作用?

2. 为什么单片机键盘程序中需要延时后再判断按键?

3. 如何使单片机用较少的引脚驱动多位 LED 数码管?

4. 列举几种单片机驱动强电设备的功率接口器件,比较它们的优缺点。

5. 目前单片机与外围器件之间常用的串行总线接口有哪些?

6. 列举几种单片机常用的通信接口方式与标准,简述各自的特点和适用场合。

下　篇

项目篇

项目 1　彩灯控制器

任务 1　用程序控制 LED 彩灯的亮灭

【学习目标】

(1)了解单片机应用系统的仿真开发过程。

(2)会编写简单的输入输出控制程序。

工作任务

用两个开关分别控制 LED 的亮灭：开关 K0 控制 1 盏灯的亮灭，开关 K1 控制 4 盏灯的亮灭。

相关知识

1. 单片机应用系统开发仿真过程

单片机应用系统的开发仿真一般要经过以下过程：

(1)方案论证和硬件选型

根据要求选择合适的单片机型号，绘制设计方案草图并进行对比论证。

(2)硬件电路设计

目前一般利用 EDA 软件(如电路设计仿真软件 Proteus)在计算机上绘制原理图。

(3)软件程序设计

在 PC 机上利用开发环境(如 Keil)编写源程序，编译或汇编为目标程序，并通过调试排除错误。

(4)将程序与硬件电路结合起来进行仿真运行

将调试好的程序加载到仿真软件 Proteus 的原理图中，进行仿真测试，验证功能。如不能实现功能，可回到步骤(2)或步骤(3)修改，直到实现功能为止。

2. 输入电平的判别

根据 51 单片机的准双向端口特性，输入时需要将端口写 1(整个端口写 0xFF)，然后直接根据该位输入的状态 0 或 1 来判断其引脚为低电平或高电平。

3. 输出控制

可以直接对某位置 1 来输出高电平,清 0 来输出低电平,也可以对整个 8 位端口输出字节或利用逻辑运算符 & 、| 来实现对某些位进行输出控制。

4. 封装形式与引脚功能

MCS－51 单片机见表 2－1－1 所示。

表 2－1－1

元器件	类别/子类别	关键字
单片机芯片 AT89C51	Micoprocessor IC/ 8051 Family	89C51
红、黄、绿、蓝色 发光二极管 LED	Optoelectrics	LED－RED、YELLOW GREEN、BLUE
10kΩ 电阻	Resistor	10kΩ
100Ω 电阻		100R
22pF 和 10μF 电容	Capacitor	22pF 和 10μF
单刀单掷开关	Switches & Relay	SW－SPST
晶振	Miscellaneous	CRYSTAL

5. 位逻辑运算指令

C 语言中有一些指令可以实现按位逻辑运算,如 &(与)、|(或)、~(取反)、∧(异或);还有先进行按位逻辑运算再赋值的运算符,如 &＝、|＝、∧＝。

相关实践

1. 电路设计

使用 Proteus 进行项目仿真设计,并演示(如图 2－1－1 所示)。

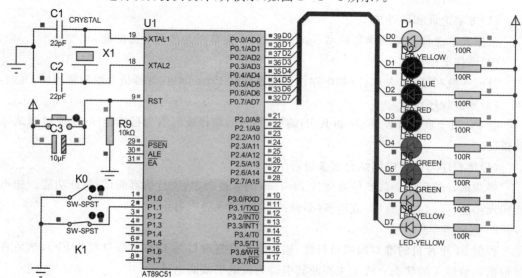

图 2－1－1　开关控制 LED 灯亮灭电路原理图

所需元器件清单见表 2－1－1。

2. 程序设计

```
//单片机控制 LED 灯的亮灭
＃include "reg51. h"          // 包含 51 寄存器符号声明
sbit K0 = P1^0;              // 声明位变量
sbit K1 = P1^1;
sbit P00 = P0^0;
void main()                  // 主函数
{
    if (K0)   P00 = 0;       // 若 P1.0 = 1 ,P0.0 灯亮,
    else P00 = 1;            // 否则该灯灭
    if (! K1)   P0 &= 0x0F;  // 若 P1.1 = 0 ,P0 高四位清 0,对应灯亮
    else P0 |= 0xF0;         // 若 P1.1 = 1 ,P0 高四位置 1,对应灯灭
}
```

3. 实践步骤

(1)启动 μVision2 软件,创建新的工程名为 P1－1,CPU 选择 ATMEL89C51。

(2)对工程的属性进行设置:目标属性中选择"生成 HEX 文件"。

(3)编写源程序:以 . C 为扩展名保存在工程文件夹之中。

(4)将源程序加入源程序组:鼠标右击源程序组图标,加入文件组。

(5)构造工程:使用热键 F7 或构造工具进行构造,修改源程序,直到没有语法错误为止。

(6)调试:进入调试状态,打开相应窗口,运行程序,观察运行结果。

(7)启动 ProteusISIS,设计电路图并保存,在单片机属性中选择目标文件,然后进行仿真运行,操作电路中的开关,观察运行结果。

任务 2　LED 彩灯滚动控制

【学习目标】

(1)会使用左移函数_crol_()或右移函数_cror_()实现循环移位输出。

(2)会利用自定义的延时函数进行延时时间的控制。

工作任务

用开关 K0 控制彩灯滚动的速度,用开关 K1 控制彩灯滚动的方向。

相关知识

1. 流水灯的工作原理

用单片机控制许多并排的发光二极管,利用头文件"intrins. h"中声明的左移函数_crol_()或右移函数_cror_(),使 P0 口各位依次输出 0,从而使各发光二极管依次点亮。这种显示方

式通俗地称为流水灯。

2. 库函数和自定义函数

C 程序是由函数构成的。一个 C 程序可由一个主函数和若干个其他函数构成。由主函数调用其他函数,其他函数也可以互相调用。从用户使用的角度看,函数有两种:

(1)标准函数,即库函数。这是由系统提供的,用户不必自己定义这些函数,可以直接使用它们。但在使用库函数时,应在程序开始部分用♯include(包含命令)将相关的头文件包含进去。

(2)用户自定义函数。这些函数用以解决用户的专门需要。如果这些函数的调用在定义之前,应在调用前对该函数进行声明。

相关实践

1. 电路设计

彩灯连续控制电路如图 2-1-2 所示。

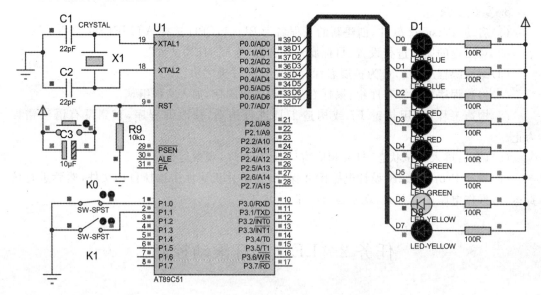

图 2-1-2 彩灯连续控制电路原理图

2. 程序设计

```
//示例程序 1-2.C
# include "reg51.h"              // 包含 51 寄存器符号声明
# include "intrins.h"            // 包含本征函数
sbit   K0 = P1^0;                // 声明位变量
sbit   K1 = P1^1;
void delay(unsigned int ms);     /*声明自定义的延时函数*/
void main()                      // 主函数
{P0 = 0xfe;                      // P0 初始值,最低位 = 0 点亮
  while(1)                       // 无条件循环
   {
```

```
    if (K0)   P0 = _crol_(P0,1);            // 若 K0 = 1 ,P0 左移 1 位,下一盏灯亮
     elseP0 - _cror_(P0,1);                 // 否则,P0 右移 1 位,上一盏灯亮
   if(K1)delay(200);else delay(50);         // 若 K1 = 1 慢速,否则快速
     }
  }
/ * 用户自定义的延时函数,利用循环实现程序延时 * /
void delay(unsigned int ms)
{  unsigned int i;
   for(;ms>0;ms - - )
      { for(i = 0;i<124;i + + ){;} }
}
```

3. 程序的跟踪调试

在 Keil 中创建目标程序后进入 Debug 状态,进行单步、断点等跟踪,还可以将 Keil 与 Proteus 结合起来进行程序和电路的联合仿真调试,可参照项目 2 中的任务 3 介绍的方法实现程序与电路的联合仿真调试。

4. 电路仿真运行

下载目标程序到仿真电路后启动仿真,观察运行结果。

任务 3   LED 彩灯花样控制

【学习目标】

(1)学会数组的定义和使用。

(2)学会使用"与"、"或"指令来进行字节的位处理。

工作任务

使彩灯依次变换输出不同的花样,用开关 K1 控制花样变化的快慢。

相关知识

将不同花样的数据(假定有 8 种状态)保存为一个数组 LED[8],程序依次从数组中取出数据元素送至 P0 口以驱动彩灯显示出不同花样。

数组是一组具有相同数据类型的数据的有序集合。

1. 一维数组的定义格式

一维数组的定义格式为:

类型说明符   数组名[常量表达式];

例如: int a[10];

它表示定义了一个整形数组,数组名为 a,此数组有 10 个元素。注意下标是从 0 开始的,这 10 个元素是:a[0],a[1],a[2],a[3],a[4],a[5],a[6],a[7],a[8],a[9]。

2. 数组元素初始化的实现方法

(1)在定义数组时对数组元素赋初值。例如：

int a[10]={0,1,2,3,4,5,6,7,8,9};

(2)可以只给一部分元素赋值。例如：

int a[10]={0,1,2,3,4};

(3)如果想使一个数组中全部元素值为 0,可以写成：

int a[10]={0,0,0,0,0,0,0,0,0,0}; 或 int a[10]={0};

(4)在对全部数组元素赋初值时,由于数据的个数已经确定,因此可以不指定数组长度。

例如：

int a[5]={1,2,3,4,5}; 可以写成 int a[]={1,2,3,4,5};

相关实践

1. 电路设计

彩灯花样控制电路如图 2-1-3 所示。

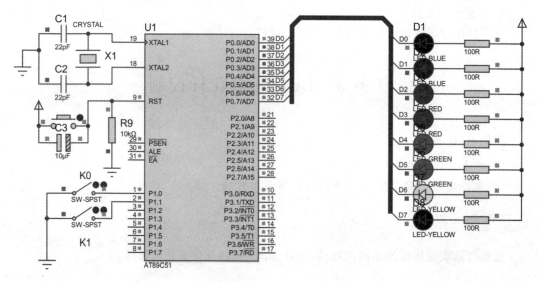

图 2-1-3 彩灯花样控制电路

2. 程序设计

```
//示例程序
#include "reg51.h"                                        // 包含 51 寄存器符号声明
sbit  K1 = P1^1;                                          // 声明位变量 K1
//定义花样数组
unsigned char LED[8]={0xFF,0xE7,0xC3,0x81,0x00,0x81,0xC3,0xE7};
void delay(unsigned int ms);                             /* 用户自定义函数声明 */
void main()                                              // 主函数
{
unsigned char i;
while(1)                                                 // 无条件循环
```

```
    {
    for(i = 0;i<8;i + +)
        {
        P0 = LED[i];                      // 循环输出花样
        if(K1)delay(200);else delay(100);  // K1 控制速度
        }
    }
}
/* 用户自定义的延时函数 */
void delay(unsigned int ms)
{  unsigned int i;
   for(;ms>0;ms - -)
   { for(i = 0;i<124;i + +){;} }
}
```

3. 程序的跟踪调试

(1)在 Keil 中创建目标,修改程序直到没有语法错误为止。

(2)进入 Debug 状态,进行单步、断点等跟踪。如果需要,还可以将 Keil 与 Proteus 结合起来进行程序和电路的联合仿真调试(可参照项目 2 中的任务 3 介绍的方法)。

4. 电路仿真运行

下载目标程序到仿真电路后启动仿真,观察运行结果。

思考与练习

1. 单片机应用系统的仿真开发大致要经过哪些过程? 其中哪些过程要以计算机为主要工具?

2. 本项目是如何实现流水灯速度和方向的控制的?

3. 在 C51 程序中,如何用字节操作实现对并口 8 位中的某些位置 1、清 0、求反?

4. 若系统晶振频率改为原频率的 2 倍,延时函数应如何修改?

项目 2 通过 LED 数码管显示数字

任务 1 1 位 LED 数码管的静态显示

【学习目标】

(1) 理解七段(或八段) LED 数码管的显示原理。

(2) 掌握用单片机 I/O 端口静态驱动 LED 数码管显示的电路设计。

(3) 掌握利用数组实现数字与 LED 显示段码的转换。

(4) 学习在 Keil 中单步跟踪调试程序的方法。

工作任务

如图 2-2-1 所示,要求在单片机 P1 口通过拨码开关设置二进制数 0000~1111,通过单片机 P2 口驱动 1 位 LED 数码管以十六进制显示该数字。

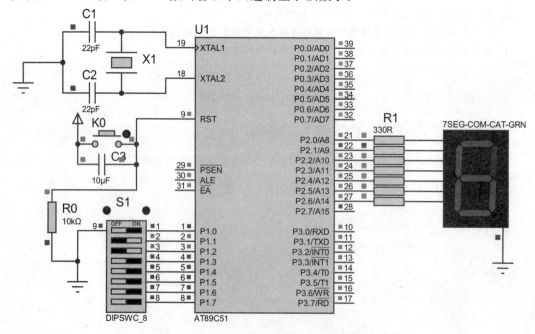

图 2-2-1 1 位 LED 数码管的静态显示电路

相关知识

1. 八段 LED 数码管显示原理

八段 LED 数码管的每个笔划段(如图 2-2-2 所示)a、b、c、d、e、f、g 以及小数点 h(或 dp)由一个(或一组)LED 发光管构成,当该笔划段的 LED 通以合适的工作电流时该笔划段点亮,点亮的笔划段构成对应的数字。根据 LED 数码管内部是将各段 LED 的阳极还是阴极连接在一起作为整个数码管的公共端,可将数码管分为共阳和共阴两类(见图 2-2-2a、图 2-2-2b)。可以看出,对共阳极数码管,笔划段接低电平时,LED 导通,对应笔划点亮;而对共阴极数码管则相反,笔划段接高电平时,LED 导通,对应笔划点亮。

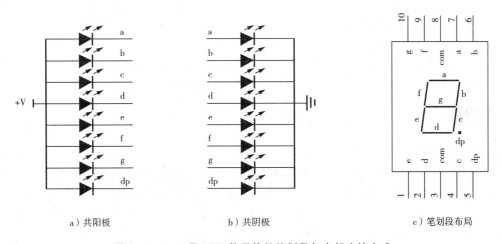

a) 共阳极　　　　　　　　b) 共阴极　　　　　　　　c) 笔划段布局

图 2-2-2　8 段 LED 数码管的笔划段与内部连接方式

2. LED 数码管段码的获得

由图 2-2-2 可知,若要用 LED 数码管显示十六进制数 0～F 中的某个数字,只要设法点亮 8 个笔划段中的某些位即可。例如"1",我们就只要点亮笔划段 b 和 c 即可。假定 a～h 各段分别按顺序接端口的 0～7 位,采用的是共阴极 LED 数码管,那么通过输出端口向该 LED 数码管输出一个段码 00000110,用十六进制表示该段码为 0x06,即可显示出数字"1"。那么如何得到 0～F 各数字对应的段码呢? 我们可以根据所要显示的数字与点亮笔划段所需的高低电平(1 或 0)的关系,绘制如表 2-2-1 所示的 LED 数字显示真值表,将每个数字点亮时的笔划有效电平填入。这里所有需要点亮的位填入 1,不需点亮的位填入 0,然后该真值表转换为对应的 16 进制数就是该数字的显示段码(见表 2-2-1)。

不难看出,若采用共阳极 LED,则由于是 0 点亮,笔划真值表与此相反,显示代码也就不同。另外若 LED 数码管各笔划段所连接的端口位不同,显示段码也将不同。

表 2-2-1 共阴 8 段 LED 段码真值表与段码

位	7	6	5	4	3	2	1	0		位	7	6	5	4	3	2	1	0	
段 数字	H	G	F	E	D	C	B	A	段码	段 数字	H	G	F	E	D	C	B	A	段码
0	0	0	1	1	1	1	1	1	3F	9	0	1	1	0	1	1	1	1	6F
1	0	0	0	0	0	1	1	0	06	A	0	1	1	1	0	1	1	1	77
2	0	1	0	1	1	0	1	1	5B	B	0	1	1	1	1	1	0	0	7C
3	0	1	0	0	1	1	1	1	4F	C	0	0	1	1	1	0	0	1	39
4	0	1	1	0	0	1	1	0	66	D	0	1	0	1	1	1	1	0	5E
5	0	1	1	0	1	1	0	1	6D	E	0	1	1	1	1	0	0	1	79
6	0	1	1	1	1	1	0	1	7D	F	0	1	1	1	0	0	0	1	71
7	0	0	0	0	0	1	1	1	07	.	1	0	0	0	0	0	0	0	80
8	0	1	1	1	1	1	1	1	7F	灭	0	0	0	0	0	0	0	0	00

相关实践

1. 电路设计

仿照图 2-2-1 绘制出 1 位 LED 数码管静态显示电路,图中元器件参数见表 2-2-2。

图 2-2-1 中 R1~R7 为 LED 的限流电阻,因为 LED 的驱动需要一定的电流强度,根据亮度要求一般取几毫安到几十毫安。电流太小,发光亮度不足,而电流太大又会烧坏 LED。所以需要串联限流电阻使电流 I 在正常范围内。限流电阻阻值可根据 $R=(V_C-V_D)/I$ 计算,其中 V_C 为电源电压,V_D 为数码管中 LED 的管压降。(注:LED 的管压降和工作电流根据尺寸大小和发光效率不同而不同,小型 LED 的管压降一般为 1.7V 左右,工作电流为 3~20mA。)

图 2-2-1 中 LED 的工作电流约为 $I=(V_C-V_D)/R=(5-1.7)V/330\Omega=10mA$。

表 2-2-2 图 2-2-1 元器件清单

器件编号	器件型号/关键字	功能与作用
U1	AT89C51	单片机
X1	CRYSTAL	晶振
C1,C2	22pF	振荡电容
C3	10μF	上电复位电容
R0	10kΩ	复位端下拉电阻
K0	BUTTON	手动复位按钮
S1	DIPSWC_8	8 位拨码开关
R1~R7	330R	330Ω 限流电阻
LED1	7SEG-COM-CAT-GRN	7 段共阴绿色数码管

2. 程序流程

根据任务要求,我们需要通过程序将 P1 口拨码开关所设置的数读入,再将该数转换为 LED 数码管的显示段码送 P2 口驱动 LED 数码管。程序流程如图 2-2-3 所示。

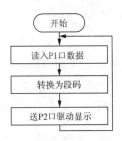

图 2-2-3　程序流程

在 C 语言程序中,我们可以将十六进制数 0～9、A～F 共 16 个数字的 16 进制段码定义为一个数组。这样,只要以待显示数字为下标,那么从数组所返回的数组元素便是该数字的显示段码(见表 2-2-3)。

表 2-2-3　0～9、A～F16 个数字的 LED 显示段码

数字	0	1	2	3	4	5	6	7	8	9	A	B	C	D	E	F
段码	3F	06	5B	4F	66	6D	7D	07	7F	6F	77	7C	39	5E	79	71

3. 示例程序

```
/* 通过 7 段 LED 数码管显示一位数字的 C51 源程序 */
#include "reg51.h"              // 包含 51 单片机寄存器符号声明文件 reg51.h
unsigned char code LED[16] = {0x3F,0x06,0x5B,0x4F,0x66,0x6D,0x7D,0x07,0x7F,0x6F,
0x77,0x7C,0x39,0x5E,0x79,0x71};   // 声明 LED 显示段码数组
void main()                     // 主函数
{ while(1)
  {
      P2 = LED[P1 & 0x0F];      // 将 P1 口数据保留低 4 位作为下标
  }                             // 返回数组中的显示段码送 P2
}
```

如果使用的是共阳极数码管,那么电路上需要将共阳极数码管公共端改接高电平,并且输出的段码需要与共阴极相反,即输出低电才点亮。按说我们需要根据共阳极 LED 显示的真值表,得到一组共阳极的段码,但这里我们完全不必重新定义数组,可用 C 语言中的按位求反运算符"～"对原数组元素按位求反便可得到共阳极数码管所需的段码,即将上述程序中 P2 = LED[P1 & 0x0F];改为 P2 = ～LED[P1 & 0x0F];即可。还要指出的是,有时单片机输出口是通过一个反相器驱动 LED 的笔划段,这时已经由硬件实现了求反,就不需要在程序中求反了。

4. 程序仿真调试

(1)在 Keil 中创建目标程序排除语法错误后,单击 DEBUG 按钮进入调试状态。

(2)通过"外围设备"打开 I/O Port 中的 P1 口和 P2 口。其中各位打钩的为高电平 1,

否则为低电平 0。用鼠标点击,可以在 1 和 0 之间切换。

(3)将 P1 口置为 00000001(数字 1 的二进制形式),单击"单步"按钮跟踪程序,单步执行后可以看到 P2 口变为 00000110,即显示数字"1"对应的笔划段码。同理,将 P1 口置为00000010(数字 2 的二进制形式),单步执行后观察 P2 的状态。用此方法可观察程序中利用数组实现数字 0~F 笔划段码的转换过程(如图 2-2-4 所示)。

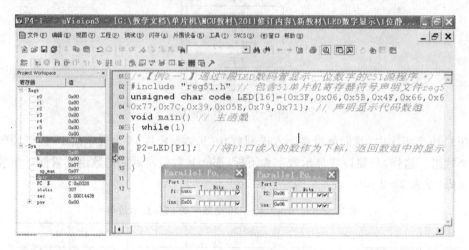

图 2-2-4 跟踪程序的运行,观察 P1 口输入数字后 P2 口输出段码

5. 电路仿真运行

在 Proteus 电路中将单片机属性中"Programing"设为所创建的目标文件"P2-1.HEX",然后启动仿真,用鼠标改变 P1 口拨码开关输入值,观察 P2 口驱动的 LED 数码管显示结果(如图 2-2-5 所示)。

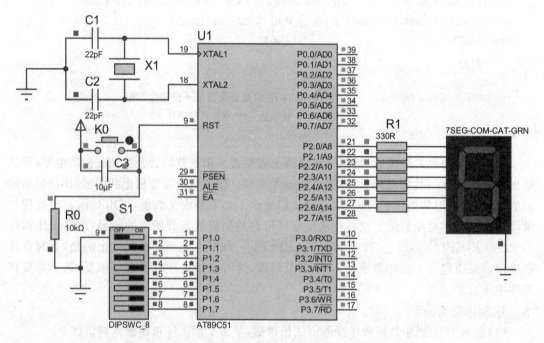

图 2-2-5 电路仿真运行,观察 P1 口输入数字,P2 口驱动 LED 显示

任务2 多位 LED 数码管动态扫描显示

【学习目标】

(1)理解多位 LED 数码管的动态扫描显示原理。

(2)掌握用单片机动态扫描法驱动 LED 数码管的电路设计。

(3)掌握动态扫描法驱动 8 位 LED 数码管的程序设计方法。

(4)学习在 Keil 中通过断点和监视表达式跟踪调试程序的方法。

(5)学习 Keil 与 Proteus 联合仿真的方法。

工作任务

完成用动态扫描法驱动 8 位 LED 数码管的电路设计和程序设计。

相关知识

1. 数码管动态扫描显示原理

任务 1 介绍了 1 位 LED 数码管显示,即直接通过 8 根 I/O 口线驱动 1 位 LED 数码管的 8 个笔划段。但如果要同时显示多位数码管,此种方式将要占用大量的口线,如 8 位 LED 就需要 8×8＝64 根口线,显然单片机的输出口线数无法满足。实际装置中常用动态扫描法来驱动多位 LED 数码管。所谓动态扫描就是采用分时驱动的方法使各位数字轮流点亮,电路上将各位 LED 的同一笔划段连接在一起(多位 LED 数码管在内部已经连在一起了),共用一根口线驱动,从而大大减少了所需的口线。而每一位数码管的 COM 端分别受一根 I/O 口线控制,当输出某位数字的笔划段码时,虽然所有数码管接收到相同的字形码,但若此时只驱动该位数字的 COM 端,使得只有该位数被点亮。当输出下一位数字时,也随之只点亮下一位,这样使各位数码管轮流点亮,由于人的视觉暂留及发光二极管的余辉效应,只要扫描的速度足够快(扫描速度大于每秒 24 帧),我们看到的将是多位数字同时显示。

相关实践

1. 电路设计

图 2-2-6 是一个 8 位 LED 数码管动态扫描显示的电路(图中元器件参数见表 2-2-5),其中:

(1)RP1 为上拉电阻,因为普通的 51 单片机 P0 口内部无上拉电阻,这里采用了一个 5.1kΩ 的 8 位排阻以简化电路,也简化了实际电路的安装焊接。对某些增强型 51 单片机(如 STC 系列),其 P0 口可以通过程序配置为强推挽输出,输出电流可达 20mA,此时可以省略 P0 口的上拉电阻。

(2)因每位数码管包含 8 段笔划,所以流经 LED 公共端的位电流比段电流要大,图中 U2 即位驱动电路。实际电路中可取 ULN2803 这样的达林顿驱动集成块以获得较大的驱动电流,但由于 Proteus 中 ULN2803 的仿真效果不好,我们在仿真电路中改用了 74LS540 (8 反相器)驱动。因 74LS 系列驱动电流较小(一般为几到十几毫安),所以在实际电路中, 还是应采用 ULN2803 这样具有较大驱动电流的 IC。

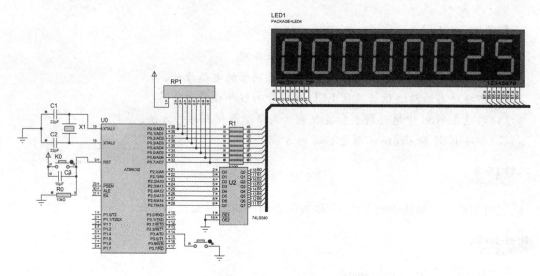

图 2-2-6　动态扫描驱动 8 位 LED 数码管的电路

表 2-2-5　图 2-2-6 元器件清单

器件编号	器件型号/关键字	功能与作用
U1	AT89C51	单片机
U2	74LS540	8 反相器,LED 位驱动
X1	CRYSTAL	晶振
C1,C2	22pF	振荡电容
C3	10μF	上电复位电容
R0	10kΩ	复位端下拉电阻
K0	BUTTON	手动复位按钮
K1	BUTTON	输入按钮
R1~R7	330R	330Ω 限流电阻
RP1	RESPACK-8	8 位排阻,P0 口上拉电阻
LED1	7SEG-MPX8-CC-BLUE	8 位共阴蓝色数码管

2. 程序流程

图 2-2-7 给出了主函数和动态扫描显示函数的程序流程。

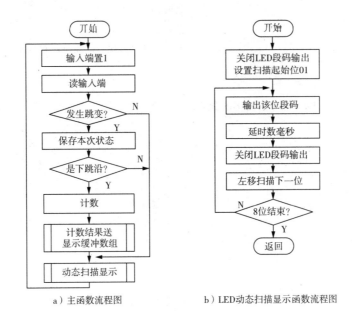

a）主函数流程图　　　　　b）LED动态扫描显示函数流程图

图 2-2-7　函数的程序流程

3. 示例程序

```
/* 计数并通过8位LED扫描显示程序 */
# include <reg51.h>
# define uchar unsigned char
# define uint unsigned int
uint X = 0;                          // 计数变量X
char buff[8];                        // 声明显示缓冲数组（存放待显示的8个数字）
void D2BUFF(uint D);                 // 声明将数据拆送数据缓冲的函数
void DISP(uchar * buff);             // 声明8位LED显示函数DISP()
sbit IN = P3^4;                      // 指定信号输入引脚为P3.4
bit IN0;                             // 声明位变量IN0保存引脚IN原状态
void delay(int ms);                  // 声明延时函数
void D2BUFF(uint D);                 // 声明拆送显示缓冲（数组buff）函数
/* 定义显示函数，动态扫描显示数组buff中的8个数字 */
void DISP(uchar * buff)
{
uchar code LED[16] = {0x3F,0x06,0x5B,0x4F,0x66,0x6D,0x7D,0x07,0x7F,
0x6F,0x77,0x7C,0x39,0x5E,0x79,0x71};   // 数字0~F笔划段码
uchar i = 0;
P0 = 0;                              // 关显示
P2 = 1;                              // 从最低位P2.1开始扫描
for (i = 0;i<8;i++)
  {
   P0 = LED[buff[i]];                // 通过P0口向LED数码管输出第i位数的段码
```

```
    delay(5);                          // 延时约 5 毫秒
    P0 = 0;                            // 关显示
    P2 = (P2<<1);                      // P2 口左移,实现 LED 逐位扫描显示
   }
}
```

/* 主函数,调用函数 DISP 显示引脚上的脉冲计数结果 */
```
void main()
{
while(1)
{
IN = 1;                                // 输入端置 1
if( IN ! = IN0 )                       // 如果发生跳变
{
IN0 = IN;                              // 保存本次状态
if( ! IN)
    { + + X;                           // 如果为下跳沿,X + 1 计数
    D2BUFF(X);                         // 计数结果送显示数组
    }
}
DISP(buff);                            // 调用 DISP 函数显示计数结果
delay(10);                             // 延时
    }
}
```

/* 将数 D 的各位拆送显示缓冲(数组 buff)函数 */
```
void D2BUFF(uint D)
{
uint X;
uchar i;
X = D;
for(i = 0;i<5;i + +)                   // 对整形数逐位分离(<65536),需要分离 5 次
{
 buff[i] = X % 10;                     // 取最低位数字存入数组元素 buff[i]
 X = X /10;                            // 舍去最低位数字
 }
}
```

/* 延时函数,入口参数 ms 为延时的毫秒数 */
```
void delay(int ms)
{  unsigned int i;
 for(i = ms * 91;i>0;i - -)            // 每次循环用时是一定的,根据参数 ms 确定循环次数达
                                          到延时
   {;}
}
```

4. Keil 程序仿真调试

图 2-2-8 给出了调试操作的基本步骤：

（1）在 Keil 中创建目标程序后，单击 DEBUG 按钮进入调试状态。

（2）在源程序中需要观察的各语句上，用断点工具或双击行头设置断点，例如在主函数语句 D2BUFF(X); 处设置断点。

（3）在变量 X 上右击，快捷菜单中选 "Add 'X' to Watch Windows ♯1"。

（4）在变量 buff 上右击，快捷菜单中选 "Add 'buff' to Watch Windows ♯1"。

（5）在视图菜单中打开 "监视和调用堆栈窗口"。

（6）单击 "运行" 按钮启动程序运行。

（7）在外围设备中打开 P3 口，用鼠标单击 P3.4，使其发生跳变，从而程序在断点处暂停。

（8）在 "监视和调用堆栈窗口" 窗口 Watch ♯1 观察有关对象或变量。

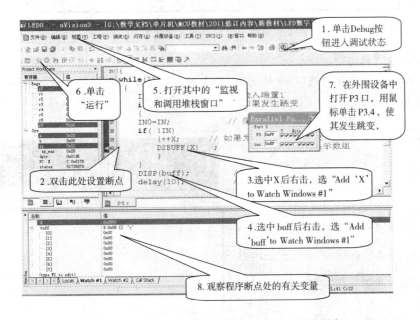

图 2-2-8　通过断点和监视表达式跟踪调试程序

5. Keil 与 Proteus 联合调试

将 Keil 与 Proteus 结合起来进行程序和电路的联合仿真调试，为此需要在 Keil 工程属性的 Debug 页中按图 2-2-9 设置，在 Proteus 的 Debug 中，勾选 "Use Remote Debug Monitor"（如果没有此选项，就说明没有安装 Proteus 的 Keil 驱动程序 vdmagdi.exe，应予安装）。

在 Proteus 电路中将单片机属性中 "Programing" 设为所创建的目标文件 "P2-3. HEX"，然后可以在 Keil 中进入 Debug 状态，实现程序与电路的联合仿真调试。例如，在 Keil 中设置断点，可在 Proteus 中观察电路在断点处暂停时的运行状态，或在电路中操作，满足断点条件时程序暂停。

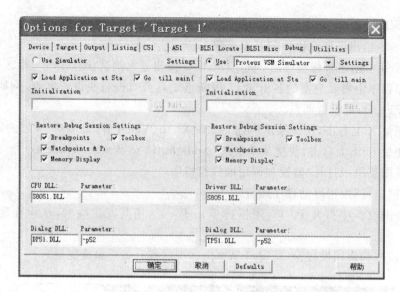

图 2-2-9 在 Keil 的工程属性中设置 Debug 方式为 Proteus VSM Simulator

6. Proteus 仿真运行

若在 Proteus 中没有勾选"Use Remote Debug Monitor",则可独立进行 Proteus 仿真,用鼠标反复按下按钮,观察 LED 数码管显示计数结果(见图 2-2-10 所示)。

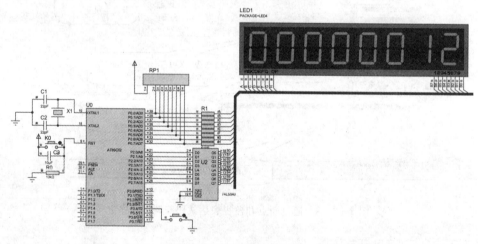

图 2-2-10 电路仿真运行,驱动 8 位 LED 显示计数结果

思考与练习

1. 若将显示电路中的共阴极 LED 数码管改为共阳极,电路和程序要做哪些改动?

2. 为什么要在 LED 数码管的各笔划端串接一个电阻? 阻值如何计算?

3. 为了更清楚地看出扫描显示的过程,建议在 Proteus ISIS 仿真时可将单片机的时钟频率从 12MHz 降低为 200kHz,来观察扫描显示的慢动作效果,从而理解动态扫描显示的过程。

4. 本项目中设计的数字显示函数 DISP(uchar * buff)和延时函数 delay(uint ms)在后续项目中经常会用到,考虑一下,我们可用什么办法在后续项目中不必每次输入这些函数的定义,就能在自己的程序中调用该函数。

项目 3　电子表决器

任务 1　简单的三输入端电子表决器

【学习目标】

(1)了解三人评判的原理,会根据开关量的逻辑关系写出逻辑表达式。

(2)会用逻辑运算指令完成逻辑表达式的运算、实现逻辑控制。

工作任务

设计一个评判系统。绿、黄、红三个灯分别由 P3.0～P3.2 控制,三位评委各控制一个开关 K1、K2、K3,它们分别接 P1.0～P1.2,如电路图 2-3-1 所示。对于某位选手,若三位评委都认可(输入置 1,即开关断开),选手可晋级,亮绿灯;若三位评委都不认可(输入置 0,即开关合上),选手被淘汰,亮红灯;若只有 1 位或两位评委认可即待定,亮黄灯。

相关知识

(1)根据任务要求可以分析出输出与输入的关系,并写出红、绿、黄三个灯的逻辑表达式。

① 晋级条件:三位评委的开关全为 1 时即可晋级,亮绿灯,用逻辑"与"运算,即绿灯逻辑为 GREEN=K1 & K2 & K3。

② 淘汰条件:三位评委的开关全为 0 时即淘汰,亮红灯,用逻辑"或非"运算,即红灯逻辑为 RED=～(K1|K2|K3)。

③ 待定条件:不是晋级和淘汰的均为待定,此时绿灯和红灯都不亮(用"或非"运算),即黄灯逻辑为 YELLOW=～(RED|GREEN)。

(2)位运算符和位运算。

C 语言提供的位运算符如下表:

运算符	含　义	运算符	含　义
&	按位与	～	取反
		按位或	≪	左移
∧	按位异或	≫	右移

在位运算符中,除~以外,均为二目(元)运算符,即要求两侧各有一个运算量。

相关实践

1. 电路设计

三输入端表决器电路见图2-3-1所示。

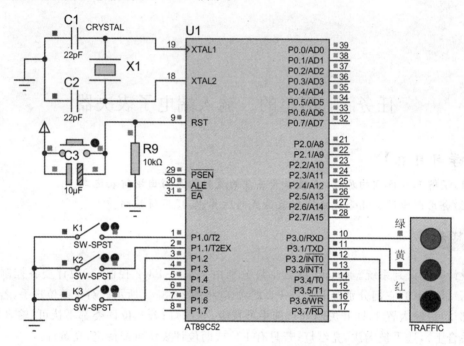

图2-3-1 三输入端表决器电路原理图

该仿真电路中利用了交通灯模型(关键字TRAFFIC LIGHTS),当引脚输入高电平时点亮对应的绿灯、黄灯、红灯。

2. 程序设计

```
/* 实现三人表决逻辑功能的C51源程序 */
# include "reg51.h"              // 头文件reg51.h中包含了51寄存器的符号声明
sbit   K1 = P1^0;               // 变量声明
sbit   K2 = P1^1;               // K1、K2、K3分别代表接P1.0、P1.1、P1.2的开关状态
sbit   K3 = P1^2;               //
sbit   GREEN = P3^0;            // GREEN表示接P3.0的绿灯
sbit   YELLOW = P3^1;           // YELLOW表示接P3.1的黄灯
sbit   RED = P3^2;              // RED表示接P3.2的红灯
void main()                     // 主函数
{ while(1)                      // 程序循环运行
{                               // 利用位逻辑运算符实现逻辑运算
GREEN = K1 & K2 & K3;           // 绿灯条件为三个开关全为1
RED = ! (K1 | K2 | K3);         // 红灯条件为三个开关全为0
YELLOW = ! (GREEN | RED);       // 黄灯条件为非绿非红
```

```
        }
    }
```

3. 实践步骤

(1)启动 μVision2 软件,创建新的工程名为 P3-1,CPU 选择 ATMEL89C51。

(2)对工程的属性进行设置:目标属性中选择"生成 HEX 文件"。

(3)编写源程序:以 .C 为扩展名保存在工程文件夹之中。

(4)将源程序加入源程序组:鼠标右击源程序组图标,加入文件组。

(5)构造工程:使用热键 F7 或构造工具进行构造,修改源程序,直到没有语法错误为止。

(6)调试:进入调试状态,打开相应窗口,运行程序,观察运行结果。

(7)启动 ProteusISIS,设计电路图并保存,在单片机属性中选择目标文件;然后进行仿真运行,操作电路中的开关,观察运行结果。

任务 2 具有多输入端和票数显示功能的电子表决器

【学习目标】

(1)了解八人评判的原理。

(2)会判断同一评测状态的人数。

(3)会根据不同人数执行不同的输出控制。

工作任务

设计一个评判系统,如图 2-3-2 所示,绿、黄、红三个灯分别由 P3.0～P3.2 控制,八位评委各控制 P1 口的八位拨码开关中的一位,分别为 P1.0～P1.7,要求将评委认可的票数显示在数码管上。同时,对于某位选手,若五位及以上评委都认可(输入置 1,即开关断开),选手可晋级,亮绿灯;若三位及三位以下评委认可,选手被淘汰,亮红灯;若四位评委认可、四位不认可即待定,亮黄灯。

相关知识

(1)根据任务要求可分析输出与输入的关系,写出红、绿、黄三个灯的相关表达式。

① 晋级条件:八位评委中开关全为 1 的个数 > 4,亮绿灯。

② 淘汰条件:八位评委中开关为 1 的个数 < 4,亮红灯。

③ 待定条件:八位评委中开关为 1 的个数 = 4,亮黄灯。

而评委认可的票数可以通过统计 P1 口的 8 位开关中状态为 1 的个数(逐一移位判断),并将票数转换为数字显示段码送 P2 口显示数字。

(2)程序结构:

C 程序的基本结构分为顺序结构、选择结构和循环结构三种,本任务的程序将用到这三种基本结构。

相关实践

1. 电路设计

使用 Proteus 进行电路设计,如图 2-3-2 所示。

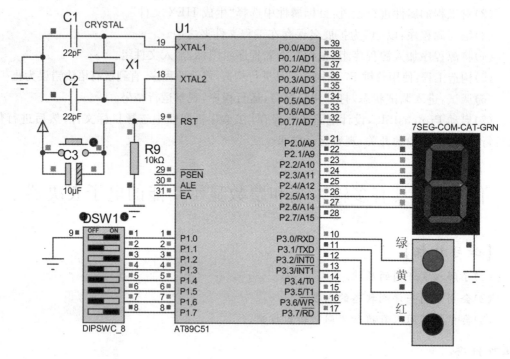

图 2-3-2 八输入端带票数显示的表决器电路原理图

所需元器件清单见表 1-3-1 所示。

表 1-3-1 元器件清单

元器件	类别/子类别	关键字
单片机芯片 AT89C51	Micoprocessor IC/ 8051 Family	89C51
发光二极管 LED 红、黄、绿、蓝	Optoelectrics	LED-RED、YELLOW、 GREEN、BLUE
共阴极数码管	Optoelectrics	7SEG-COM-CAT-GRN
10kΩ 电阻	Resistor	10kΩ
100Ω 电阻		100R
22pF 和 10μF 电容	Capacitor	22pF 和 10μF
单刀单掷开关	Switches & Relay	SW-SPST
按钮		Button
8 位拨码开关		DIPSWC_8
晶振	Miscellaneous	CRYSTAL

2. 程序设计

```
//示例程序
#include <reg51.h>                    // 包含 51 寄存器符号声明
#include <intrins.h>                  // 包含本征函数
sbit   GREEN = P3^0;                  // GREEN 表示接 P3.0 的绿灯
sbit   YELLOW = P3^1;                 // YELLOW 表示接 P3.1 的黄灯
sbit   RED = P3^2;                    // RED 表示接 P3.2 的红灯
sbit   P17 = P1^7;
unsigned char code led[9] = {0x3F,0x06,0x5B,0x4F,0x66,0x6D,0x7D,0x07,0x7F};
void delay(int ms);                   /* 用户自定义函数声明 */


/****主函数******/
void main()
{
unsigned char CNT;                    // 票数统计
unsigned char x;                      // P1 8 个开关的状态
unsigned char i;
P3 = 0x00;                            // P3 初始值,指示灯全灭
while(1)                              // 无条件的死循环
    {
    P1 = 0xFF;                        // 输入先置 1
    x = P1;                           // 读入 P1 状态
    CNT = 0;
    for(i = 0;i<8;i++)                // 检测 8 个开关中状态为 1 的个数
    {
    if(x>=128)++CNT;                  // 如果最高位为 1,则票数 CNT 加 1
    x = _crol_(x,1);                  // 依次将各位左移至最高位
    }
    P2 = led[CNT];
    if(CNT>4)
        {GREEN = 1; YELLOW = 0; RED = 0;}     // 票数>4,亮绿灯
    else if(CNT == 4)
        { GREEN = 0; YELLOW = 1; RED = 0;}    // 票数 = 4,亮黄灯
    else
        { GREEN = 0; YELLOW = 0; RED = 1;}    // 票数<4,亮红灯
    }
}
```

3. 程序的跟踪调试

(1)在 Keil 中创建目标,修改程序直到没有语法错误为止。

(2)进入 Debug 状态,进行单步、断点等跟踪。如果需要,还可以将 Keil 与 Proteus 结合起来进行程序和电路的联合仿真调试(可参照项目 2 中的任务 3 介绍的方法)。

4. 电路仿真运行

下载目标程序到仿真电路后启动仿真,观察运行结果。

在 Proteus 电路中将单片机属性中"Programing"设为所创建的目标文件"P3 - 2. HEX",然后启动仿真,用鼠标改变 P1 口拨码开关状态,观察 P2 口驱动的 LED 数码管显示的票数和红、绿、黄三个灯的运行结果。

思考与练习

1. 如果将输出指示灯改为 LED,阴极接单片机输出口,阳极接 5V 电源,程序应如何修改?

2. 如果数码管是共阳极的,那么如何修改电路和程序?

3. 如果裁判人数为 16 个或更多,那么如何处理?

项目 4　顺序控制

任务 1　按钮式人行横道交通灯控制

【学习目标】

(1)理解顺序控制的含义。

(2)了解完成任务的主要步骤。

(3)掌握顺序控制程序设计的方法。

(4)学会 BCD 码驱动 LED 数码管的使用方法。

工作任务

设计电路与程序,实现带有倒计时显示按钮式人行横道交通灯(如图 2-4-1 所示)顺序控制过程。

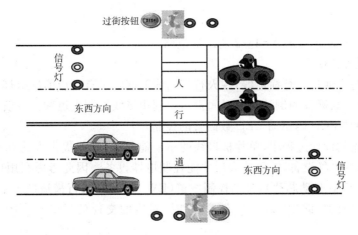

图 2-4-1　行人过街示意图

控制要求:在正常情况下,主干道(东西方向)绿灯亮,汽车通行,同时人行横道上的红灯亮,禁止行人通行。

当行人想通过马路时,就按按钮,请求主干道的汽车停止通行。按下"stop"按钮之后,主干道(东西方向)交通灯在延时一段时间后从绿灯变为红灯,禁止汽车通过,同时,人行横道由红灯变为绿灯,提醒行人通过。主干道红灯持续 20s 之后重新变为绿灯亮,东西方向汽车通行,南北方向行人禁止通行,恢复到最初状态。

主干道(东西方向)的绿灯亮5s→东西方向绿灯、黄灯闪动5s→红灯亮20s,当主干道红灯亮时,人行横道从红灯亮转为绿灯亮,15s以后,人行道绿灯开始闪烁,闪烁5s后转入主干道绿灯亮,人行道红灯亮。

相关知识

顺序控制就是按照生产工艺预先规定的顺序,在各个输入信号的作用下,根据内部状态和时间的顺序,各个执行机构在生产过程中自动地有顺序地进行操作。顺序控制器的控制方式有时序控制和条件控制两种。

1. 时序控制

根据预先规定的时间序列进行控制,即动作的步骤只是时间的函数,如十字路口交通信号灯和洗衣机的控制过程。

2. 条件控制

根据预先规定的逻辑关系进行控制。这种控制既可以按照预先确定的顺序逐步进行,即上一步动作完成后转入执行下一步;也可以按照几步动作的综合结果来决定下一阶段应执行的动作,如全自动生产线上物料小车往复运动控制。

最初,顺序控制的功能是用继电器控制系统来实现的。其主要特点是系统简单,操作方便,价格便宜;但设计麻烦,因触点多容易出现接触不良现象,可靠性差。尤其被控制的生产工艺改变时,继电器的接线或继电器系统设计均需要改变,所以通用性、灵活性差。现在的顺序控制核心采用单片机或可编程控制器(PLC),因此,具有较高的可靠性和灵活性。

相关实践

1. 电路设计

使用Proteus设计如图2-4-2所示的电路。

(1)ISIS设计说明

为了便于行人通过人行横道线,在人行横道线两端除了有相应的红绿灯,按照习惯还设有两位数字LED数码管的倒计时的时间提示。利用口线控制主道和人行横道的红绿灯,利用P2口作为两位BCD码驱动LED数码管的控制。

在硬件电路的设计过程中,单片机口线的驱动能力弱,只能提供大约0.5mA的驱动电流,不能直接控制电气设备,需要放大后才能控制电器设备。因此考虑利用单片机的P1口线连接ULN2003A(驱动芯片),分别控制主道(EW方向)和人行横道(SN方向)的信号灯,口线输出高电平有效,即P1口线状态为"1"时,对应的交通信号灯亮。P1口线定义如表2-4-1所示。

表2-4-1　P1口线定义

方向	人行横道(SN方向)				主道(EW方向)			
状态	红灯	黄灯	绿灯	保留	红灯	黄灯	绿灯	保留
P1口线	P1.7	P1.6	P1.5	P1.4	P1.3	P1.2	P1.1	P1.0

倒计时的时间提示由两位 LED 数码管实现,常见的 LED 数码管结构是由 7 段组成,可以采用静态或是动态的驱动方式,两种驱动方式各有其优点和缺点。在此任务中使用一种内置 BCD 译码的 LED 数码管。一位数码管有四根输入控制线。因为一位数码管显示 0～9 的数字,因此只需要有 4 位二进制即可。利用 P2 口经过驱动(74HC245)后,高 4 位、低 4 位分别输出十位和个位倒计时显示的 BCD 码,分别控制两位数码管。数码管采用静态驱动方式,省去 7 段 LED 动态显示的查表和扫描过程,简化了硬件电路和程序设计(如图 2 - 4 - 2 所示)。

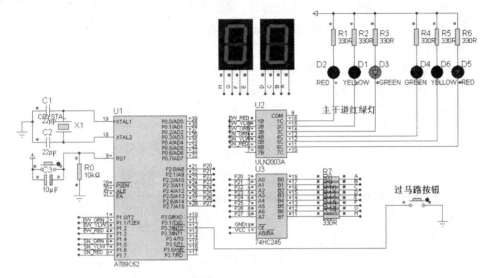

图 2 - 4 - 2　按钮交通灯控制电路原理图

用 P3.2 作为过马路按钮的输入口线,低电平有效。

为了便于仿真,使用红、黄、绿 LED 发光二极管来模拟交通信号灯,由于 U2 的反相作用,P1 口输出高电平有效。

设计中的主要元器件:AT89C52、晶振、按钮、双向驱动芯片 74HC245、OC 驱动芯片 ULN2003A、内置 BCD 译码 LED 数码管、限流电阻 R1～R14(330Ω)和上电复位电路电阻和电容。元器件参数见表 2 - 4 - 2 所示。

(2)设计的主要步骤

① 在 ISIS 中创建新的设计,文件名为"电路 4 - 1. DSN",保存到指定 P4 - 1 文件夹。

② 选择元器件:AT89C52、CRYSTAL、BUTTON、74HC245、ULN2003A、7SEG - BCD、LED - RED、LED - GREEN、LED - YELLOW、MINRES330Ω、MINRES10kΩ 和上电复位电路电阻和 22pF 电容。

表 2 - 4 - 2　图 2 - 4 - 2 元器件清单

元器件编号	元器件型号/关键字	功能与作用
U1	AT89C52	单片机
U2	ULN2003A	驱动信号灯
U3	74HC245	驱动数码管

（续表）

元器件编号	元器件型号/关键字	功能与作用
R1～R14	MINRES330Ω	限流电阻
L1	7SEG－BCD	7 段 BCD 红色数码管
D1～D6	LED－RED(GREEN、YELLOW)	三色发光二极管

③ 按照图 2-4-2 所示电路图进行连接，等待 Keil 集成开发环境构造 C 程序，并且生成 HEX 文件，加入到 CPU 的属性之中，再进行仿真调试。

2. 程序设计

(1)按钮式人行横道交通灯的控制流程框图

信号灯的整个工作过程相当于有条件的顺序控制过程，当请求主干道汽车停止通行的按钮按下(条件满足)，按照事先设定好的时间顺序，改变主道和人行横道的交通信号灯的状态。

经过进一步分析，按钮式人行横道交通灯的状态可以细分为以下 6 种不同的状态。

状态 0：系统初始状态，主干道绿灯亮，汽车通行；人行横道红灯亮，行人禁止通行。

状态 1：按键按下后继续保持状态 0，同时显示倒计时 5s。

状态 2：主干道绿灯闪动，提醒司机，过街人行道红灯亮。

状态 3：主干道黄灯亮，过街人行道红灯亮。

状态 4：过街人行道绿灯亮 15s，允许行人过街，同时主干道红灯亮，汽车禁行。

状态 5：过街人行道绿灯闪动后变为红灯，关闭倒计时，主干道绿灯亮，返回状态 0。

5 种状态变化完成之后，重新回到初始状态 0，等待下一位行人按下按钮，整个过程周而复始。每一个状态持续的时间见图 2-4-3 所示。

通过对顺序控制的流程框图分析可知，程序涉及对时间的测量和控制，MCS—51 单片机实现定时一般有软件定时和硬件定时两种方式。前者是通过精确计算循环指令所需要的时长实现定时，定时的精度会受到中断函数的影响，主要用在对定时精度要求不高的场合。本任务中，使用 delay(ms)函数实现软件定时的功能。

整个交通信号灯依据时间先后顺序，共有 6 种不同的状态(初始状态 0 和状态 1～5)。向 P1 控制口输出不同的控制字就可以控制交通信号灯处于不同的状态。例如状态 0、1 的 P1 口的控制字 0x82，状态 4 的控制字 0x28。

实现交通信号灯的闪动功能，采用每间隔 0.5s 向 P1 口输出相反的控制字，交替输出高低电平就可以实现，例如状态 2 的绿灯闪动功能的实现，就是隔 0.5s 分别向 P1 口写入控制字 0x82 和 0x80 实现的。

倒计时时间的转换由 Display 函数完成，将十进制的倒计时时间转换成为要显示的两位压缩 BCD 码，送入 P2 口。

(2)在 Keil 集成开发环境中使用

① 在 Keil 中创建工程，将其保存在 P4－1\C51 文件夹之下，文件名为"工程 4－1.uv2"。选择芯片 89C52，copy 标准 8051 启动代码到工程所在文件夹，将 STARTUP.A51 添加到源程序组。

② 设置工程目标属性。

③ 编写相应的 C 程序。

④ 构造工程;生成正确的 HEX 格式的文件,供 ISIS 仿真使用。

然而,对定时精度要求高的场合大都利用单片机内部的 T0、T1 定时计数器实现,在任务 2 中,我们将利用定时计数器实现十字路口交通信号的时序顺序控制。

主频为 12MHz 的晶振,延时函数 delay(uint ms)利用控制循环的次数实现 1ms 定时,入口为需要定时的毫秒数;显示函数 Display(uchar bin)实现的功能是将十进制转换压缩 BCD 码送显示端口。

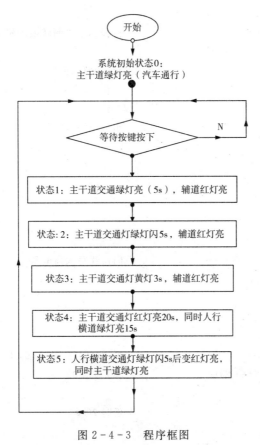

图 2 - 4 - 3　程序框图

```
/***行人过街手动控制交通灯参考程序 文件名:\P4-1\C51\程序 4-1.C   ***/
#define uchar    unsigned char
#define uint     unsigned int
#include<reg52.h>
/*****定义控制位 *****************/
sbit    EW_RED = P1^3;                    //EW_红灯(主)
sbit    EW_GRN = P1^1;                    //EW_绿灯(主)
sbit    EW_YLW = P1^2;                    //EW_黄灯(主)
sbit    EW_man = P1^0;                    //EW_行人过街灯
```

```
sbit    SN_RED = P1^7;              //SN_红灯(辅)
sbit    SN_GRN = P1^5;              //SN_绿灯(辅)
sbit    SN_YLW = P1^6;              //SN_黄灯(辅)
sbit    stop = P3^2;                //辅道(SN)行人请求
charTime_EW;                        //东西方向倒计时单元
charTime_SN;                        //南北方向倒计时单元
void delay(uint ms)                 //延时函数,入口:毫秒数
    { unsigned int i = ms * 91;     // 12MHz 的晶振
      for(;i>0;i--){;}
    }
voidDisplay(uchar bin )             //待显示十进制转换压缩 BCD 码送显示端口
{
        char h,l;                   //定义高位、低位
        h = bin/10;                 //十位
        l = bin % 10;               //个位
        P2 - h * 16 + l;            //组成压缩 BCD 码
            }
voidmain(void)
 {
  char i,j;
    while(1)
     {
        stop = 1;                   //向口线写入高电平
        while(stop)
        {
            Time_EW = 0;
            stop = 1;
            P1 = 0x82;              //主道(EW)行、辅道(SN)停
            Display(Time_EW);       //LED 显示 0
        }
         delay(20);                 //延时 20ms
        stop = 1;
        while(! stop)               //按键请求过街
         {
           Time_EW = 10;
           for(i = Time_EW;i> = 5;i--)
           {
             Display(i);
             delay(500);            //0.5s 延时
             P1 = 0x82;             //主道(EW)行、辅道(SN)停
             delay(500);
           }
           for (i = 5;i> = 0;i--)   //提醒主道绿灯闪
```

```
    {
      Display(1);
      P1 = 0x80;                      //主道(EW)绿灯闪、辅道(SN)停
      delay(500);                     //0.5s 延时
      P1 = 0x82;                      //主道(EW)行、辅道(SN)停
      delay(500);
    }
    for (i = 3;i >= 0;i − −)          //主道黄灯 3s
    {
      Display(i);
      P1 = 0x84;                      //主道(EW)黄灯亮、辅道(SN)停
      delay(500);                     //0.5s 延时
      delay(500);                     //0.5s 延时
    }
    Time_EW = 20;
    for(j = Time_EW;j >= 10;j − −)    //切换主道(EW)停、辅道(SN)行
    {
      Display(j);
      delay(500);                     //0.5s 延时
      P1 = 0x28;                      //主道(EW)停、辅道(SN)行
      delay(500);
    }
    for(j = 10;j >= 0;j − −)          //切换主道(EW)停、辅道(SN)行
    {
      P1 = 0x08;                      //主道(EW)停、辅道(SN)闪
      Display(j);
      delay(500);                     //0.5s 延时
      P1 = 0x28;                      //主道(EW)停、辅道(SN)行
      delay(500);
    }
  }
}
}
```

3. 程序的跟踪调试

(1)在 Keil 中创建目标，修改程序直到没有语法错误为止。

(2)进入 Debug 状态，进行单步、断点等跟踪；如果需要，还可以将 Keil 与 Proteus 结合起来进行程序和电路的联合仿真调试(可参照项目 2 中的任务 3 介绍的方法)。

4. 电路仿真运行

下载目标程序到仿真电路后启动仿真，观察运行结果。

在 Proteus 电路中将单片机属性中"Programing"设为所创建的目标文件，然后启动仿真，用鼠标改变操作电路中的按钮开关，观察红绿灯的工作情况。

思考与练习

1. 如何将 LED 数码管的驱动方式改为动态驱动?
2. 程序中 delay(20)语句的作用是什么?
3. 在程序中标明分别与步骤 1~步骤 5 相对应的语句。

任务 2　十字路口交通信号灯控制与实现

【学习目标】

(1)掌握完成任务的主要步骤。

(2)掌握顺序控制程序设计的步骤和方法。

(3)了解定时器编程的主要步骤。

(4)了解中断函数的指令格式和使用方法。

工作任务

利用 MCS−51 单片机的定时计数器,通过定时器中断方式,实现十字路口信号灯的控制。除了在主干道即 EW 方向增加左转信号灯以及每一个状态时间控制的要求不同之外,任务 2 与任务 1 的其他要求基本是相同的。

相关知识

对一些生产过程的参数需要进行准确和及时的控制,就需要提供精确的定时和迅速的响应,MCS−51 单片机可采用硬件定时和中断响应的方法实现上述功能。

MCS−51 单片机有两个可编程的定时器/计数器,它们具有两种工作方式(计数和定时方式)及四种工作模式(模式 0、模式 1、模式 2、模式 3),其控制字均通过相应的特殊功能寄存器实现,这就是 TMOD 和 TCON,通过对特殊功能寄存器编程,用户可方便地选择适当的工作方式和模式。

MCS−51 单片机有 5 个中断源(外部中断 0、外部中断 1、定时计数器 0、定时计数器 1、串行口)、两个中断优先级(高优先级、低优先级)。51 系列单片机的不同型号,拥有中断源的数量不同,在此只讨论 89C52 基本型号。

既然有多个中断源,在响应多个中断服务函数(ISR)时的处理原则是:

(1)高优先级中断可以打断低优先级中断,低优先级中断不能打断高优先级中断。

(2)同级中断不同时,则按照时间先后顺序。

(3)同时、同级中断按照内部的逻辑顺序,按照中断号从小到大。

C51 程序使用中断的语法格式和意义解释如下。

格式:

void 函数名()　interrupt 中断号 using 工作组

{　　}

关键字 interrupt 指的是中断号,对于 89C51 而言:

interrupt 0 指明是外部中断 0;

interrupt 1 指明是定时器中断 0;

interrupt 2 指明是外部中断 1;

interrupt 3 指明是定时器中断 1;

interrupt 4 指明是串行口中断。

关键字 using 指的是程序所使用的寄存器组。用关键字 using 直接指定寄存器组,就不必进行大量的 PUSH 和 POP 操作,可以节省片内 RAM 空间,加速 MCU 执行时间。MCS-51系列单片机将片内 RAM 中最低 32 个字节分为 4 组(0、1、2、3 组),每组有 8 个寄存器(R0~R7)。如果在中断函数时不使用关键字 using,则默认使用第 0 组寄存器,主函数 main{}就是使用第 0 组寄存器。

相关实践

1. 电路设计

使用 Proteus 设计如图 2-4-4 所示的电路,并进行项目仿真,实现带有倒计时的显示十字路口交通灯顺序控制。

(1)ISIS 设计说明

十字路口其余信号灯的控制与任务 1 完全相同,新增加的左转绿灯由 P1.0 控制。倒计时与驱动的设计与任务 1 的设计完全相同,此处不再赘述。

(2)设计的主要步骤

① 在 ISIS 中创建新的设计,文件名为"电路 4-2.DSN",保存到 ..\P4-2 文件夹中。

② 选择元器件:AT89C52、CRYSTAL、74HC245、ULN2003A、7SEG-BCD、LED-RED、LED-GREEN、LED-YELLOW、MINRES330Ω、MINRES10kΩ 以及上电复位电路电阻和 22pF 电容。电子元器件清单见表 2-4-2。

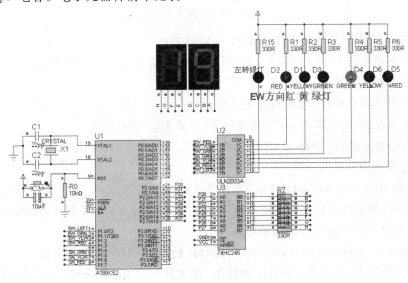

图 2-4-4 十字路口信号灯电路原理图

2. 程序设计

(1)十字路口交通灯的控制流程框图

十字路口交通信号灯有 6 个状态,如图 2 - 4 - 5 所示。根据交通信号灯处于不同的状态向 P1 控制口输出不同的控制字即可,例如状态 0 的控制字为 0x28,状态 4 的控制字为 0x82。每间隔 0.5s 交替输出高低电平,就可以实现交通灯的闪动功能。

本任务与任务 1 最大的区别在于,定时功能的实现是利用定时器后台中断软计数的办法精确定时。

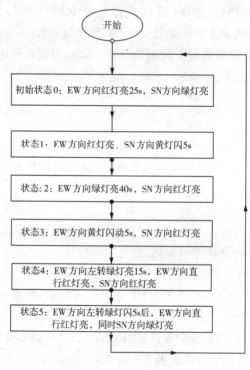

图 2 - 4 - 5 程序流程

(2)在 Keil 集成开发环境中使用步骤

① Keil 中创建名为"工程 4 - 2. uv2"项目文件,保存在 . . \P4 - 2\C51 文件夹之下。

② 设置工程目标属性。

③ 编写相应的 C 程序,加入到源程序组。

④ 构造工程:生成正确的 HEX 格式的文件,供 ISIS 仿真使用。

⑤ 进行仿真调试:在 ISIS 的 CPU 属性中加入可以执行 HEX 文件。

(3)参考程序中的函数说明

显示函数 void Display(uchar bin)与任务 1 的作用相同。

Init(void):初始化函数。指定定时器 T0 的 16 位计时方式,每 50ms 中断一次所对应 T0 的初值,以及使用中断所必须满足的条件。

void timer0(void)interrupt 1 using 1:定时计数器 T0 的中断服务函数。

由于硬件的限制,在晶振 12MHz 条件下,最大计时为 65.536ms。为了实现倒计时的功能,采用软计数的方法,即对定时计数器的 50ms 中断一次采用软计数,以产生 0.5s 和 1s

计时,用于 EW 左转绿灯、EW 方向和 SN 方向黄灯闪动的控制。定时计数器 T0 的初值为 15536。

　　函数内部定义的变量为局部变量,其作用域仅限于函数内部。在一般情况下,中断函数的变量是在堆栈中保存的,所以在软计数变量之前增加静态 static 声明,以保证 count 在两次中断之间不变化。

　　中断服务函数与一般的函数不同,在主函数 main 中没有显式调用,函数的执行是由硬件的中断引起的,在中断允许且定时计数器 T0 正常工作的条件下,每 50ms 产生一次中断请求,自动执行一次 timer0() 函数。

```c
/ *****十字路口控制交通灯控制参考程序 * * *  文件名:\P4 - 2\C51\程序 4 - 2. C    ***/
# define uchar   unsigned char
# define uint    unsigned int
# include   <reg52. h>
/ *****定义控制位 *****************/
sbit     EW_RED = P1^3;                  // EW_红灯(主)
sbit     EW_GRN = P1^1;                  // EW_绿灯
sbit     EW_YLW = P1^2;                  // EW_黄灯
sbit     EW_LEFT = P1^0;                 // EW_左转绿灯
sbit     SN_RED = P1^7;                  // SN_红灯(辅)
sbit     SN_GRN = P1^5;                  // SN_绿灯
sbit     SN_YLW = P1^6;                  // SN_黄灯
sbit     SN_man = P1^4;                  // 保留
bit      Flag_SN_YLW;                    // SN 黄灯标志位
bit      Flag_EW_YLW;                    // EW 黄灯标志位
bitFlag_EW_LEFT;                         // EW 左转绿灯闪动标志位
charTime_EW;                             // 东西方向倒计时单元
charTime_SN;                             // 南北方向倒计时单元
/ *****************显示子函数 *********************/
void   Display(uchar bin )
  {
    char h,l;
    h = bin/10;
    l = bin % 10;
    P2 = h * 16 + l;                     // 形成 BCD 码送显示 LED
        }
/ *************T0 中断服务程序 *****************/
  void timer0(void)interrupt 1 using 1
  {
static uchar count;                      // 50ms 的软件计数器
THO = (65536 - 50000)/256;               // 初值高 8 位
TL0 = (65536 - 50000) % 256;             // 初值低 8 位
count + + ;
if(count = = 10)                         // 0.5s
```

```
  {
    if(Flag_SN_YLW = = 1)                    // 南北黄灯标志位
    {SN_YLW = ! SN_YLW;}
    if(Flag_EW_YLW = = 1)                    // 东西黄灯标志位
    {EW_YLW = ! EW_YLW;}
    if(Flag_EW_LEFT = = 1)                   // 东西左转闪动标志位
    {EW_LEFT = ! EW_LEFT;}
  }
  if(count = = 20)                           // 1s
    {
    Time_EW - - ;
    Time_SN - - ;
    count = 0;                               // 软计数器归零
    if(Flag_SN_YLW = = 1)                    // 南北黄灯标志位
    {SN_YLW = ! SN_YLW;}
    if(Flag_EW_YLW = = 1)                    // 东西黄灯标志位
    {EW_YLW = ! EW_YLW;}
    if(Flag_EW_LEFT = = 1)                   // 东西左转闪动标志位
      {EW_LEFT = ! EW_LEFT;}
    }
  }
/ *********** 初始化函数 ******************* /
void     Init(void)
{
  TMOD = 0x01;                               // 定时器工作于方式 1
  TH0 = (65536 - 50000)/256;                 // 定时器赋初值
  TL0 = (65536 - 50000) % 256;
  EA = 1;                                    // CPU 开中断总允许
  ET0 = 1;                                   // 开定时中断
  TR0 - 1;                                   // 启动定时
  }
/ *********** 主程序开始 ********************* /
voidmain(void)
  {
  uchar EW,SN;
  Init();
  EW = 20;SN = 25;
  while(1)
    { / *** 状态 0 * * * EW 红灯,SN 通行 25s ********* /
      Time_EW = EW;
      Time_SN = SN;
      while(Time_SN > = 5)
        {
```

```
        Display(Time_SN);
        P1 = 0x28;
        }
        P1 = 0x00;
```
/***状态 1 * * * EW 方向红灯亮,SN 方向黄灯闪 5s ***/
```
    while(Time_SN>0)
        {
        Display(Time_SN);
        EW_RED = 1;
        Flag_SN_YLW = 1;          // SN 转向黄灯闪动
        }
        Flag_SN_YLW = 0;
```
/****状态 2 * * * EW 方向绿灯亮 40s,SN 方向红灯亮 ****/
```
    Time_EW = EW;
    Time_SN = 40;
    while(Time_SN > = 5)
        {
        Display(Time_SN);
        P1 = 0x82;
        }
        P1 = 0x00;
```
/****状态 3 * * EW 方向黄灯闪动 5s,SN 方向红灯亮 ***/
```
    while(Time_SN>0)
        {
        Display(Time_SN);
        SN_RED = 1;
        Flag_EW_YLW = 1;          // 转向黄灯闪动
        }
    Flag_EW_YLW = 0;
```
/***状态 4 * EW 方向左转绿灯亮 15 秒,EW 方向直行红灯亮,SN 方向红灯亮 ***/
```
    Time_EW = EW;
    Time_SN = 15;
    while(Time_SN > = 5)
        {
        Display(Time_SN);
        P1 = 0x89;
        }
        P1 = 0x00;
```
/***状态 5 * * * EW 左转闪动 5s,EW 方向直行红灯亮,SN 方向红灯亮 *****/
```
    while(Time_SN>0)
        {
        Display(Time_SN);
        SN_RED = 1;
```

```
        EW_RED = 1;
        Flag_EW_LEFT = 1;                    // 转向绿灯闪动
        }
    Flag_EW_LEFT = 0;
    }                                         // 返回状态 0
}
```

3. 程序的跟踪调试

(1)在 Keil 中创建目标,修改程序直到没有语法错误为止。

(2)进入 Debug 状态,进行单步、断点等跟踪。如果需要,还可以将 Keil 与 Proteus 结合起来进行程序和电路的联合仿真调试(可参照项目 2 中的任务 3 介绍的方法)。

4. 电路仿真运行

下载目标程序到仿真电路后启动仿真,观察运行结果。

在 Proteus 电路中,将单片机属性中"Programing"设为所创建的目标文件,然后启动仿真,用鼠标改变操作电路中的按钮开关,观察红绿灯的工作情况。

思考与练习

1. 分别改变初始化函数 Init() 中 EA＝0、ET＝0、TR0＝0,程序能否正常运行? 请说明原因。

2. 删除中断服务函数变量 count 的存储类别 static,重新编译后,能否正常运行?

3. 如果要将定时器 T0 的中断改为 5ms,那么需要改动程序哪些语句?

项目5 电子计数器

任务 利用定时器/计数器实现计数

【学习目标】

(1)掌握 MCS—51 定时器/计数器的结构和组成,了解其工作原理。

(2)了解两种工作方式(计数方式和定时方式)及四种工作模式的特点。

(3)掌握定时器/计数器的编程要点。

工作任务

用单片机中的定时器/计数器对 T0 输入端的脉冲信号进行计数,并将计数结果显示在数码管上。

相关知识

1. 工作原理

定时器/计数器的结构和工作原理可参阅本书《基础篇》中第2章的有关内容。

2. 定时器/计数器的编程要点

定时器/计数器的工作由程序确定,其编程要点和步骤为:

(1)设定工作方式,见表2-5-1所示。

表 2-5-1 定时器/计数器工作方式

位	D7	D6	D5	D4	D3	D2	D1	D0
功能	GATE	C / T	M1	M0	GATE	C / T	M1	M0
控制对象	T1				T0			

根据项目要求对 T0 作以下设定:

① 计数信号的来源是来自芯片的引脚,本项目显然应设为计数模式,从0开始计数,初值为0。

② 根据位数要求确定工作模式。本项目应设为方式1,即16位计数器,最大可计数 2^{16}

＝65536。

③ 确定是否需要采用门控方式(GATE＝1)。本项目不需门控方式。

所以,T0 为 16 位非门控计数模式,取 TMOD＝0x15。

(2)启动计数

通过 TR0＝1 指令对 TCON 中的 T0 运行控制位 TR0 置位,从而启动 T0 计数。

(3)计数结果

程序中可以随时读取 TH0 和 TL0 中的计数值,如 x＝TH0 * 256＋TL0。

相关实践

1. 电路设计

电子计数器电路如图 2-5-1 所示,图中元器件的清单见表 2-5-2 所示。

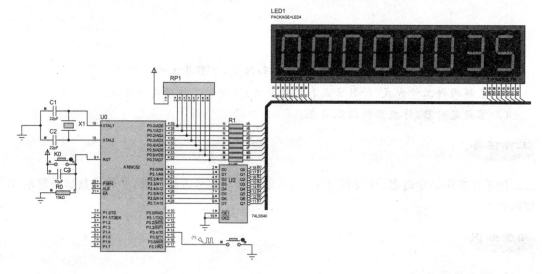

图 2-5-1　电子计数器电路原理图

表 2-5-2　元器件清单

编　号	型号或参数	作　用
U1	AT89C51	单片机
U2	74LS540	8 反相驱动器
LED1	7SEG－MPX8－CC－BLUE	8 位 LED 数码管
R1～R8	330R	限流电阻
RP1	RESPACK－8	上拉电阻
K1	BUTTON	按钮
	Dclock	时钟信号源

2. 程序设计

/* 计数并显示的示例程序,流程见图 2-5-2 */

```
# include "reg51. h"                    // 头文件 reg51. h 中包含了 51 寄存器的符号声明
unsigned char   code LED[16] = {0x3F,0x06,0x5B,0x4F,0x66,0x6D,0x7D,
0x07,0x7F,0x6F,0x77,0x7C,0x39,0x5E,0x79,0x71};   // 7 段 LED 字形码
void disp(unsigned int n);
/ * 主函数   * /
void main()
{
TMOD = 0x05;                          // T0 设为计数方式 1
TR0 = 1;                              // 启动计数
while(1)
    {
    disp(TH0 * 256 + TL0);           // 调用 disp 函数显示计数结果
    }
}
/ * 延时函数 ,对于 12MHz 晶振,入口参数为延时毫秒值 * /
void delay(unsigned int ms)
{ unsigned int i = ms * 91;
 for(;i>0;i - - )
  {;}
 }
/ * 显示函数,将整形参数 n 扫描显示在 8 位 LED 上  * /
void disp(unsigned int n)
{
unsigned char i,d;
P2 = 1;                               // 从最低位开始扫描显示
for(i = 0;i<8;i + +)
{
d = n % 10;                           // 分离出 1 字节
n = n / 10;
P0 = LED[d];                          // 送显示
delay(2);                             // 延时 2ms
P2 = P2<<1;                           // 左移 1 位显示
}
}
```

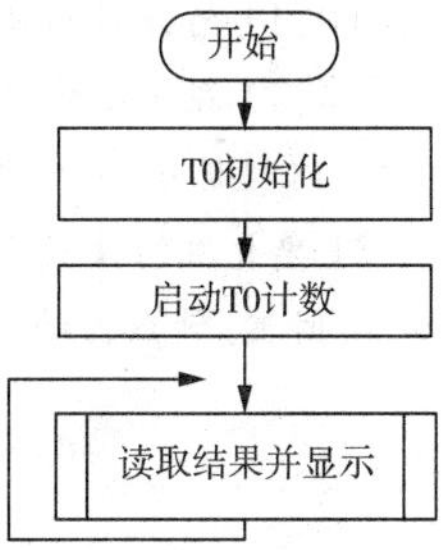

开始

T0初始化

启动T0计数

读取结果并显示

图 2 - 5 - 2　程序流程

3. 程序的跟踪调试

(1)在 Keil 中创建目标,修改程序直到没有语法错误为止。

(2)进入 Debug 状态,进行单步、断点等跟踪。如果需要,还可以将 Keil 与 Proteus 结合起来进行程序和电路的联合仿真调试(可参照项目 2 中的任务 3 介绍的方法)。

4. 电路仿真运行

双击时钟信号源,修改其频率(例如取 5),将生成的可执行文件加载进电路图后运行,不点击按钮的情况下,计数器对信号计数,计数值不断增加。如果将时钟信号源移开,则每按一下按钮,T0 输入端产生一次下跳沿,计数值加 1。

思考与练习

1. MCS—51、MCS—52 系列单片机有几个定时计数器？有哪几种工作方式？

2. T0、T1 的计数和定时模式的根本区别是什么？

3. T0、T1 在什么情况下需要赋初值？初值是如何计算的？

4. 如何判断 T0 或 T1 是否溢出？

5. 51 单片机的计数器为 16 位，最大计数值为 65536，如何实现大于 65536 的计数？

6. 定时器/计数器编程的主要步骤有哪些？

项目 6　方波信号发生器

任务 1　利用定时器溢出查询实现的方波信号发生器

【学习目标】

掌握定时器的应用。

工作任务

在 P3.0 上产生周期为 1ms 的方波信号。

相关知识

1. 工作原理

方波信号发生器的原理就是利用单片机定时器,周期性地在口线上输出高低电平。

2. 定时器/计数器在查询方式下的编程步骤

(1)TMOD 初始化

设定定时器/计数器的工作方式和模式。

(2)设置定时/计数初值

对于计数方式,如果需要计数 N 次即溢出,则需要预先将初值 $THX=(2^n-N)/256$, $TLX=(2^n-N)\%256$ 写入计数器来实现;对于定时方式,如果需要 t 时间溢出,由于每个机器周期 T 计数一次,所以就需要在计数 t/T 次时溢出,所以初值应为 $THX=(2^n-t/T)/256$, $TLX=(2^n-t/T)\%256$(其中 n 为计数位数,比如选择模式 1,则 $n=16$;T 为机器周期,比如单片机的频率晶振若为 12MHz 时,$T=12\times(1/12000000)=1\mu s$(1 个机器周期等于 12 个晶振周期))。

(3)启动定时/计数

TCON 中的 TRX 是 TX 的运行控制位,TRX=1 可以启动 TX;TRX=0 可以停止 TX。

(4)查询 TFi 及相关处理

如果需要根据计数器的溢出来判断计数是否到达预定值,通常有两种方法:一是 CPU

不断查询溢出标志 TFi，根据是否溢出来判断计数是否到达设定值；二是采用中断处理的方法，当计数器溢出时向 CPU 发出中断请求信号，CPU 响应后予以处理。

相关实践

1. 电路设计

使用 Proteus 进行电路设计，如图 2-6-1 所示。

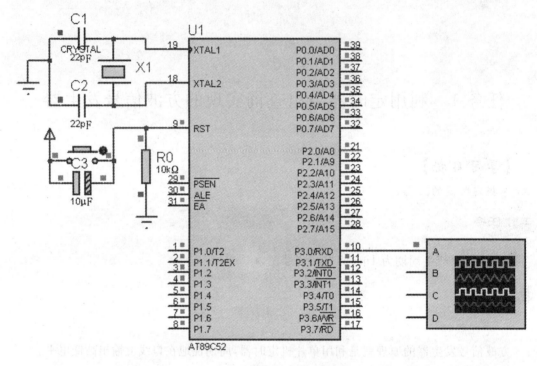

图 2-6-1 方波信号发生器电路

2. 程序设计

程序流程（见图 2-6-2 所示）与参考程序：

```
# include <reg51.h>
sbit P30 = P3^0;
char TH,TL;
void main()
{
TMOD = 0x01;            // T0 定时方式 1
//12MHz 晶振，T = 1μs，
//定时 0.5ms，初始值 = 65536 - 500 = 65036，
while(1)
{
TH0 = 65036/256;
TL0 = 65036 % 256;
```

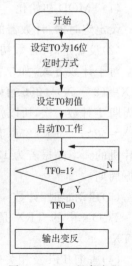

图 2-6-2 程序流程

```
TR0 = 1;                    // 启动计数
while (! TF0);              // 等待 T0 溢出
TF0 = 0;
P30 = ~P30;                 // P3.0 变反,产生方波
}
```

3. Keil 操作步骤

(1)创建新的工程、设置工程属性、编写源程序并加入工程。

(2)创建目标,修改程序直到没有语法错误为止。

(3)进入调试状态,分别使用单步、多步和设置断点的方式跟踪调试。

(4)打开 Peripherals 中的 Timer0 和 P3 窗口,查看程序执行过程中相应状态的变化。

4. 电路仿真

(1)虚拟示波器(虚拟仪表　中的 OSCILLOSCOPE)。

(2)在图中单片机的 Program File 属性对话框中,设定程序为本程序的目标程序,进行仿真运行。

(3)调节示波器的水平扫描和垂直增益旋钮,观察和测量方波周期(如图 2 - 6 - 3 所示)。

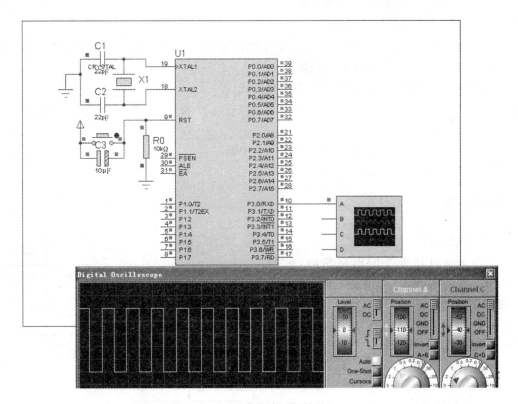

图 2 - 6 - 3　程序仿真运行结果

任务 2　利用定时器中断实现的方波信号发生器

【学习目标】

(1)理解中断的概念和优点。

(2)掌握定时器中断的编程。

工作任务

利用定时器中断方式在 P3.0 上产生周期为 1ms 的方波信号。

相关知识

1. 采用中断方式的原因

查询方式需要 CPU 不断检测有关标志的状态,再根据查询结果执行相应的程序,因此浪费了大量 CPU 工作时间,效率不高。

2. 定时器中断的初始化编程

在编写单片机的定时器(以 T0 为例)中断程序时,在程序开始处需要对定时器 T0 及中断作初始化设置。初始化编程要点如下:

(1)对 TMOD 赋值,以确定 T0 的工作方式。

(2)根据定时要求计算初值 $X = 2^n - t/T$,并将初值 X 的高低字节分别写入 TH0、TL0。

(3)对 IE 中的 EA 和 ET0 置 1,开放 T0 中断。

(4)使 TR0 置 1,启动 T0 工作。

相关实践

1. 电路设计

与本项目任务 1 的电路相同(见图 2-6-1所示),在 P3.0 口连接虚拟示波器观察方波信号。

2. 程序流程

见图 2-6-4 所示。

3. 参考程序

```
# include <reg51.h>
sbit OUT = P3^0;            // 输出口线
/** 主函数 **/
void main()
{
```

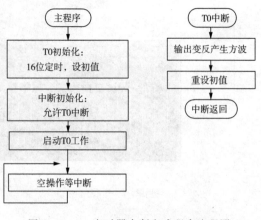

图 2-6-4　定时器中断方式程序流程图

```
TMOD = 0x01;                    // T0 定时方式 1
TH0 = 65036/256;                // 定时 0.5ms,初始值 = 65536 - 500 = 65036,对 12MHz 晶振,T = 1μs
TL0 = 65036 % 256;
EA = 1;                         // 允许 T0 中断
ET0 = 1;
TR0 = 1;                        // 启动计数
while(1);                       // 空循环等中断
}


/ **T0 中断函数 **/
void T0_time()interrupt 1
{
OUT = ~OUT;                     // 输出变反产生方波
TH0 = 65036/256;                // 定时 0.5ms,初始值 = 65536 - 500 = 65036,对 12MHz 晶振,T = 1μs
TL0 = 65036 % 256;
}
```

4. 程序的跟踪调试

(1)在 Keil 中创建目标,修改程序直到没有语法错误为止。

(2)进入 Debug 状态,进行单步、断点等跟踪。如果需要,还可以将 Keil 与 Proteus 结合起来进行程序和电路的联合仿真调试(可参照项目 2 中的任务 3 介绍的方法)。

5. 电路仿真运行

下载目标程序到仿真电路后启动仿真,观察运行结果。

在 Proteus 电路中将单片机属性中"Programing"设为所创建的目标文件,然后启动仿真,通过虚拟示波器观察输出信号。

任务 3　频率可调方波信号发生器的设计

【学习目标】

(1)掌握外部中断的使用方法。

(2)掌握多个中断同时工作的程序设计。

工作任务

在 P3.0 上产生频率可调的方波信号。

相关知识

1. 外部中断的触发方式

MCS-51 单片机的 5 个中断源中有两个外部中断,即 INT0 和 INT1,使用外部中断的时候需要在主程序中设定外部中断的触发方式。IT0 和 IT1 分别为外部中断 INT0 和

INT1 的触发方式控制位,默认值等于 0,为低电平触发方式;若置 1 则为下跳沿触发方式。低电平触发需要及时清除外部引脚上的低电平,否则会持续发出中断请求。一般应用中推荐使用下跳沿触发,例如用 IT0＝1,将外部中断 INT0 设为下跳沿触发。

2. 多个中断的使用

若存在多个中断,中断初始化的时候需要注意以下几点:

(1)开放或禁止中断。通过对 IE 寄存器中相关位的设置,开放或禁止相应的中断。

(2)设置中断优先级。根据各中断的轻重缓急,设置 IP 寄存器的相关位,置 1 的位为高级中断。

(3)若用到定时器/计数器中断,还需要对定时器/计数器进行初始化设置,包括设置工作方式和模式、设置初值、启动或停止定时器/计数器。

(4)若为外部中断,要设置外部中断的触发方式(尽量采用下跳沿触发)。

相关实践

1. 电路设计

在任务 1 的电路基础上,添加两个按钮,连接到 INT0 和 INT1 引脚,按钮按下所产生的下跳沿作为外部中断触发信号,如图 2－6－5 所示,在 P3.0 口连接虚拟示波器观察所产生方波信号的频率。

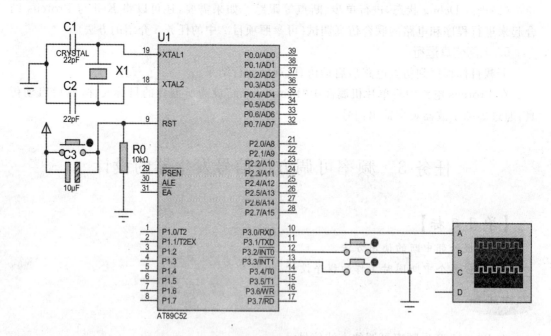

图 2－6－5 频率可调的方波发生器电路

2. 程序流程图

见图 2－6－6 所示。

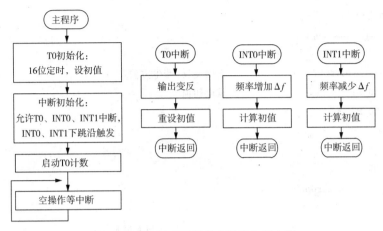

图 2-6-6　频率可调的方波发生器电路

3. 参考程序

```
# include <reg51. h>
# define uchar unsigned char
# define uint unsigned int
// 晶振频率 f_osc = 12MHz,所以系统周期 T = 1μs
uchar adj = 100;                    // 频率调节增量
sbit output = P3^0;                 // 方波输出端口
uint freq;                          // 设定频率值
uchar T0_H,T0_L;                    // 定时器 0 的定时初值高低字节
/* 主程序 */
void main(void)
{
    freq = 1000;
    TMOD = 0x01;                    // T0 定时方式 1
    //定时器初始值 = 65536 - (t/2)/T = 65536 - 1000000/(freq * 2)
    T0_H = (65536 - 1000000/(freq * 2))/256;
    T0_L = (65536 - 1000000/(freq * 2))%256;
    TL0 = T0_L;
    TH0 = T0_H;
    EA = 1;                         // 开总中断
    ET0 = 1;                        // 开 T0 中断
    EX0 = 1;                        // 开 INT0 中断
    EX1 = 1;                        // 开 INT1 中断
    IT0 = 1;                        // 设置外部中断 INT0 为下跳沿触发
    IT1 = 1;                        // 设置外部中断 INT1 为下跳沿触发
    PT0 = 1;                        // 设置 T0 中断为高优先级中断
    TR0 = 1;                        // 启动 T0
    while(1);                       // 等中断
}
```

```
// T0 中断
void T0_freq()interrupt 1
{
    output = ~output;              // 输出变反,产生方波
    TL0 = T0_L;                    // 重设初值
    TH0 = T0_H;
}


// INT0 中断
void freq_inc()interrupt 0
{
 freq = freq + adj;               // 频率增加 Δf
 T0_H = (65536 – 1000000/(freq * 2))/256;       // 重新计算初值
 T0_L = (65536 – 1000000/(freq * 2)) % 256;
}
// INT1 中断
void freq_dec()interrupt 2
{
 freq = freq – adj;               // 频率减少 Δf
 T0_H = (65536 – 1000000/(freq * 2))/256;       // 重新计算初值
 T0_L = (65536 – 1000000/(freq * 2)) % 256;
}
```

4. 程序的跟踪调试

(1)在 Keil 中创建目标,修改程序直到没有语法错误为止。

(2)进入 Debug 状态,进行单步、断点等跟踪。如果需要,还可以将 Keil 与 Proteus 结合起来进行程序和电路的联合仿真调试(可参照项目 2 中的任务 3 介绍的方法)。为此需要在 Keil 工程属性的 Debug 页中按图 2-6-7 所示设置,在 Proteus 的 Debug 中,勾选"Use

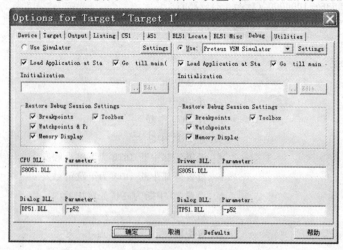

图 2-6-7　在 Keil 的工程属性中设置 Debug 方式为 Proteus VSM Simulator

Remote Debug Monitor ";然后可以在 Keil 中进入 Debug 状态,实现程序和电路的联合仿真调试。例如,在 Keil 中,在 INT0 中断中设置断点,在 Proteus 中按钮触发中断,程序将在所设断点处暂停,以便观察运行情况。

5. 电路的仿真运行

在 Proteus 中下载目标程序,进行仿真运行。通过按钮改变频率,用虚拟示波器观察输出信号。

思考与练习

1. 尝试利用定时器中断同时在 P3.6 和 P3.7 上分别产生 500Hz 和 2kHz 的方波。

2. 如果不仅要求频率可调,还要求占空比可调,应如何实现?

项目 7 数字频率计

任务　用单片机测量外部信号的频率

【学习目标】

(1)了解测量频率的几种方法。

(2)会利用定时器、计数器与中断相结合的方式编程实现频率的测量。

工作任务

利用中断功能实现对外部方波信号的频率测量。

相关知识

测量周期或频率,通常有多种方法:一是在单位时间之内对信号进行计数(即频率),适用于测量较高频率的信号,前提是要确保计数器在单位时间之内不发生溢出;二是测量方波信号的脉宽,即在方波信号的每个下沿期间进行计时,则计时时长即为待测信号的周期,适用于较低频率的测量,但要保证待测信号的周期小于定时计数器的最大计时时长;三是利用定时计数器的门控方式(GATE=1),进行脉宽的测量,优点是由硬件控制测量,比较准确。这几种测量方法均要求系统晶振比较准确。为了便于计算,设定系统晶振位为 12MHz,机器周期为 1 μs。

1. 方法 1(单位时间对信号计数)

T0 定时器工作在 16 位定时方式,T0 产生 50ms 的定时,每溢出一次就是 50ms,20 次即为 1s;将待测信号接入 T1(P3.5),T1 工作在 16 位计数模式,每隔 1s 读出 TH1、TL1 计数值即待测频率,转换为十进制后显示在 LED 数码管上。

关于频率测量的方法 2 和方法 3,下面只给出测量原理和程序设计思路,读者可自行编写程序。

2. 方法 2(测周期法)

T0 工作于定时器方式,将待测信号接入单片机外部中断 INT0 的引脚,当信号出现下沿,就进入中断,在中断程序中取得连续两次下跳沿之间的 T0 定时结果(即信号周期),并设更新标志。主程序中根据更新标志调用显示子程序显示结果。

3. 方法 3(测脉宽法)

前两种测量方法由于系统响应中断和执行指令均需要一定时间,会造成测量误差,方法 3 将待测信号接入单片机外部中断 0 的引脚,设置 T0 为定时器方式,GATE 位＝1,使得 INT0 信号高电平期间 T0 工作,当信号出现下沿,T0 就停止工作并进入 INT0 中断,在中断程序中取得 T0 计数结果(即高电平脉宽)并设标志。主程序中根据标志调用显示子程序显示结果。由于是硬件控制计时,故误差较小。

相关实践

1. 电路设计

以项目 2 或项目 5 的电路为基础,将单片机 T1(P3.5)引脚接虚拟仪器中的 SIGNAL GENERATOR 信号发生器,如图 2－7－1 所示。

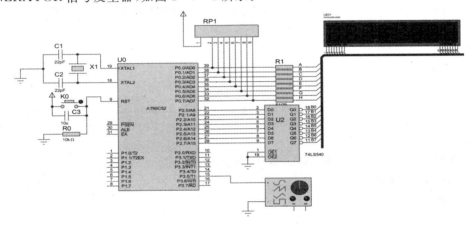

图 2－7－1　频率计电路原理图

2. 程序流程

程序流程见图 2－7－2 所示。

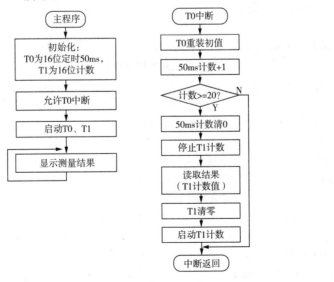

图 2－7－2　频率计程序流程

3. 参考程序

```c
/* 示例源程序 7-1.C,单位时间对信号计数 */
#include <reg51.h>
unsigned char   code LED[16] = {0x3F,0x06,0x5B,0x4F,0x66,0x6D,0x7D,
0x07,0x7F,0x6F,0x77,0x7C,0x39,0x5E,0x79,0x71};   //7 段 LED 字形码
unsigned int f;
void disp(unsigned int n);
/* 主函数 */
void main()
{
TMOD = 0x51 ;                //T0-16 位定时方式,T1-16 位计数
TH0 = 0x3C ;
TL0 = 0xB0 ;                 //50ms 定时,取初值 x = 65536-50000/1 = 15536 = 0x3CB0
TR0 = 1;                     //启动
TR1 = 1;
EA = 1;
ET0 = 1;
while (1)
    { disp(f); }             //调用显示函数,
}
/* 延时函数 ,对于 12MHz 晶振,入口参数为延时毫秒值 */
void delay(unsigned int ms)
{ unsigned int i = ms * 91;
    for(;i>0;i--)
    {;}
}
/* 显示函数,将整形参数 n 扫描显示在 6 位 LED 上 */
void disp(unsigned int n)
{
unsigned char i,d;
P2 = 1;                      //从最低位开始扫描显示
for(i = 0;i<8;i++)
{
d = n % 10;                  //分离出 1 字节
n = n / 10;
P0 = LED[d];                 //送显示
delay(2);                    //延时 1ms
P2 = P2<<1;                  //左移 1 位显示
}
}
/* T0 中断函数 */
void T0_int() interrupt 1
{
```

```
static unsigned char ms50;
THO = 0x3C    ;
TL0 = 0xB0 ;                    //恢复定时初值
if ( + +ms50> = 20)            //到 500ms
    {
    ms50 = 0;
    TR1 = 0;                    //停止 T1
    f = TH1 * 256 + TL1;       //取得计数结果,即频率值 f
    TH1 = 0;                    //计数清 0
    TL1 = 0;
    TR1 = 1;                    //启动 T1
    }
}
```

3. 程序的跟踪调试

(1)在 Keil 中创建目标,修改程序直到没有语法错误为止。

(2)进入 Debug 状态,进行单步、断点等跟踪。如果需要,还可以将 Keil 与 Proteus 结合起来进行程序和电路的联合仿真调试(可参照项目 2 中的任务 3 介绍的方法)。

4. 电路仿真运行

下载目标程序到仿真电路后启动仿真,观察运行结果。

启动仿真,将信号发生器设为输出方波,电压幅度 5V,频率约几百赫兹,仿真结果如图 2-7-3 所示。可通过信号发生器面板调整信号的频率,可以看出测量显示的频率与其一致。

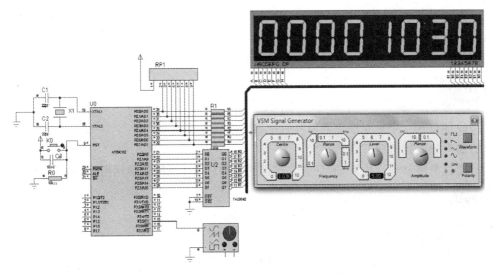

图 2-7-3 频率计电路仿真结果

思考与练习

1. 测量外部方波信号频率的方法有哪些?

2. 在方法 1 中,若外部输入信号不变,改变 ISIS 中单片机属性中的晶振频率,那么显示数据有无变化? 为什么?

项目 8 单片机系统中的按键处理

按键作为人机交互界面里最常用的输入设备,是单片机系统设计非常重要的一环。我们可以通过按键输入数据或命令来实现简单的人机通信。目前,微机系统中最常见的是触点式开关按键。按照其接口原理又可分为编码键盘与非编码键盘两类。编码键盘主要是用硬件来实现对按键的识别,非编码键盘主要是由软件来实现按键的识别。非编码键盘按连接方式一般可分为独立式、矩阵式和显示扫描共享式三种。单片机系统中一般按键数量不多,故从经济实用角度考虑,大都采用非编码方式。本项目将分别对这三类方式进行介绍。

任务 1 独立按键的识别

【学习目标】

(1)理解单片机应用系统中,独立式按键的工作原理与用软件去除按键抖动的方法。
(2)掌握典型独立按键的电路设计与 C51 程序设计。
(3)学习单片机端口输入状态检测与位处理的编程方法。

工作任务

(1)设计包含 4 个独立按键的单片机电路。
(2)编写独立按键的 C51 程序。
(3)通过电路和程序仿真,验证独立按键的工作(LED 数码管显示所按下的按键号)。

相关知识

1. 工作原理

单片机在应用中其键盘一般是由机械触点构成的按钮组成,键盘与单片机一般通过 I/O 口连接。最简单的方法是将每个按键的一端接到单片机的 I/O 口,另一端接地,如图 2-8-1 所示,四个按键分别接到口线 P1.0～P1.3。当按键未被按下时,因单片机端口内部存在上拉电阻,输入为高电平;而当按键按下,则口线与地导通,口线输入为低电平。我们可以利用程序不断查询 P1.0～P1.3 口电平的方法来判断按键是否按下。

由于按键是机械触点,当机械触点断开、闭合时,会有抖动,造成输入端的波形(如图 2-8-2 所示),这种抖动虽然人感觉不到,但计算机完全可以感觉到并会当作多次按键处理。

为使 CPU 能正确地读出 P3 口的状态,对每一次按键只作一次响应,这就必须考虑如何去除抖动,一般可采用硬件或软件来排除抖动。单片机中为了节省硬件,常用软件法去除抖动,就是在单片机获得按键所连接的口线电平为低的信息后,不是立即认定按钮已被按下,而是延时 10～30ms 后再次检测,如果该口线电平仍为低,这时才确认按键按下,这实际上是排除了按键按下时的抖动时间。一般情况下,我们是将按键按下后再释放判断为一次按键操作,所以要等检测到按键释放(对应口线电平恢复为高)后再作为按键处理。

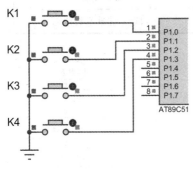

图 2-8-1 独立式按键

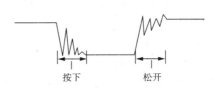

图 2-8-2 按键触点的抖动现象

在程序中还可以根据按键从按下到释放的时间长短返回不同的值。若时间较长,表示长按,则返回另一键值,实现了一键多用。

相关实践

1. 电路设计

在 ProteusISIS 中绘制如图 2-8-3 所示并具有四个按键的单片机电路,图中的元器件的清单见表 2-8-1 所示。

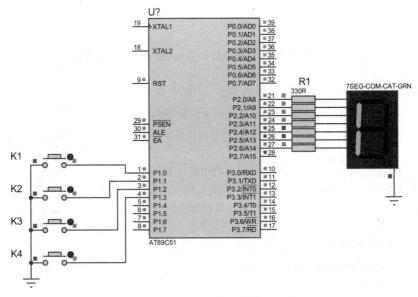

图 2-8-3 独立按键的仿真电路

表 2-8-1 图 2-8-3 中的元器件清单

器件编号	器件型号/关键字	功能与作用
U1	AT89C51	单片机
K1~K4	BUTTON	按键开关
R1~R7	330R	限流电阻
L1	7SEG-COM-CAT-GRN	7 段共阴绿色数码管

2. 程序设计

程序流程见图 2-8-4 所示,参考程序如下:

```c
# include <reg51.h>
# define uchar unsigned char
# define uint unsigned int
# define KEYP P1              //指定按键所使用的端口
//LED 数码管显示数字 0~F 的段码数组
uchar LED[17] = {0x3F,0x06,0x5B,0x4F,0x66,0x6D,0x7D,
0x07,0x7F,0x6F,0x77,0x7C,0x39,0x5E,0x79,0x71,0xf6};
uchar K;                      //全局变量按键号
void delay(int ms);          //声明延时函数
/*********按键扫描函数**************
 * 函数功能:检测 KEYP.0~KEYP.3 上的四个按键
 * 函数返回值:返回所按下的键号,长按则键号 + 4,若返回 0 表
示无键按下
 ******************************/
uchar keyscan()
{
uchar K = 0;                  //键号(局部变量 K)
uint i = 0;
uchar KPS;                    //按键端口状态
KPS = KEYP & 0x0F;           //读取 KEYP 口低 4 位到 KPS
if (KPS ! = 0x0F)           //如不等于0x0F,表示有键按下
{
delay(20);                   //延时 20ms 以消除键抖动干扰
if ((KEYP & 0x0F) = = KPS)  //再次读取 KEYP 口低 4 位,若仍
                             //  为 KPS,表示该键确按下
{
for(i = 0;(KEYP & 0x0F) = = KPS;i + +)
    //等待按键释放(释放后不再等于 KPS)
    {switch (KPS)             //转换为键号
        {
        case 0x0E:K = 1;break;
```

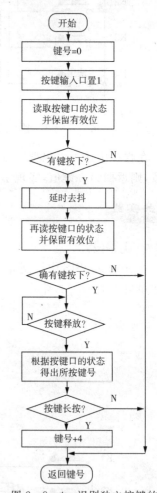

图 2-8-4 识别独立按键的
程序流程

（流程图内容：开始 → 键号=0 → 按键输入口置1 → 读取按键口的状态并保留有效位 → 有键按下? (N) (Y) → 延时去抖 → 再读按键口的状态并保留有效位 → 确有键按下? (N) (Y) → 按键释放? (N) (Y) → 根据按键口的状态得出所按键号 → 按键长按? (N) (Y) → 键号+4 → 返回键号）

```
            case 0x0D:K = 2;break;
            case 0x0B:K = 3;break;
            case 0x07:K = 4;break;
            }
        }
    if (i>10000)K + = 4;              //若长按,键值 + 4
    }
    return(K);                       //返回键号,0 表示无键按下
}
/ * 主函数 * /
void main()
{
    while(1)                         //循环
        {
        K = keyscan();               //读取键值到 K(全局变量)
        if (K! = 0)P2 = LED[K];      //通过 P2 口的 LED 显示返回的键号
        }
}
/ * 延时函数 * /
void delay(int ms)
{   unsigned int i = ms * 91;
for(;i>0;i− −)  {;}
}
```

3. 程序的跟踪调试

(1)在 Keil 中创建目标,修改程序直到没有语法错误为止。

(2)进入 Debug 状态,进行单步、断点等跟踪。如果需要,还可以将 Keil 与 Proteus 结合起来进行程序和电路的联合仿真调试(可参照项目 2 中的任务 3 介绍的方法)。

4. 电路仿真运行

(1)程序编译连接无错误后,将创建的目标程序下载到仿真电路中。

(2)启动仿真运行,用鼠标单击按下按钮,LED 显示所按下的按键号。

任务 2   行列矩阵键盘

【学习目标】

(1)理解行列矩阵键盘的特点和工作原理。

(2)掌握行列矩阵键盘的电路设计。

(3)掌握行列矩阵键盘的程序设计。

（1）设计包含 4×4 行列矩阵式键盘的单片机电路。

（2）编写 4×4 行列矩阵式键盘的 C51 程序。

（3）通过电路和程序仿真，验证 4×4 行列矩阵式键盘的工作。

相关知识

1. 行列矩阵键盘的工作原理

在任务 1 中，我们用四根口线检测识别 4 个按键，当按键数量较多时，如 16 个按键，该方法将占用 16 条口线。为节省口线，可采用 4×4 行列矩阵式键盘（见图 2-8-5 所示）。

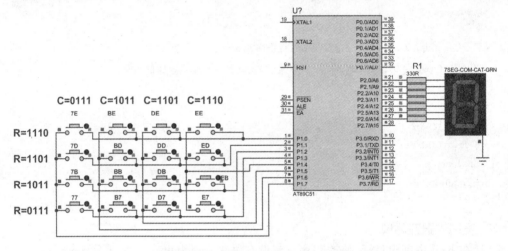

图 2-8-5　4×4 行列矩阵式键盘电路

4×4 矩阵式键盘由 4 根行线和 4 根列线交叉构成，按键位于行列的交叉点上，这样就连接了 16 个按键。当 4 条行线输出 1111，4 条列线输出 0000，若无键按下，4 条行线仍处于高电平状态 1111。当位于某行列交叉点的按键按下时，此交叉点处的行线和列线导通，所按下键的行线电平将被列线拉为 0，而不再是 1111，由此可判断有无键按下。同独立按键一样，为消除按键抖动影响，延时 10~20ms 后再次读行线状态，若仍不是 1111 则可确认有键按下，而且电平为 0 的行线就是按键所在行，例如行线电平 1110 表示按键在上起第一行。此时还需确定按键所在列。将当前行线状态输出，列线输出 1111，然后读回列线状态，与行线电平为 0 相通的列线电平被行线拉为 0，所以为 0 的列即按键所在列，例如 0111 表示在左起第 1 列。这样，根据得到的列行组合码 0111 1110（16 进制表示为 0x7E）即可判定按键为第一行第一列，由此类推可得到如表 2-8-2 所示键位对应的行、列码（二进制）及其组合码（十六进制）（表格括号中数字表示键号，A~H 分别表示第 10~16 号键）。

得到各键位的组合码后，通过程序中的 switch 结构进行选择匹配，即可返回对应的键号。

表 2-8-2 4×4 矩阵键盘各键对应的键码

（行/列码用二进制、组合码用十六进制表示，括号中数字为键号）

行码 \ 列码	0111	1011	1101	1110
1110	(1)0x7E	(2)0xBE	(3)0xDE	(4)0xEE
1101	(5)0x7D	(6)0xBD	(7)0xDD	(8)0xED
1011	(9)0x7B	(A)0xBB	(B)0xDB	(C)0xEB
0111	(D)0x77	(E)0xB7	(F)0xD7	(H)0xE7

相关实践

1. 电路设计

在 ProteusISIS 中绘制上述 4×4 按键的单片机电路，图中元器件清单见表 2-8-3 所示。

表 2-8-3 图 2-8-5 元器件清单

元器件编号	元器件型号/关键字	功能与作用
U1	AT89C51	单片机
K1～K16	BUTTON	按键开关
R1～R7	330R	限流电阻
L1	7SEG-COM-CAT-GRN	7 段共阴绿色数码管

2. 程序设计

程序流程见图 2-8-6 所示，参考程序如下：

```c
# include <reg51.h>
# define uchar unsigned char
# define KEYP P1                    // 指定按键所使用的端口
uchar LED[17] = {0x3F,0x06,0x5B,0x4F,0x66,0x6D,0x7D,0x07,
0x7F,0x6F,0x77,0x7C,0x39,0x5E,0x79,0x71,0xF6};
// LED 数码管显示数字 0～F 的段码
uchar K;                           // 全局变量
void delay(int ms)                 // 声明延时函数
/ * * * * * * * * * * * * *行列矩阵按键扫描函数 * * * * * * * * * * * * * * * *
* 函数功能:检测识别连接到 KEYP 口上的 16 个按键,P.7～P.4 为列, P.0～P.3 为行
* 函数返回值:返回所按下的键号 1～9,A～H,若返回 0 表示无键按下
* * * * * * * * * * * * * * * * * * * * * * * * * * * * * * * * * * * * /
uchar keyRC(void)
{
uchar R;                           // 行值
uchar C;                           // 列值
```

```
KEYP = 0x0F;                    // 4 根列线输出 0000,行线输出 1111
R = KEYP&0x0F;                  // 读入行线值
if(R! = 0x0F)                   // 若行线值不为 1111,即检测到有键按下
{
delay(100);                     // 去抖
if(R! = 0x0F)                   // 再次检测,确认有键按下
{
    R = KEYP&0x0F;              // 读入行线值,确认按键所在行(值为 0
                               //   的位所在的行)
    KEYP = R|0xF0;              // 输出当前行线值
    C = KEYP&0xF0;             // 读入列线值,确认按键所在列(值为 0
                               //   的位所在的列)
switch(R + C)                  // 行列组合,确认按键所在行列(值为 0
                               //   的位所在的行列)
    {                          // 列  行
    case 0x7E:return(1);break;     // 1  组合码 0x7E = 0111 1110 表
                               //     示按键在 1 行 1 列,键号 1
    case 0xBE:return(2);break;     // 2  组合码 0xBE = 1011 1110 表
                               //     示按键在 1 行 2 列,键号 2
    case 0xDE:return(3);break;     // 3
    case 0xEE:return(4);break;     // 4
    case 0x7D:return(5);break;     // 5
    case 0xBD:return(6);break;     // 6
    case 0xDD:return(7);break;     // 7
    case 0xED:return(8);break;     // 8
    case 0x7B:return(9);break;     // 9
    case 0xBB:return(10);break;    // A
    case 0xDB:return(11);break;    // B
    case 0xEB:return(12);break;    // C
    case 0x77:return(13);break;    // D
    case 0xB7:return(14);break;    // E
    case 0xD7:return(15);break;    // F
    case 0xE7:return(16);break;    // H组合码 0xE7 = 1110 0111 表示按键在 4 行 4 列,键号 H
    }
}
}
return(0);                      // 无键按下返回 0
}
/ * 主函数 这里仅用来测试按键功能并显示按键号 * /
void main()
{
while(1)                        // 循环
    {
```

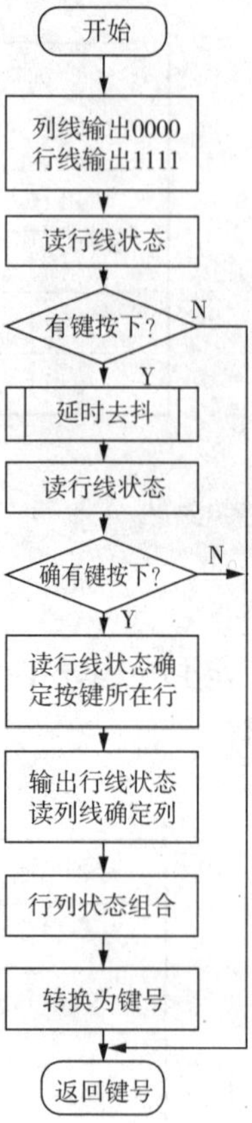

图 2-8-6 程序流程

```
        K = keyRC();                    // 读取键值到 K(全局变量)
        if(K)P2 = LED[K];               // 若有键按下,通过 P2 口的 LED 显示键号
    }
}
/* 延时函数 */
void delay(int ms)
{   unsigned int i = ms * 91;
for(;i>0;i--)    {;}
}
```

3. 程序的跟踪调试

(1)在 Keil 中创建目标,修改程序直到没有语法错误为止。

(2)进入 Debug 状态,进行单步、断点等跟踪。如果需要,还可以将 Keil 与 Proteus 结合起来进行程序和电路的联合仿真调试(可参照项目 2 中的任务 3 介绍的方法)。

4. 电路仿真运行

在 Proteus 电路中将单片机属性中"Programing"设为所创建的目标文件"P8~2. HEX",然后启动仿真,用鼠标操作按钮,观察 LED 数码管显示的结果。

任务 3 与 LED 数字显示共用端口扫描的键盘

【学习目标】

(1)理解按键与 LED 动态显示共用 I/O 口线扫描的工作原理。

(2)绘制按键与 LED 动态共用 I/O 口线扫描的电路图。

(3)掌握与上述电路相适应的单片机 LED 数码显示与按键程序的设计。

工作任务

(1)绘制按键与 LED 动态显示共用 I/O 口线扫描的电路图。

(2)编写相应的 LED 显示与按键扫描程序。

(3)进行程序和电路仿真,验证其功能。

相关知识

1. 工作原理

在一些采用动态扫描方式驱动多位 LED 数码管的场合,可以将按键接在 LED 数码管的位扫描线上,按键和 LED 位驱动共用一组口线扫描,而无需额外使用其他口线。如图 2 - 8 - 7 所示,在对 LED 各位进行扫描驱动时,同时进行对按键公共端电平的检测,若发现当驱动某位时,按键公共端出现低电平,即可判断连接到该位的按键被按下。例如,在 P2.0 口线输出 00000001 经反相驱动电路输出 11111110 以低电平驱动 LED 最低位时,若此时接在 LED 最低位的按键 K1 被按下,则按键公共端所连接的 P3.2 就会检测到低电平,经过延

时去抖动和等待按键释放后,返回键值1,以此可以类推到其他各位。

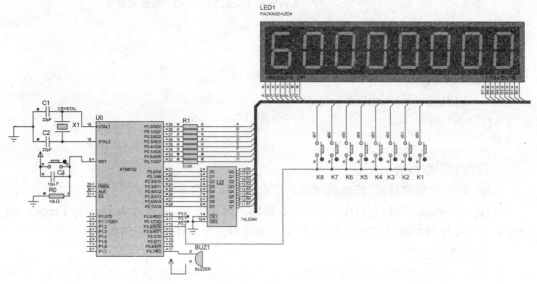

图 2-8-7　按键与 LED 位驱动共用 I/O 口线扫描的电路

相关实践

1. 电路设计

在 ProteusISIS 中绘制具有 8 位 LED 数码管和 8 个按键的单片机电路,如图 2-8-7 所示。图中元器件的清单见表 2-8-4 所示。建议打开前面项目的类似电路,然后以文件名 8-3.DSN 另存到本项目文件夹 P8-3 中,再进行适当修改,以省去相同电路的重复绘制工作。

注意:①各按键连线上添加与位扫描线相同的标签,实现与位扫描线连接。②实际电路中的 LED 位驱动大多采用驱动能力较强的 ULN2803,但因该器件仿真时显示结果不理想,故在仿真电路中改用 74LS540 代替,实际电路中仍应采用 ULN2803。

表 2-8-4　图 2-8-7 元器件清单

元器件编号	元器件型号/关键字	功能与作用
U1	AT89C51	单片机
U2	74LS540	八反相器,LED 位驱动
K1～K8	BUTTON	按键开关
R1～R7	330R	LED 限流电阻
LED1	7SEG－MPX8－CC－BLUE	7 段 8 位共阴蓝色数码管

2. 程序设计

程序流程见图 2-8-8,示例程序如下:
```
/* 与 LED 动态扫描共用 I/O 口的按键处理程序 */
# include <REG51.h>            // 标准 51 单片机头文件
```

```
#define uchar   unsigned char
#define PSEG P0                        // 段码输出口
#define PBIT P2                        // 位扫描输出口
uchar code LED[16] = {0x3F,0x06,0x5B,0x4F,0x66,0x6D,0x7D,
0x07,0x7F,0x6F,0x77,0x7C,0x39,0x5E,0x79,0x71};
uchar buff[8];                         // 存放8位显示数字的数组
sbit KTest = P3^2;                     // 按键公共端输入检测
sbit BEEP = P3^6;                      // 蜂鸣器
void delay(int ms);                    // 声明延时函数
/* 键盘扫描和显示函数 */
uchar DISPKEY(uchar * buff)
{
bit KEYDOWN;                           // 有键按下标识位
uchar i = 0,k = 0;
uchar P = 1;                           // P保存位输出码,起始值01
for (i = 0;i<8;i++)                    // 进行8位扫描输出
{
PSEG = 0;                              // 关段码输出
PBIT = 0xFF;                           // 位输出全1
if (KTest = = 0)KEYDOWN = 1;           // 经反相/器后 KTest = 0
                                       //   表示有键按下,标志
                                       //   置1
else KEYDOWN = 0;                      // 无键按下则标志清0
    PBIT = P;                          // 位扫描输出1位 PSEG =
                                       //   LED[buff[i]];
                                       // 向 PSEG 输出段码显示1
                                       //   位数字
delay(10);                             // 延时约10毫秒
KTest = 1;
// 输入口置1(准双向口输入时要求先置1)
if (KTest = = 0 && KEYDOWN)
// 再次确认有键按下
    {
    KTest = 1;                         // 输入口置1
    while(KTest = = 0){BEEP = 0;}
// 等待按键释放(驱动蜂鸣器)
    BEEP = 1;                          // 按键释放后停止蜂鸣器
    k = i + 1;                         // k记录键号
    }
    P<< = 1;                           // 左移1位扫描(驱动下一位)
}
return(k);                             // 返回所按下的键号k
}
```

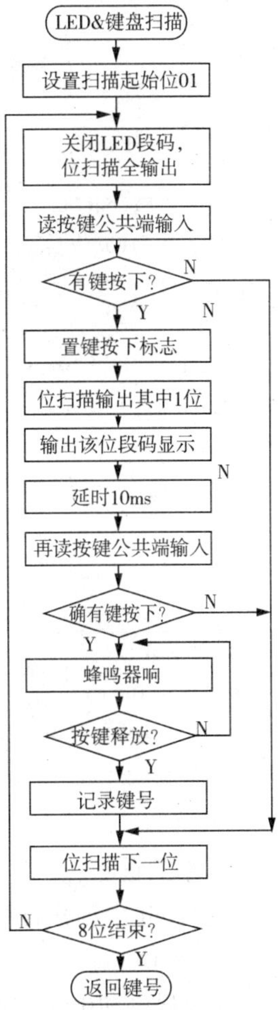

图 2-8-8　显示与按键扫描程序流程

```
/* 主函数 ,这里用来测试键盘扫描和显示函数 */
void main()
{
uchar KEY;
while(1)
{
KEY = DISPKEY(buff);          // 通过函数 DISPKEY()扫描显示 buff 的值,并返回按键值
if(KEY! = 0)buff[7] = KEY;     // 按键值送 buff[7],即 LED 最高位显示
switch(KEY)                     // 以下{ }中可根据需要写入各按键的操作指令
{
    case 1:{   } break;         // 按键 1 的操作
    case 2:{   } break;         // 按键 2 的操作
                                // - - - - - - - - -  此处省略一些按键的操作语句
    case 8:{   } break;         // 按键 8 的操作
    }
}
}
/* 延时函数 */
void delay(int ms)
{   unsigned int i = ms * 91;
for(;i>0;i--)    {;}
}
```

3. 程序的跟踪调试

(1)在 Keil 中创建目标,修改程序直到没有语法错误为止。

(2)进入 Debug 状态,进行单步、断点等跟踪。如果需要,还可以将 Keil 与 Proteus 结合起来进行程序和电路的联合仿真调试(可参照项目 2 中的任务 3 介绍的方法)。

4. 电路仿真运行

在 Proteus ISIS 中,将目标程序下载到本任务电路图的单片机中,按下任一按键,LED 最高位显示出该按键的键号。如果需要某按键执行其他操作,可以在源程序主函数的 switch 结构中,在该按键的 case 后输入所要执行的操作命令。

思考与练习

1. 在检测到按键按下后,为何还要延时 10~20ms 后再次确认按键按下?

2. 本项目中设计的数字显示和按键识别函数 DISPKEY(uchar * buff) 和延时函数 delay(uint ms)在后续项目中经常会用到,我们可用什么办法在后续项目中不必每次输入这些函数的定义,就能在自己的程序中调用该函数?

项目 9 电路板设计与制作

任务 1 印刷电路板设计

【学习目标】

(1)初步掌握利用 Proteus ARES 模块进行印刷电路板设计的方法和步骤。

(2)完成一个单片机简单应用电路板的设计。

工作任务

设计一个 51 单片机最小系统的印刷电路板。

相关知识

为了完整地完成整个单片机应用系统的开发,还需要设计制作印刷电路板以便安装焊接电路元件。Proteus 中将原理图设计模块 ISIS 与电路板设计模块 ARES 整合到一起,使得我们可以在原理图设计完毕后,即可在原理图的基础上,利用电路板设计模块 ARES 完成相应的印刷电路板设计。为此,我们要先了解一些印刷电路板的有关知识。

1. 印刷电路板的层

印刷电路板设计中涉及很多不同的层,主要包括:

(1)TOP Copper——顶层铜箔布线层 。

(2)BOTTOM Copper——底层铜箔布线层 。

(3)TOP Resist——顶层阻焊层和 BOTTOM Resist——底层阻焊层,以防止铜箔上锡,保持绝缘。

(4)TOP Mask——顶层锡膏层和 BOTTOM Mask——底层锡膏层,一般用于贴片元件的 SMT 回流焊过程时上锡膏。

(5)TOP Silk——顶层丝印层和 BOTTOM Silk——底层丝印层,放置各种丝印标识,如元件编号、字符、商标等。

(6)KEEPOUT——禁止布线层,该层绘出布线区域范围。

(7)Inner1~Inner14——内层,多层板中作为各信号层。

(8)Board EDGE ——边缘层,绘出电路板外形大小。

2. 印刷电路板设计时注意事项

(1)要根据印制线路板电流的大小选择合适的线宽,尽量加大地线和电源线宽度,减少环路电阻。接地线最好构成闭环路,高频元件周围尽量用栅格状大面环积地箔,可起到一定的屏蔽作用。

(2)尽可能缩短元器件之间的连线(尤其是高频信号),输入元件和输出元件应尽量远离,输入输出端的相邻导线应尽量避免平行,最好加线间地线。两相邻层的布线要互相垂直,以减少寄生耦合。

(3)一般应将数字地与模拟地分开。低频电路的地应尽量采用单点并联接地。高频电路宜采用多点串联接地。

(4)当电路板上同时有强电和弱电时,两者应尽量远离。当两线间电位差较高时,应加大它们之间的距离,以免放电引出意外短路。

(5)导线拐弯处一般取圆弧形,因为直角或夹角在高频电路中会影响电气性能。

(6)CMOS 的输入阻抗很高,且易受感应,因此对不用的端口不要悬空,可接地或接正电源。

(7)电源输入端最好跨接 $10 \sim 100\ \mu F$ 的电解电容器,对于集成电路芯片以及抗噪能力弱、关断时电源变化大的器件,应在芯片的电源线和地线之间布置一个 $0.01 \sim 0.1\ \mu F$ 的瓷片电容,以减少耦合。

相关实践

1. 在原理图设计 ISIS 中需要完成的工作(后处理)

下面以图 2-9-1 的电路原理图为例来说明操作过程,图中元器件的清单见表 2-9-1 所示。

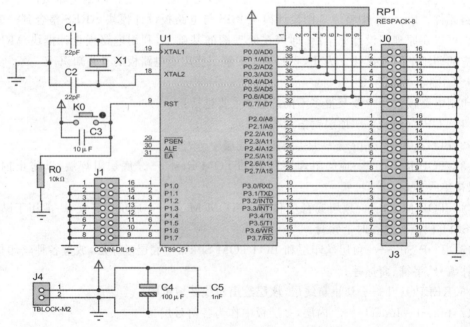

图 2-9-1　51 单片机最小系统电路原理图

表 2-9-1 图 2-9-1 元器件清单

	器件编号	器件型号/关键字	封装
单片机	U1	AT89C51	DIP40
晶振	X1	CRYSTAL	XTAL18
振荡电容	C1、C2	22pF	0603
上电复位电容	C3	10 μF	0805
去耦电容	C4	100 μF	ELEC-RAD25M
去耦电容	C5	1nF	0603
复位下拉电阻	R0	10kΩ	0805
P0 上拉排阻	RP1	RESPACK-8	RESPACK-8
复位按钮	K0	BUTTON	自定义或排除
P0~P3 接口	J0~J3	CONN-DIL16	CONN-DIL16
电源接口	J4	TBLOCK-M2	TBLOCK-M2

Proteus 中印刷电路板设计是在原理图设计的基础上进行的。为此,需要在原理图设计中做好以下工作:① 指定元件封装;② 给所有元件编号;③ 电气规则检查;④ 生成元件清单;⑤ 生成网络表,转入印刷电路板设计模块 ARES。

下面我们先按此步骤在 ISIS 中进行必要的操作。

(1)步骤 1:指定元件封装。

布置在电路板上的所有元件必须指定封装,可在原理图设计时通过元件属性对话框进行选择封装。Proteus 封装库中提供了大量的封装供选择。要注意很多器件,尤其是集成电路,同一型号可能存在不同外形封装,如单片机一般就有双列直插(DIP)和表贴()两大封装。如果遇到一个器件,Proteus 封装库中目前还没有提供相应的封装,就需要在ProteusARES 中通过工具 或 Library 菜单下的"Packaging Tool"自定义封装。由于篇幅限制,自定义封装的具体操作这里略去。还有一种情况,原理图中虽存在该器件,但属于通过导线连接而并不需要安置在电路板上。对这些器件,我们可在其属性中选择"Exclude from PCB layout",即从电路板上排除该元件(如图 2-9-2 所示)。

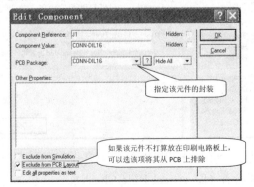

图 2-9-2 指定元器件的封装或从 PCB 上排除元器件

ISIS 后处理剩下的步骤都可通过 Tools 菜单下的下列菜单实现（见图 2 - 9 - 3）。

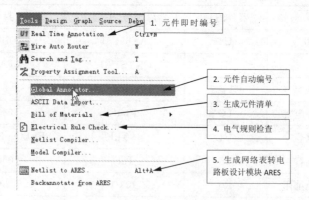

图 2 - 9 - 3　用 ISIS 的工具菜单完成后处理

（2）步骤 2：给所有元件编号（Global Annotator）。

在原理图设计中，常用以下 3 种方法给元器件编号：

① 打开 Tools 菜单的即时编号（Real Time Annotation）开关，在添加元件时由系统按添加的先后顺序自动编号。

② 在添加元件时先关闭（Real Time Annotation）开关，使得每个元件暂时用字母后跟"?"预编号（默认情况下，电容用字母 C，电阻用字母 R，集成电路用字母 U 开头）。绘制完毕后，利用 Tools 菜单下的"Global Annotator"对所有元件统一自动编号，这样可以按元件在图中的位置自动编号，使得元件编号更加有序。

③ 利用 Tools 菜单下的"Property Assignment Tool"（属性分配工具）重新进行编号。例如要重新给电路中的多个接插件按 J0、J1 的顺序编号，可在"Property Assignment Tool"的 String 栏中输入"REF＝J♯"（见图 2 - 9 - 4 所示），其中"J"表示编号的首字母，"♯"表示递增的数字。然后按顺序单击需要编号的各接插件，即可将这些元件按单击顺序重新编号。

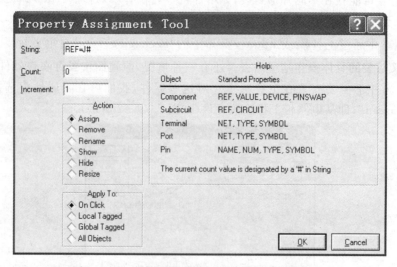

图 2 - 9 - 4　利用属性分配工具自动快速添加标签

（3）步骤 3：电气规则检查（Electrical Rule Check）。

此步骤主要是检查电路中有无输入引脚悬空、输出短路等现象，并产生相应的报告。

（4）步骤 4：生成元器件清单（Bill of Materials）。

自动生成本设计中的元器件清单（可以根据需要选择 HTML、TXT、CSV 等不同的输出格式）。

（5）步骤 5：生成网络表，转 ARES（Netlist to ARES）。

选择此项后，将生成网络表（网络表包含了电路元件编号、封装以及各元件相互连接的信息，是原理图与印刷电路板图联系的桥梁），然后自动转入 ARES 模块，开始编辑印刷电路板文件（默认文件名与原理图同名，扩展名为 .LYT）。

2. ARES 的基本操作

如果在原理图设计时有些元器件没有指定封装或指定的封装不存在，则在进入 ARES 时会显示对话框（见图 2-9-5 所示），可在此从封装库中选定封装或选定 Skip 跳过该元器件的封装。

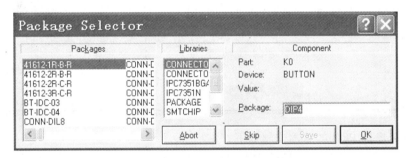

图 2-9-5　进入 ARES 时为元件选择封装

ARES 的常用设计工具如图 2-9-6 所示，ARES 常用设计工具分类见表 2-9-7 所示。

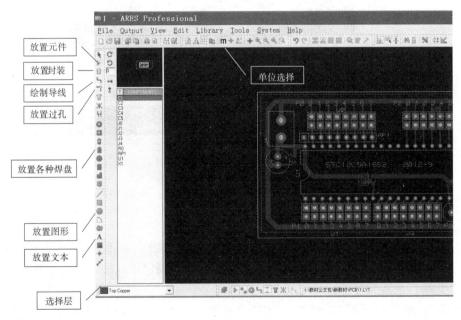

图 2-9-6　ARES 常用设计工具

表 2-9-7　ARES 常用设计工具

文件		新建/打开/保存/导入
显示		刷新/翻转/栅格/层/单位制/坐标原点/
编辑		撤销/恢复/复制/移动/转动/删除/挑选/创建/编辑元件封装
层设计		查找/自动命名/自动布线/规则检查/规则管理
选择过滤		
放置		选择/元件/封装/导线/过孔/敷铜/修改连线/高亮显示连接
焊盘		各种焊盘
图形		图形/文字/符号/标记/测距

用 ARES 设计 PCB 的基本步骤如下。

(1)步骤 1：在 Board Edge 层绘出电路板大小范围(见图 2-9-8 所示)，具体操作如下。

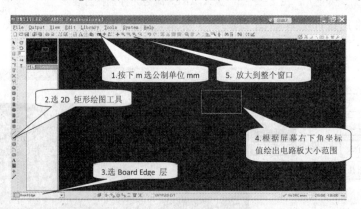

图 2-9-8　ARES 操作步骤 1

① 选长度单位(这里按下 m,选择公制单位 mm)。

② 选 2D 矩形工具。

③ 在层选择列表中选 Board Edge(边缘层)。

④ 根据屏幕右下角所指示的坐标值,用鼠标绘出电路板大小,例如 70×50mm。

⑤ 再单击"Zoom To View Entire Board"按钮,将所划定区域放大到整个窗口。

(2)步骤 2：放置元器件。

① 选 Tools 菜单下的"AutoPlace"(自动放置),出现下列"Auto Placer"对话框(如图 2-9-9所示),根据需要设置或取默认值后单击"OK"按钮,自动将电路中的元器件放入电路板。

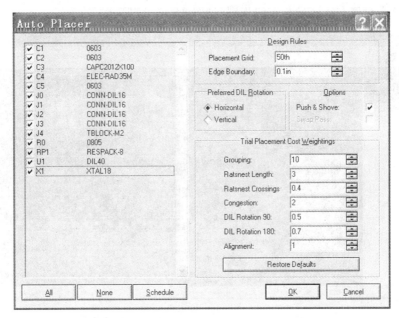

图 2-9-9 ARES 操作步骤 2 之确定要放置的元器件

② 手工调整元件布局(见图 2-9-10 所示),用鼠标选中元件后拖动位置,或利用快捷菜单进行旋转等操作,使元器件间的连线(未布线前显示为飞线)尽可能短。默认情况下,元件都放置在顶层 Top Copper,故常称为元件面。如果是表贴元件,要考虑放在哪一面,这里为方便焊接,将表贴电容和电阻改到底面(右击元件后,快捷菜单选 X-Mirror 或 Y-Mirror 将其翻转到底面 Bottom Copper(又称焊接面)),翻转后这些表贴元件的焊盘由橙色(橙色表示位于元件面)变成蓝色(蓝色表示位于焊接面)。

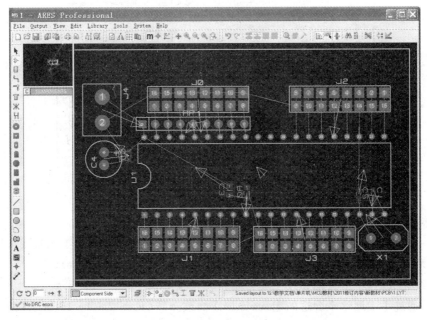

图 2-9-10 ARES 操作步骤 2 之调整元器件布局

（3）步骤 3：设置布线区域与布线规则（见图 2-9-11 所示）。

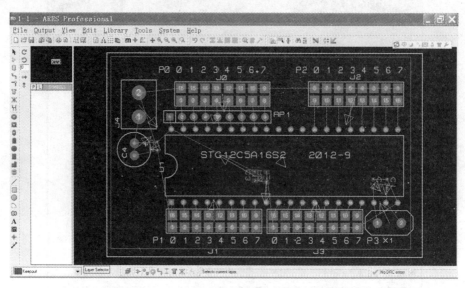

图 2-9-11　ARES 操作步骤 3 之确定布线范围

我们先选择 2D 绘图工具，在 Keepout 层绘出布线区域（Keepout 层默认为橙色线框），再通过 System 菜单下的"Default Design Rules"（见图 2-9-12 所示）设置默认布线规则，包括焊盘、导线的间距等。

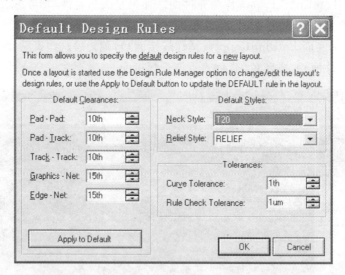

图 2-9-12　ARES 操作步骤 3 之设定布线规则

（4）步骤 4：布线。

布线一般包括手工预布线、自动布线、手工调整布线三个步骤。手工预布线多用来对电路板布闭环地线和电源线，此时尽量选较大的线宽（见图 2-9-13 所示）。

预布线完成后，单击自动布线工具开始自动布线（见图 2-9-14 所示）。

最后，通过手工删除不合适的走线，添加或修改布线（见图 2-9-15 所示），例如，这里可将 TOP 层的走线删除，改走 Bottom 层，制成单面印刷电路板。

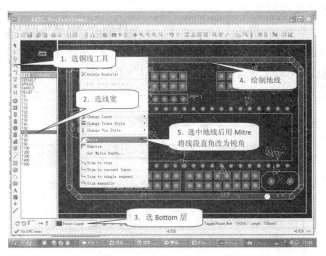

图 2-9-13　手工预布地线环路

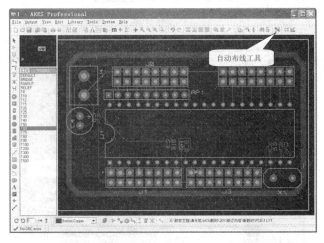

图 2-9-14　单击自动布线工具进行自动布线

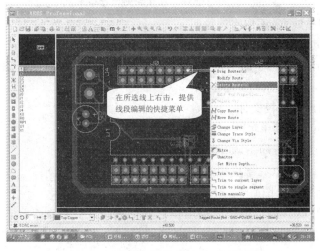

图 2-9-15　通过快捷菜单手工调整布线

（5）步骤 5：布线规则检查。

如果我们在 Tools 菜单的"Design Rule Manager"中选中了"Enable design rule checking?"选项（见图 2-9-16 所示），则如果电路板上存在违反设计规则的问题（如间隔小于规则规定的下限等），ARES 窗口左下角会显示"DRC Error"的提示，单击此提示，会弹出一个 DRC 错误报告窗口，给出错误的具体信息，如图 2-9-17 所示。

图 2-9-16 设计规则管理器

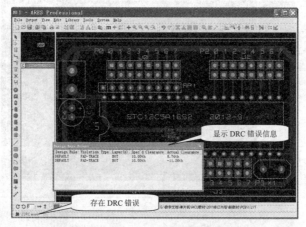

图 2-9-17 设计规则检查结果

（6）步骤 6：调整线宽，添加字符说明。

如果需要，还可以通过修改默认线宽，调整电路板中的整体线宽；或通过手工调整个别导线线宽；还要利用工具栏中的字符工具，在电路板的丝印层为电路板添加必要的字符标记或说明（见图 2-9-18 所示）。

（7）步骤 7：输出电路板文件。

最后，通过 Output 菜单可输出多种格式的文件，常用的有：

（1）BitMap（电路板布局图，如图 2-9-19）。

（2）3D Visualizision（三维虚拟布局图，如图 2-9-20 所示）。

（3）Gerber（标准光绘图）。

Gerber 格式在 PCB 制造中一般被用作行业标准格式。按图 2-9-21 进行有关选择后，单击 OK 可以生成 CAD/CAM 输出文件（即 Gerber 格式），交 PCB 制作厂家进行制版。

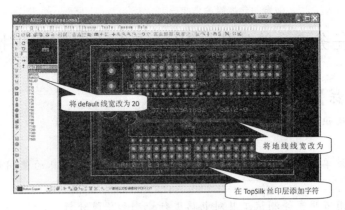

图 2-9-18 修改线宽,添加字符标记

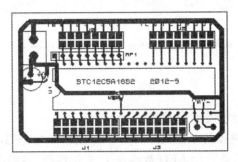

图 2-9-19 电路板布局图

图 2-9-20 3D 虚拟布局图

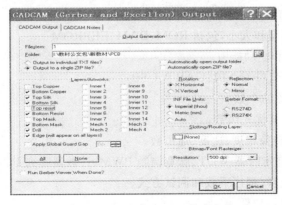

图 2-9-21 生成 Gerber 格式文件

任务 2　单片机应用电路板的安装和焊接

【学习目标】

（1）完整地认识一个真实单片机应用电路，了解电路中各元件的作用、参数以及封装等相关知识。

（2）通过对该单片机应用电路的安装焊接，掌握常用焊接工具的使用和电路元件焊接工艺。

（3）学习使用万用表等测试工具对电路进行检测和故障分析。

工作任务

完成一个实际单片机应用电路板的硬件安装、焊接、检测。

相关知识

1. 典型单片机应用电路图的识读

图 2-9-22 是一款典型的单片机开发实验板电路，该电路以 51 单片机为核心（实际采用了 STC12C5A16S2），具备 8 位 LED 数码显示、6 位按键、多路 I/O 接口、RS232/RS485/光隔离电流环/USB 接口等功能，可以利用 RS232 接口进行 ISP 程序下载。此外还提供了蜂鸣器、LED 指示灯、继电器、RTC 实时时钟、光隔离双向可控硅等外围器件。图中元器件的清单见表 2-9-2 所示。该电路可以用于多种用途的智能控制装置，包括本书中的各个应用项目。

2. 元器件知识

认识单片机应用系统中各种元器件，了解其功能、电路符号、型号、参数、封装方面的知识是从事仪器仪表和自动化装置开发、调试、维护工作的必不可少的一项基本技能。

选择单片机芯片，主要考虑因素有：

（1）字长。有 8、16、32 位，根据计算精度要求选择。

（2）片内资源。尽量使所选芯片内可以包含所需的全部功能，以简化外围电路、降低成本、提高可靠性。目前常要考虑的内置部件有：

① 片内存储器类型和大小，包括 ROM、RAM、EEPROM。

② GPIO 口数量和驱动能力。

③ 总线和通信接口（I^2C、SPI、UART、USB）。

④ 定时器/计数器的个数。

⑤ 中断源个数及其优先级数。

⑥ A/D 和 D/A 转换精度、速度、通道数。

⑦ 其他，如看门狗定时器 WDT、脉宽调制 PWM、计数器阵列 PCA 等。

（3）开发工具与资料、程序下载和调试方式。

（4）封装、工作电压、功耗。

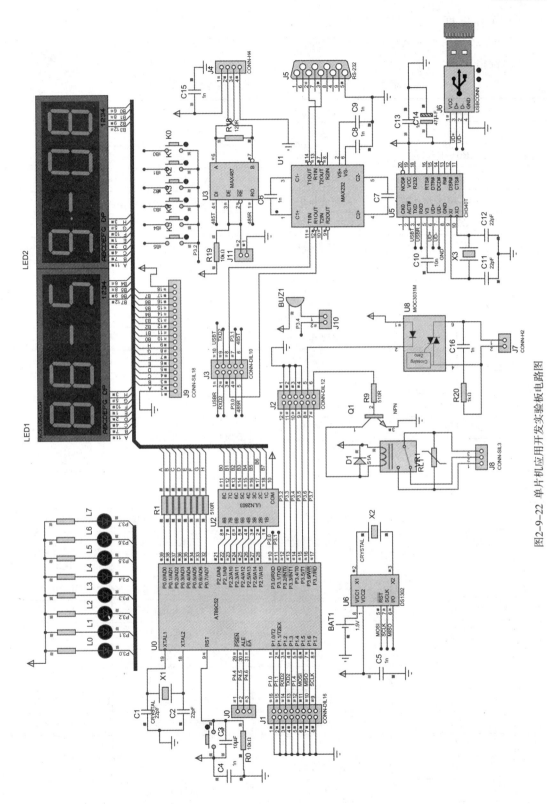

图2-9-22 单片机应用开发实验板电路图

（5）工作温度范围等级。如商业级（0℃～70℃）、工业级（－40℃～85℃）、汽车级（－40℃～120℃）、军工级（－55℃～150℃）等。

（6）价格。

表 2-9-2　单片机开发实验板元器件的清单

类别	电路标号	作　用	型号/参数	封　装
电阻	R0	下拉电阻	10kΩ	0805
	R0～R7	限流电阻	330Ω	0805
	R9,R10～R17	限流电阻	1kΩ	0805
电容	C0,C4,C10,C13,C15	高频去耦电容	0.1μF(104)	0805
	C6～C9	升压电容	1μF(105)	0805
	C1,C2	单片机振荡电容	22pF	0603
	C3	上电复位	10μF(106)	0805
	C14	低频去耦电容	47μF/16V	
IC	U0	51系列单片机	STC12C5A16S2	DIP40
	U1	TTL/232电平转换	MAX232	DIP16
	U2	8达林顿驱动	ULN2803	DIP18
	U3	TTL/485电平转换	SN75176	DIP8
	U5	USB接口电路	CH340T	SSOP20
	U6	RTC时钟	DS1302	SOP8
	U8	光隔双向晶闸管	MOC3061	DIP6
晶体管	Q1	继电器驱动三极管	NPN型8050	SOT23
	D1	续流二极管	1N4007	SOT214
	L0～L7	发光二极管	Φ3mm 红/绿/黄/蓝	LED－RAD3
	LED1,LED2	0.36"4位共阴数码管	SR42036	自定义
接插件	J0	单排＊3插针	P4.4～P4.6输入/输出	SIL3
	J1	双排＊8插针	P1口输入/输出	DIL16
	J2	双排＊6插针	P3口输入/输出	DIL12
	J3	双排＊5插针	串口选择跳线	DIL10
	J4	单排＊4插针	RS－485接口	SIL4
	J5	串口DB9插座	RS－232接口	D－09－M－R
	J6	D型USB插座	USB接口(兼电源)	USB－B－S－TH
	J7	KF－2P接线端子	晶闸管输出接口	2EDG＊2
	J8	KF－3P接线端子	继电器输出接口	2EDG＊3
	J9	单排＊18插针	P0和P2口输入/输出	SIL18
	J10	单排＊2插针	蜂鸣器开关跳线	SIL2
	J11	单排＊2插针	RS－485发送/接收跳线	SIL2

（续表）

类别	电路标号	作　用	型号/参数	封　装
其他	RL1	继电器	SRD－05VDC－SL－C	自定义
	X1	单片机时钟晶振	11.0592MHz	HC－49S
	X2	RTC 时钟晶振	32768Hz	CSA－310
	X3	USB 接口芯片晶振	12MHz	HC－49S
	K0～K5	小型按键开关	输入指令	自定义
	BUZ1	蜂鸣器	HYDZ－5V	自定义

相关实践

1. 实践环境和设备要求

① 单片机应用 PCB 板。

② 电烙铁和恒温焊台、镊子、吸锡器、焊锡丝等常用焊接工具。

③ 万用表、IC 起拔器等常用工具。

2. 认识元器件

对照原理图、电路板图和元件实物,明确各元器件的作用、参数、封装、极性和安装位置。

① 功能（参考原理图）。

② 外形封装（如 DIP40（Dual ln－line Package）、SOP24（SmallOutlinePackage）、0805 等）。

③ 参数值（如 331、105），前两位表示有效数字,第 3 位表示后跟 0 的个数。331 表示 330,105 表示 10×10^5。

④ 焊接位置（参见电路板图）。

⑥ 方向（IC 插座）或极性（LED、电解电容、蜂鸣器）。

3. 焊接工具与焊接技术

目前电子元器件的焊接主要采用锡焊技术。锡焊技术采用以锡为主的锡合金材料作焊料,在一定温度下焊锡熔化,金属焊件与锡原子之间相互吸引、扩散、结合,形成浸润的结合层。

（1）锡焊接的条件

焊件表面应清洁,油垢、锈斑会影响焊接。能被锡焊料润湿的金属才具有可焊性。对表面易于生成氧化膜的材料,可以借助于助焊剂,先对焊件表面进行镀锡浸润后,再进行焊接。要有适当的加热温度,使焊锡料具有一定的流动性,才可以达到焊牢的目的,但温度也不可过高,过高时容易形成氧化膜而影响焊接质量。

电子产品研发试制阶段基本都采用手工焊接,主要工具是电烙铁。电烙铁的种类很多,有外热式、内热式、感应式、储能式及调温式多种,电功率从 15W 到 300W 不等,主要根据焊件大小来决定。一般小型元器件的焊接以 20～30W 电烙铁为宜。对表贴元件,最好采用防静电恒温焊台。

（2）防静电恒温焊台 936B（见图 2－9－23 所示）操作说明：

① 温度控制旋钮转至 200℃位置。

② 连接好电烙铁和控制台。

③ 接上电源,打开开关,电源指示灯 LED 即发亮。

图 2 - 9 - 23　防静电恒温焊台 936B

④ 温度控制旋钮转至适合温度位置。温度太低会减缓焊锡的流动,温度过高则会把焊锡中的助焊剂烧焦而转为白色浓涸,造成虚焊或烧伤电路板,一般使用温度为 270℃~320℃。

(3)焊接前的准备工作

新的烙铁头或已氧化的烙铁头在正式焊接前应先进行镀锡处理。方法是将烙铁头用细砂纸打磨干净,然后沾上松香和焊锡在硬物(例如木板)上反复研磨,使烙铁头端部全部镀上锡。焊接过程中若发现烙铁头上有污垢时,可以将烙铁头在湿海绵上擦去这些污垢。

(4)焊接操作要点

① 焊接时不是将焊锡沾在烙铁头上再去点元件和焊盘,而是按图 2 - 9 - 24 所示步骤操作。

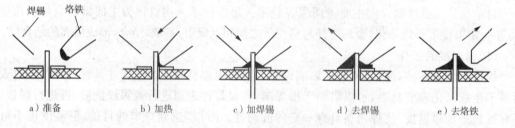

图 2 - 9 - 24　手工焊接步骤

● 焊接时烙铁头先靠在焊盘和元件引脚上使之加热。
● 将焊锡丝点涂在焊盘上,靠焊件温度融化焊锡并润湿焊件。
● 适当用锡后移开焊锡丝。
● 稍后移开烙铁头。

② 注意温度和时间控制。温度偏低或时间过短,焊锡不能充分融化并润湿焊件,易造成虚焊。温度过高或时间偏长,易损坏元件或使焊盘铜箔脱落。

③ 用锡量适中。焊锡量应适中且均匀,焊点四周完整(如图 2 - 9 - 25 中图所示)。

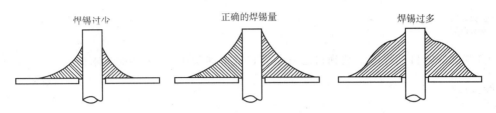

图 2 - 9 - 25　焊锡用量(左图:偏少;中图:合适;右图:过多)

（5）元器件焊接顺序及方法

① 表贴元件的焊接（先进行）

对引脚较少的表贴分立元件，一般先在一个焊盘上镀锡，用镊子将元件放在合适位置后（对有极性的元件，如二极管、三极管、电解电容等不可将极性位置放反），用镊子夹住元件，焊上一点使之位置固定后，再焊上其他各点即可。表贴 IC 的引脚多而密，焊接要复杂一些。基本步骤如下：

● 焊接之前先在焊盘上涂上助焊剂，目的主要是增加焊锡的流动性，这样焊锡可以用烙铁牵引，并依靠表面张力的作用，光滑地包裹在引脚和焊盘上。

● 用镊子小心地将芯片放到 PCB 板上，使其与焊盘对齐，要保证芯片的放置方向正确。把烙铁的温度调到 300℃左右，将烙铁头尖沾上少量的焊锡，用镊子向下按住已对准位置的芯片，先焊接两个对角位置上的引脚，使芯片固定。在焊完对角后重新检查芯片的位置是否对准。

● 开始焊接所有的引脚时，应在烙铁尖上加上焊锡，将所有的引脚涂上焊剂使引脚保持湿润。用烙铁尖接触芯片每个引脚的末端（点焊法），或用烙铁牵引焊锡到各引脚（拖焊法）。在焊接时要调到合适的温度（一般 300℃～320℃），并防止因焊锡过量发生搭接。必要时用铜丝带吸掉多余的焊锡，以消除搭接。

② 插入式元件的焊接

对插入式元件，一般是从元件面插入，从焊接面进行焊接。为防止焊接时元件插入深度变化造成高度不整齐，可以用另外一块板从元件面压住元件并用夹子夹住，再从焊接面逐个焊接。显然，这种方法应按元件高度从低到高逐层安装焊接，即先插入高度低的元件，焊接完成后再插入高度高一些的元件进行夹持和焊接，最后焊接最高的元件。

（6）完成焊接后的检查

① 用放大镜检查焊点，用万用表检查主要端点（如电源和地线），不要有虚焊和短路现象。

② 检查完成后用硬毛刷浸上酒精沿引脚方向仔细擦拭，从电路板上清除焊剂。

注意：目前多数焊锡中含有铅、锡等有害金属，焊接后应先洗手再拿食物。

任务3　程序移植与下载

【学习目标】

（1）学会在不同单片机型号和不同硬件电路之间进行程序移植。

（2）学习将目标程序下载到单片机片内的方法。

工作任务

将调试好的目标程序下载到自己安装焊接的电路板中,实现功能要求。

相关知识

由于 EDA 软件仿真模型不可能很全,往往实际使用的单片机芯片与仿真时采用的型号有些出入,如本次实训采用的 STC 系列单片机,是在 51 内核的基础上,内部扩展了一些功能,但 ProteusISIS 没有提供该系列的仿真模型,故我们在电路和程序仿真时可以借用 89C52 的模型,然后设法将源程序进行一些移植工作后再进行目标程序的构造和下载,以适合实际所采用的芯片。

注:对汇编语言编写的源程序要求两者指令系统必需兼容,而 C 语言程序可以在不同指令系统的单片机之间移植。

移植方法如下:

1. 包含合适的头文件(.h)

各种单片机和可编程器件都会由厂家提供一些关于定义片内资源或某些特定功能的过程(子程序或函数)的头文件,在用户程序中用包含指令将有关的头文件包含到自己程序中,即可在程序中使用这些符号和过程。

例如,为了使用 STC 系列单片机的内部资源,应在程序开始处用包含指令 ♯include "stc12. h"代替原来的 reg51. h,该头文件中定义了 STC12 系列单片机的 SFR。

如果电路中还使用了其他芯片,例如时钟芯片 DS1302,则应用 ♯include "DS1302. h"将该头文件(其中包含了对芯片 DS1302 的各种定义和函数)包含进来。若芯片厂商提供的有关函数是放在 .C 文件中的,则应将该 .C 文件添加到工程中。

2. 根据实际硬件电路重新定义 I/O 口线

根据电路实际情况,重新定义 I/O 口线。例如,在原仿真电路中用 P3.6 驱动蜂鸣器,所以程序中用 sbit BEEP＝P3^6。现实际电路板中蜂鸣器用 P3.4 驱动,这时就需改为sbit BEEP＝P3^4。

3. 程序中正确调用函数

即使是相同的功能,不同芯片头文件或 .C 文件所提供的函数也可能存在着差异,所以更换头文件后,要根据现有文件提供的函数,明确其功能、入口和出口参数后正确加以调用。

相关实践

1. 目标程序下载

在软件集成开发环境下构造目标,排除语法错误,通过调试排除逻辑错误后,最终需要通过一定的方法将目标程序下载到单片机的程序存储器中,常用方法有:

(1)使用编程器。主要是针对一些不支持 ISP 的老型号单片机。

(2)使用 ISP 下载。目前大多数单片机都支持某种方式的 ISP,为此,需要相应的 ISP 下载电缆(接口方式有 LPT、COM、USB 等)和配套的 ISP 软件。如对 AT89S 系列单片机可采用 ATMEL 公司提供的 LPT 或 USB 接口的电缆和程序 AT89ISP 进行程序下载。

STC 单片机可以利用普通的 RS－232 电缆连接 PC 机和单片机系统的 RS－232 接口，通过宏晶公司提供的 STC－ISP 程序进行程序下载。操作界面和操作步骤如下(如图 2－9－26所示)。

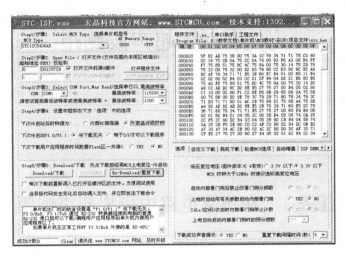

图 2－9－26　STC 单片机 ISP 下载软件操作界面

步骤 1:选择单片机型号。

步骤 2:打开所要写入芯片的目标文件(. HEX)。

步骤 3:选择 COM 口和波特率,可根据 RS－232 电缆所连接的 PC 机串口号(可以在 PC 机的设备管理器－端口中查看通讯端口的序号)选择(一般为 COM1～COM4),波特率可以取默认值。

步骤 4:设置选项,主要根据电路采用的是外部晶振还是内部 RC 振荡器选择。

步骤 5:开始下载,单击下载按钮,然后根据屏幕提示给单片机上电。下载失败或成功,均会显示有关信息。

思考与练习

1. 试用 Proteus 设计一单片机最小系统的印刷电路板,并回答下面的问题:

(1)使用 ARES 设计印刷电路板需要在 ISIS 中完成哪些工作?

(2)在双面印刷电路板设计中,要涉及哪些层? 各层的作用是什么?

(3)用 ARES 设计印刷电路板的基本步骤有哪些? 设计完成后,应向 PCB 制作厂家提供什么格式的文件?

2. 一贴片电阻上标有 104 字样,该电阻的阻值为多少? 如果是电容上标有 104 字样,其电容量是多少?

3. 仔细阅读电路图 2－9－22,说明其中各元件的作用,并完成该电路的安装和焊接。

4. 将一个采用 AT89C51 单片机的仿真项目程序移植、下载到采用 STC12C5A16S2 单片机的实际电路板上,我们需要做哪些工作?

5. 从所完成的仿真项目中选择一个比较实用的项目,将程序移植、下载到自己所完成的单片机开发实验板中,实现一个智能装置的功能。

项目 10 超声波测距

任务 1 在仿真电路中模拟超声测距

【学习目标】

(1)利用单片机定时器门控方式实现时间(脉宽)的精确测量。

(2)学习在 Proteus 中层次电路、子电路的用法。

工作任务

在 Proteus 中模拟超声波测距的工作。

相关知识

很多物理量的测量依赖于时间的精确测量,如脉宽、周期、频率、速度、转速、距离等。

超声测距就是利用测出超声波的传播时间来得出距离,其原理是:超声波在空气中以速度 v 定向传播,遇到障碍物时会产生反射波传回来,若测得超声波来回传播的时间 t,即可根据 $S = vt/2$ 得出距离,从而实现对距离的非接触测量。测量时,单片机周期性地向超声模块发出触发脉冲,使得超声模块通过发射探头发出一个由若干脉冲组成的超声波信号,遇到障碍反射回来的反射波被接收探头接收后,由模块内的接收电路形成一输出脉冲,其脉宽等于超声波往返所用的时间 t。我们只要测出该脉宽 t,即可根据 $S = vt/2$ 计算出距离 S,如图 2-10-1 所示(注:声波在空气中的速度 v 约为 340m/s,并与温度有关,为提高测量精度,计算时可根据环境温度进行适当补偿)。

为了精确地测出超声模块输出的脉宽,我们可以利用单片机定时器的门控方式,将超声模块输出的脉冲接单片机的外部中断引脚(例如 INT1),该脉冲上升沿启动定时器 T1 工作,下降沿停止定时器 T1 工作并触发 INT1 中断,在 INT1 中断中所记得的定时器 T1 时间即为该脉宽 t。

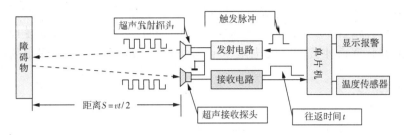

图2-10-1 超声波测距的工作原理示意图

相关实践

1. 电路设计(如图 2-10-2)

由于 Proteus 中没有提供超声模块的模型,我们可以利用 Proteus 的层次电路功能,添加一个子电路模拟超声模块 HC-SR04,子电路的创建方法如下:

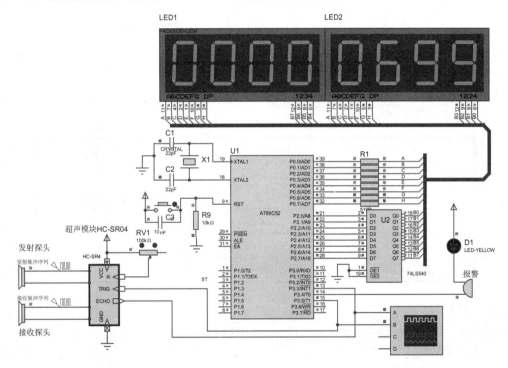

图2-10-2 模拟超声波测距的仿真电路

(1)单击子电路模型 ▦ ,在电路中划出矩形方框,双击该方框,在"name:"后输入子电路名称(如:HC-SR04)。

(2)右击子电路,在快捷菜单中选"Add Moudle Port",为子电路分别添加几个端口。

(3)右击子电路,在快捷菜单中选"Go to Child Sheet",打开子电路编辑窗口,按图绘制子电路内部原理图(如图 2-10-3 所示),该子电路为一个利用 555 集成块构成的单稳触发器,并用 Teminal 工具为该子电路内添加几个端口,名称和类型与刚才子电路外部添加的端口相同(见表 2-10-1 所示)。绘制完毕后,按 PgUp 键返回父电路。该子电路是一个脉宽可调的单稳触发器,当触发端 TRIG 输入一个脉冲(宽度>20 μs)后,输出端 ECHO 将输出一个正脉冲,其脉宽由外接的可变电阻 R 调节,以模拟超声模块对不同距离产生的不同脉宽。

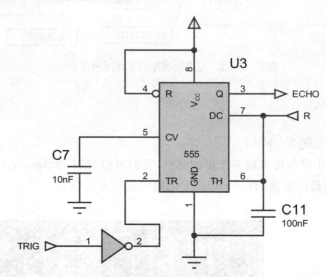

图2-10-3 脉宽可调的单稳触发器作为模拟超声模块的子电路

表 2-10-1 子电路的端口属性

类 型	名 称	作 用
INPUT	TRIG	触发脉冲输入端
INPUT	R	可变电阻输入端
OUTPUT	ECHO	回波脉宽输出端
POWER	V_{cc}(可省略)	电源 V_{cc}
GROUND	GND(可省略)	地 GND

2. 程序设计

主程序与中断程序流程(见图 2-10-4 所示)如下:

```
/* 超声测距 2011-9-2 */
#include <reg51.h>              // 包含标准 51 头文件
#define uchar unsigned char
uchar  code LED[17] = {0x3F,0x06,0x5B,0x4F,0x66,0x6D,0x7D,
0x07,0x7F,0x6F,0x77,0x7C,0x39,0x05E,0x79,0x71,0x40};      // 7 段 LED 字形码
unsigned int T;                 // 超声波来回时间
unsigned int S;                 // 测距结果
uchar ct;                       // 报警声延时计数
// sbit RUN = P1^0;
sbit BEEP = P3^4;               // 声光报警
sbit TRIG = P3^5;               // 触发信号
```

```
void delay_10 μs(unsigned int us10);void delay(unsigned int ms);
void disp(unsigned long n);
/* 主程序, */
void main()
{uchar i;
TMOD = 0x91 ;    // T1 - 16 位门控定时方式
EA = 1; EX1 = 1;  ET0 = 1;   // 允许 INT1 和
                              T0 中断
IT1 = 1;      // INT1 下降沿触发中断
PX1 = 1;      // INT1 为高优先级
PT0 = 1;      // T0 为高优先级
TR1 = 1;      // 启动 T1
TRIG = 1;
delay_10 μs(5);      // 输出 50 μs 触发
                      脉冲
TRIG = 0;
while (1);
}
/* INT1 中断服务程序 */
void INT1_int() interrupt 2
{ uchar i;
    T = (TH1 * 256 + TL1) * 1.085;     // 11.0592MHz 晶振,机器周期 1.085 μs
TH1 = 0;TL1 = 0;                        // T1 门控方式测出 INT1 引脚 ECHO 脉宽 T
S = T * 0.342 /2 ;                      // 计算距离
if (S<500){TR0 = 1; } else {TR0 = 0;BEEP = 1;}      // 距离<500mm 报警
for(i = 0;i<50;i + +) disp(S);     // 显示测量结果
TRIG = 1;
delay_10 μs(5);
TRIG = 0;                              // 输出 50 μs 触发脉冲
}
/* T0 中断服务程序 */
void T0_int() interrupt 1
{
if ( - - ct = = 0)
{
if(BEEP){BEEP = 0;ct = 1; }         // 蜂鸣器发声
else {BEEP = 1;ct = 1 + S/100;}     // 发声间隔(与 S 成正比,S 越小节奏越快)
}
}
/* 延时函数 ,对于 12MHz 晶振,入口参数为延时微秒值/10 */
void delay_10 μs(unsigned int μs10)
{
for(;μs10>0;μs10 - -);
```

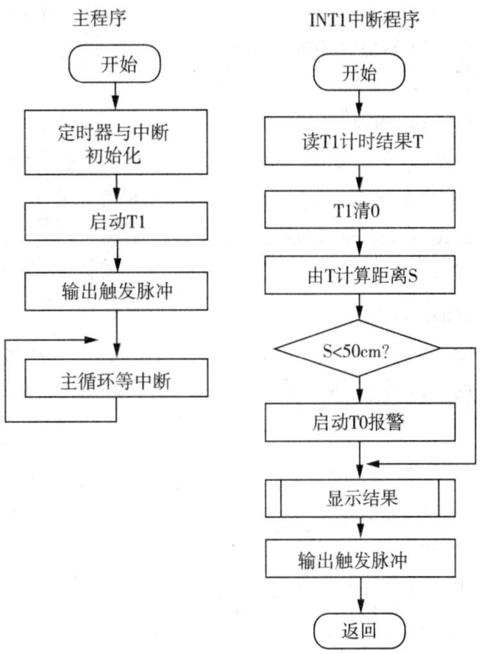

主程序

```
   开始
    │
┌─────────┐
│定时器与中断│
│ 初始化  │
└─────────┘
    │
┌─────────┐
│  启动T1 │
└─────────┘
    │
┌─────────┐
│输出触发脉冲│
└─────────┘
    │
┌─────────┐
│主循环等中断│
└─────────┘
```

INT1中断程序

```
   开始
    │
┌──────────┐
│读T1计时结果T│
└──────────┘
    │
┌──────────┐
│  T1清0   │
└──────────┘
    │
┌──────────┐
│由T计算距离S │
└──────────┘
    │
  ◇ S<50cm? ◇
    │
┌──────────┐
│ 启动T0报警 │
└──────────┘
    │
┌──────────┐
│  显示结果  │
└──────────┘
    │
┌──────────┐
│输出触发脉冲 │
└──────────┘
    │
   返回
```

图 2 - 10 - 4 程序流程

```
}
/* 延时函数 ,对于 12MHz 晶振,入口参数为延时毫秒值 */
void delay(unsigned int ms)
{ unsigned int i = ms * 91;
for(;i>0;i--) ;
}
/* 显示函数,将 long 形参数 n 扫描显示在 8 位 LED 上 */
void disp(unsigned long n)
{
uchar i,d;
P2 = 1;                          // 从最低位开始扫描显示
for(i = 0;i<8;i++)
{
d = n % 10;n = n / 10;           // 分离出 1 字节
P0 = LED[d];                     // 送显示
delay(1);                        // 延时 1ms
P0 = 0; P2<< = 1;                // 左移 1 位显示
}
}
```

3. 程序的跟踪调试

(1)在 Keil 中创建目标,修改程序直到没有语法错误为止。

(2)进入 Debug 状态,进行单步、断点等跟踪。如果需要,还可以将 Keil 与 Proteus 结合起来进行程序和电路的联合仿真调试(可参照项目 2 中的任务 3 介绍的方法)。

4. 电路仿真运行

(1)Proteus 电路中下载目标程序后,启动电路仿真。

(2)打开示波器窗口,可以看到触发脉冲和待测脉冲,LED 显示测出的距离。

(3)单击电位器两端的红点以调整阻值,模拟超声模块输出脉宽的变化,LED 显示出距离的变化结果(见图 2-10-5 所示)。

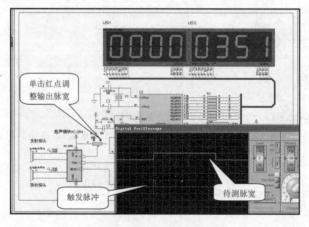

图 2-10-5　电路仿真运行结果

任务 2 制作实际的超声波测距装置

【学习目标】

学习利用单片机定时器门控方式实现时间(脉宽)的精确测量。

工作任务

设计制作一个真实的超声测距装置。

相关知识

1. 超声测距模块

HC−SR04 超声波测距模块可提供 2～400cm 的非接触式距离感测功能。测距精度可达到 3mm;模块包括超声波发射器、接收器与控制电路。其基本工作原理如下:

(1)采用 I/O 口 TRIG 触发测距,给至少 10 μs 的高电平信号。

(2)模块自动发送 8 个 40kHz 的方波,自动检测是否有信号返回。

(3)有信号返回,通过 I/O 口 ECHO 输出一个高电平,高电平持续的时间就是超声波从发射到返回的时间。测试距离=(高电平时间×声速(340m/s))/2。

相关实践

1. 电路连接

硬件采用项目 9 完成的单片机应用开发板。

将超声模块 HC−SR04(如图 2 - 10 - 6 所示)的 4 个引脚通过杜邦线连接到单片机开发板的对应插针上:

(1) +5V 和 GND 接单片机开发板的 +5V 和 GND。不得接反,否则可能烧坏超声模块。

(2)单片机输出的触发信号(根据程序中定义的触发信号输出引脚:sbit TRIG = P3^5;)将 P3.5 接超声模块的 Trig 输入端。

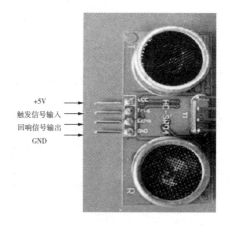

+5V
触发信号输入
回响信号输出
GND

图 2 - 10 - 6 超声模块 HC−SR04

(3)超声模块的回响信号 ECHO 接单片机的 INT1(P3.3)。

2. 源程序修改与创建目标程序

由于项目 9 中制作的单片机应用开发板采用的是 STC12 系列的单片机,源程序开始应将"#include <reg51. h>"替换为"#include <STC12. h>",以便可以使用该系列单片机扩展的特殊功能寄存器。

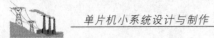

需要在主函数开始部分添加引脚配置指令，以增强单片机 P0 和 P2 端口的驱动能力，直接驱动 LED 数码管。

```
P0M1 = 0x00；P0M0 = 0xFF；                    // STC 单片机引脚配置 P0、P2 强推挽输出
P2M1 = 0x00；P2M0 = 0xFF；
```

修改程序后，需要重新创建目标程序。

3. 目标程序下载

按项目 9 中的任务 3 介绍的方法，将 RS－232 电缆连接 PC 机和单片机开发板的 RS－232 插座，通过 STC－ISP 软件将目标程序下载到单片机的程序存储器中。

4. 运行测试

系统上电后，改变超声模块到障碍物的距离，观察单片机开发板上的数字显示，当距离很近时，会发出报警声。

思考与练习

1. 简述超声波测距的基本原理。
2. 如何利用 51 单片机定时器的门控方式实现脉宽的测量？
3. 在模拟超声波测距的仿真电路中，我们用什么方法来模拟一个输出脉宽可变的超声模块？
4. 尝试用项目 9 完成的单片机开发实验板和超声模块 HC－SR04 实现一个真实的超声波测距装置。

项目 11 单片机串行口的应用

【学习目标】

(1)了解串行通信的基本概念,掌握串行口的结构和工作原理。

(2)掌握串行口初始化设定与控制的步骤和方法。

(3)掌握串行通信 C 语言程序设计的基本步骤和方法。

(4)掌握 ISIS 中虚拟终端的使用方法。

(5)了解串行口功能扩展方法。

(6)熟悉常见串行通信接口规范。

任务 1 通过串行口发送数据块

工作任务

利用 MCS—51 串行口以 9600bps 的波特率连续发送包含 128 个字节的数据块。

相关知识

1. 数据通信方式

数据通信方式分为并行通信与串行通信(图 2 - 11 - 1 所示)。

(1)并行通信

一次传输多位数据(8/16、32bit),需 8 根数据线,1 根控制线,1 根状态线,1 根地线,共 11 根线。优点是速度快,适合近距离传输。

(2)串行通信

利用口线电平的高低表示"1"或"0",数据一位一位地发送,需一根发送线,一根接收线和 1 根地线,共 3 根线。特点:硬件简单,适合距离近、速度要求不高的场合,在数据采集和控制系统中得到了广泛的应用。

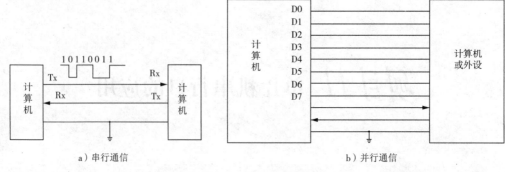

a）串行通信　　　　　　　　　　　　b）并行通信

图 2-11-1　通信方式

串行通信双方必须协调好以下问题：

① 何时开始，通常口线电平变化（高电平→低电平），即表示通信开始。

② 数据收发的速度，双方按照相同的时间间隔读取口线的状态，即相同的波特率 bps。

③ 每次收发多少位数据帧格式。

2. 串行通信种类

不同分类标准就有不同的类型。

（1）按收发时钟获得的方式可分为同步通信和异步通信。

① 同步通信：以一串字符为一个传送单位（帧），字符间不加标识位，在一串字符开始用同步字符标识，接收方从同步标识符中找出时钟信号（波特率），其特点是传送速度快，硬件要求高，通讯双方须严格同步。

② 异步通信：以字符为传送单位用起始位和停止位标识，每个字符的开始和结束字符间隔不固定，只需字符传送时同步，每一位的间隔相同并且收发双方要提前约定。

本书今后讨论的内容限定串行异步通信。

（2）按串行数据传送方向和时间可分为单工通信、半双工通信和全双工通信。

① 单工通信：同一时刻数据单向传送。

② 半双工通信：数据可分时双向传送。

③ 全双工通信：可同时进行发送和接收。

异步通信的双方需要提前约定相同的帧格式和波特率，否则双方之间无法进行通信。

帧格式：一帧字符位数的规定，即数据位、校验位、起始位和停止位。如图 2-11-2 所示。

图 2-11-2　串行异步帧格式

波特率：对传送速率的规定，即每秒传送多少位数据。当前通信领域，国际上对波特率的采用有一个统一的标准，国际上规定的标准波特率系列为 110、300、600、1200、1800、2400、4800、9600、19200bps 等（若采用 RS—422、RS—423、RS—485 标准，最高可达 2Mbps），用户在实际应用中可以从中选取其中一种作为自己的波特率。

通信双方距离较远需要进行信号调制解调，通信双方是异种设备时需要按照标准的通信接口（RS232、RS485）进行匹配。

3.MCS—51 串行口

MCS—51 拥有一个全双工通信接口,有 4 种不同的工作方式,可以作为通用异步接收、发送(URAT)和同步移位寄存器,通过对特殊功能寄存器(SFR)SCON、PCON、波特率发生器(T1)的设置,确定其工作方式、帧格式和波特率,收发的数据存放在读写数据缓冲器(SBUF)。

(1)串行口编程一般步骤

① 通过 SCON 设定串口工作方式。

② 中断允许寄存器 IE 的相关设置(若采用中断方式进行通信,应设 EA=1;ES=1;)。

③ 波特率发生器 T1 的设定与启动。

(2)串行口收发条件

① 发送的条件:波特率发生器工作,发送缓冲区空(TI=0)。

② 接收的条件:波特率发生器工作,接收缓冲区空(RI=0),允许接收(REN=1)。

4.C51 串行口编程要点

(1)串行口的初始化,对 SCON 赋值,以确定工作方式。

(2)依据波特率要求,设置 T1 工作在自动重装载模式下的初值,启动 T1。

(3)通过 SBUF 进行单字节数据的收发,也可利用循环结构进行批量数据的收发。

(4)实际上,在 C51 库函数中定义的 I/O 函数都是通过串行口实现的,可以直接调用 C51 库函数中的 I/O 函数实现串行口的收发,只需要在头文件中包括<stdio.h>即可。

函数 putchar(char)的功能是通过 MCS—51 的串行口输出一个字符;函数_getkey()的功能是从 MCS—51 的串行口接收一个字符并且返回该字符。采用 I/O 函数方法通过串行口收发数据,优点是用法简单、程序可读性强,缺点是生成的目标代码较长。

相关实践

1. 电路设计

(1)在 ISIS 中按照图 2-11-3 所示绘制电路图(或从现有类似电路图修改另存),保存到指定 ..\P11-1 文件夹。因与前面项目基本相同,这里略去元器件清单。

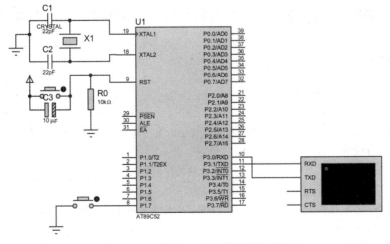

图 2-11-3　串行口发送数据块仿真电路

(2)为测试通信功能,需要在电路中添加虚拟终端。点击虚拟仪表模型工具(virtual In-struments Mode),添加"虚拟终端"(VIRTUAL TERMINAL),双击虚拟终端设定串行通信的波特率和帧格式(通信双方需一致)。这里按图 2-11-4 所示设置为波特率 9600、数据位 8、校验位 NONE、停止位 1。

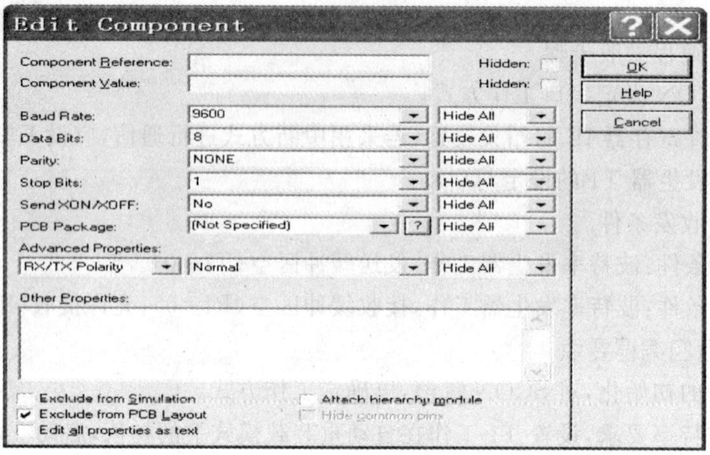

图 2-11-4　虚拟终端的属性设置

2. 程序设计

程序主要包括:

(1)串行口初始化函数 Com_ini(int baud)

T1 作为波特率发生器工作在 8 位自动重装载方式,依据波特率的要求计算出 T1 的初值;TH1＝TL1＝256－11059200/baud/384;设定串行口工作为方式 1,不接收数据。

(2)主函数(流程图见 2-11-5 所示)

首先在 RAM 的 0x80～0xFF 区域(注:必须选 52 系列单片机,51 单片机无此区域)填入 0x00～0x7F 共 128 个数据;调用 Com_ini(int baud)完成串行口初始化;利用循环结构调用系统函数 putchar(必须在程序中包含头文件＜stdio.h＞),实现数据的串行发送。

参考程序:

```
/ * * * * * * *串行口发送数据块的C程序* * * * * * * * * *
* */
# include ＜reg52.h＞
# include ＜stdio.h＞            // 包含 stdio.h 文件
sbit S = P1^7;
void Com_ini(int baud)          // 串口初始化函数
{
TMOD = 0x20;                    // T1 模式 2 作为波特率发生器
TH1 = TL1 = 256 - 11059200/baud/384;
TR1 = 1;                        // 启动 T1 波特率发生器
```

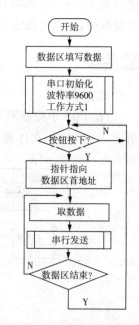

图 2-11-5　主程序流程

```
SCON = 0x40;                          // 8 位 UART,模式 1,不接收数据
}
// 主函数
void main(void)
{
unsigned char i;
unsigned char idata * p = 0x80;       // 定义数据指针 p 指向发送缓冲区(idata 区:0x80~0xFF)
for(i = 0;i<128;i++)                  // 在发送缓冲区中填入"0~7F" 128 个数据
{ * p++ = i;}
Com_ini(9600);                        // 串口初始化
TI = 1;                               // 使用 putchar 函数必须先将 TI 置 1
while(! S)                            // 若按钮按下
{
for(p = 0x80;p<0xff;p++)              // 利用循环结构
{putchar( * p);}                     // 调用库函数 putchar() 发送字符
}
}
```

3. 程序的跟踪调试

(1)在 Keil 中创建目标,修改程序直到没有语法错误为止。

(2)进入 Debug 状态,进行单步、断点等跟踪。如果需要,还可以将 Keil 与 Proteus 结合起来进行程序和电路的联合仿真调试(可参照项目 2 中的任务 3 介绍的方法)。

4. 仿真运行

(1)将创建的目标程序图 2 - 11 - 1. HEX 下载到仿真电路的单片机中。

(2)启动仿真,右击虚拟终端窗口(如果虚拟终端窗口被关闭,可以在 Debug 菜单中重新打开)。选择"Hex Display Mode",以十六进制方式显示(否则将以 ASCII 码方式显示)。

(3)每次按下按钮,虚拟终端窗口将显示从单片机串行口所发送出的数据(见图 2 - 11 - 6 所示)。

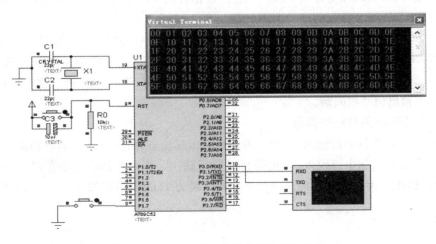

图 2 - 11 - 6 串行口发送数据块仿真结果

思考与练习

1. 串行口有几种工作方式？如何设定？
2. 串行口初始化的主要步骤有哪些？
3. T1 定时计数器的初值如何计算？
4. 如果"虚拟终端"帧格式与 MCS—51 单片机串行口的帧格式不同，能否接收数据？

任务 2　通过串行口输出扩展 I/O 口

工作任务

利用 MCS—51 串行口扩展驱动多位 LED 数码管，交替显示 2 组 4 位数据。

在单片机系统中，数码管（LED）是一种常用的显示器，对于显示位数较少的电路设计简单，占用 CPU 资源也较少。对于多位 LED 数码管的显示，即使采用 LED 的动态扫描驱动，由于单片机本身提供的 I/O 口有限，有些场合亦不能满足要求。因此，采用串入并出方法，即数据串行进入、并行输出，只需利用 3 根口线和串入并出芯片，就能实现多位 LED 数码管的驱动和显示。该系统组成具有硬件结构简单、软件编程方便、价格低廉等特点，在车站、银行的显示屏中经常用于时间、利率的显示等。

相关知识

1. MCS—51 系列串行口模式 0

串行口模式 0 是同步移位寄存器模式。在同步移位时钟 TX(P3.1) 控制之下，移入或移出 8 位数据。当 CPU 从串行缓冲寄存器（SBUF）读入数据时，用 RXD(P3.0) 作为移入数据的接收端，向串行缓冲寄存器（SBUF）输出数据即对 SBUF 赋值时，用 RXD(P3.0) 作为发送移位数据端，同步移位的波特率 $B- f_{osc}/12$。

因此，当需要扩展一个并行口，就可以外接一个串入并出的芯片，通常这种扩展是能级联的，常用串入并出的芯片有 74HC595、CD4094、74LS164 等。它们的工作原理都是利用移位寄存器，只是 74HC595 有专门控制输出数据更新的信号 STCP(12 脚)，这样可以避免在更新过程中输出信号的闪动。

2. 74HC595 串入并出寄存器

74HC595 是 8 位串行输入/输出或者并行输出移位寄存器，其输出具有高阻关断状态。它的特点是：8 位数据串行输入，8 位串行或并行输出，具有存储状态寄存器，三种状态输出寄存器，最高可达 100MHz 的移位频率。其封装为 16DIP，引脚如表 2-11-1 所示。

表 2－11－1　HC595 引脚定义

符　号	引　脚	描　述
Q0···Q7	15,1,2,3,4,5,6,7	并行数据输出
GND	8	地
Q7'	9	串行数据输出
MR	10	主复位(低电平)
SH_{CP}	11	移位寄存器时钟输入
ST_{CP}	12	存储寄存器时钟输入
OE	13	输出有效(低电平)
D_S	14	串行数据输入
V_{CC}	16	电源

当 MR 为高电平,OE 为低电平时,数据在 SHCP 上升沿进入移位寄存器,在 STCP 上升沿输出到并行端口。

由于 HC 系列芯片的驱动能力较强,因此可以经 330Ω 的限流电阻直接与共阳 7 段 LED 数码管连接,采用静态驱动显示方式,无需频繁扫描 LED,软件设计十分简单。

相关实践

1. 电路设计

(1)按照图 2－11－7 所示创建电路图设计文件,文件名为电路 11－2. DSN,保存到 .. \ P11－2\文件夹。图中器件的清单见表 2－11－2 所示。

表 2－11－2　元器件清单

器件编号	器件型号/关键字	功能与作用
U1～ U4	HC595	串入并出
U5	AT89C52	单片机
LED1～LED4	7SEG－COM－AN－GRN	7 段绿色数码管

(2)按照图 2－11－7 所示电路图进行连接,P3.2 引脚作为 HC595 并行数据输出更新的信号线,RXD 连接到最高位 U4 串行数据输入 D_S 端(14 脚),U4 串行数据输出(9 脚)接到 U3 的数据输入 D_S 端,TX 连接到 74H595 的 SH_CP 端。为了简化起见,U1、U2、U3 和 U4 的限流电阻均省略了,但是不影响仿真效果。在实际电路中应当根据 LED 要求保留限流电阻。

(3)电路中仅画出了四片 74HC595,实际上,可以仿照电路的结构继续级联下去,从而满足室内显示多位数码管的需求,此系统具有硬件结构简单、软件编程方便、价格低廉等特点,在车站、银行的显示屏中经常用于时间的显示。

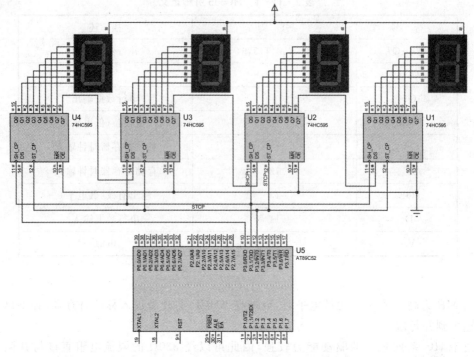

图 2 - 11 - 7 串行口扩展并行口原理图

当然,级联过多,单片机引脚的驱动能力有限,会导致移位时钟信号(SHCP)和输出更新信号(STCP)信号不稳定,此时就要加上驱动电路了。

2. 程序设计

(1)在 Keil 中创建工程,保存在 ..\P11-2\文件夹之下;选择芯片 89C52。

(2)设置工程目标属性。

(3)编写相应的 C 程序。

C 语言程序说明:

在 led[]数组中定义"0~F"共计 16 个数字的共阳 LED 段选码,数组 led[]变量存储位置定义在代码段,通过下标对应到数组的元素,再查到对应的段选码,例如"5"→led[5]→0x92。

sendchar(unsigned s)函数实现通过串行口发送一个字节的数据,数据发送低位在前,高位在后;数码管交替显示"3210"和"8951"。

```
/ * * * * * * *串行口扩展并口驱动多位 LED 数码管参考程序 * * /
# include <reg52.h>
# include <stdio.h>                    // 包含 stdio.h 文件
/ * * * * *定义控制位 * * * * * * * * * * * * * * * * * * /
sbit    STCP = P3^2;                   //
void sendchar()
{
SBUF = s;
while(! TI){;}
```

```
TI = 0;
}
/ * * * * * * * * * * * * * 主函数 * * * * * * * * * * * * * * * * * /
void main(void)
{
unsigned char i; unsigned int j;
unsigned char code led[] = {0xC0,0xF9,0xA4,0xB0,0x99,0x92,0x82,0xF8,
                   0x80,0x90,0x88,0x83,0xC6,0xA1,0x86,0x8E};
/ * * * * * 定义共阳 LED 的段选码放在 ROM * * * * * * * * * * * * /
unsigned char idata * p = 0x80;        // 定义数据指针 p 指向发送缓冲区(idata 区)
SCON = 0;                              // 串行口工作在模式 0
while(1)
{
for(i = 0;i<10;i + +)
{
  * p+ + = i;                          // 填写 10 位"9876543210"数字到显示缓冲区
  }
  p = 0x80;                            // 指向显示缓冲区低地址
for(i = 0;i<4;i + +)
{sendchar(led[ * p+ +]);  }
  STCP = 0;                            // 令 595 更新显示
  STCP = 1;                            // 令 595 更新显示
   for(j = 0;j<40000;j+ +);           // 交替显示"8951"
sendchar(led[1]);                      // 低位在前
    sendchar(led[5]);
    sendchar(led[9]);
    sendchar(led[8]);                  // 高位在后
  STCP = 0;
  STCP = 1;
  for(j = 0;j<40000;j+ +){;}           // 软件延时
  }
}
```

3. 程序的跟踪调试

(1)在 Keil 中创建目标,修改程序直到没有语法错误为止。

(2)进入 Debug 状态,进行单步、断点等跟踪。如果需要,还可以将 Keil 与 Proteus 结合起来进行程序和电路的联合仿真调试(可参照项目 2 中任务 3 介绍的方法)。

4. 电路仿真运行

(1)将创建的目标程序 P11 - 2.HEX 下载到仿真电路的单片机中。

(2)启动仿真,观察运行结果。

思考与练习

1. 将 sendchar 函数中的 TI＝0；语句注释，查看仿真结果，请解释现象产生的原因。

2. 在不变动硬件的条件下，要实现倒序显示"1598"，软件如何调整？（体现灵活性）

3. 要求增加一位 LED，要求输出"89C51"字样，请修改 ISIS 的设计和软件。

任务 3　　单片机远程通讯

工作任务

单片机利用 RS—485 接口实现与其他远距离设备之间的数据接收与转发。

相关知识

1. RS－485 串行总线接口

单片机与其他系统之间的通讯由于距离较长，不能直接通过 TTL 电平传输，而要通过一定的通信接口，通讯双方需要遵守统一的规范，为此相关国际组织颁布的多种串行通讯的接口标准，如 RS—232、RS—485、USB 等，只要两个设备都遵循某一个共同的接口标准，它们之间就可以直接连接相互通讯。接口电路属于物理层，采用不同的接口对程序设计没有直接影响，只要双方遵从相同的通信协议，通信程序对各种接口都适用。

在工业现场环境下，由于电磁环境较为恶劣，存在各种各样的干扰，RS—232C 的抗干扰性和传输距离均不能满足工业应用的要求。在自动化领域，随着分布式控制系统的发展，迫切需要一种总线能适合远距离的数字通信，RS—485 总线标准就是这样一种支持多节点（32 个）、远距离和接收高灵敏度的数字通信标准（如图 2－11－8 所示）。它具有以下特点：

图 2－11－8　RS－485 总线在两单片机之间传输数据

（1）采用平衡驱动器和差分接收器的组合，采用屏蔽双绞线传输，抗共模干扰能力增强，即抗噪声干扰性好。

（2）RS—485 的数据最高传输速率为 10Mbps。

（3）RS—485 的电气特性为逻辑"1"以两线间的电压差为＋（0.2～6）V 表示，逻辑"0"以两线间的电压差为－（0.2～6）V 表示。接口信号电平比 RS—232—C 低，不易损坏接口电路的芯片，且该电平与 TTL 电平兼容，可方便与 TTL 电路连接。RS—232 与 RS—485 主要参数对比见表 2－11－3 所示。

（4）RS—485 接口的最大传输距离标准值约为 1200 米（根据传输速率等参数的不同而不同），总线上允许连接多个收发器（32 个，取决于芯片自身的驱动能力），即具有多站能力，这样用户可以利用单一的 RS－485 接口方便地建立起通信网络。

表 2－11－3　RS－232 与 RS－485 主要参数对比

接口标准	RS－232	RS－485
传输方式	全双工	半双工
工作方式	单端	差分
节点数	1 收 1 发	1 发 32 收
理论传输距离	15 米	1200 米
最大传输速率	20Kb/s	10Mb/s

因 RS－485 接口具有良好的抗噪声干扰性、长的传输距离和多站能力等优点,因此使其成为首选的串行接口。许多智能仪器设备均配有 RS—485 总线接口,将它们联网也十分方便。

当然,由于单片机引脚输入输出一般为 TTL 电平,需要通过相应的转换芯片实现 TTL－RS—485 的转换,如 MAX487、MAX1487、SN75176、SN75179 等。

相关实践

1. 设计说明

为了实现两个设备之间的远程通讯,利用 ISIS 的虚拟终端(VIRTUAL TERMINAL)作为通讯发送数据的一方,通过芯片 SN75179 转换为 RS－485 信号,经双绞线与接收方连接,同样接收方通过芯片 SN75179 转换为 TTL 信号发送到单片机串口,单片机在收到数据之后,经加"1"处理,再由串口发送到另一虚拟接收端,以便观察程序工作是否正常。

2. 电路设计

电路如图 2－11－9 所示,单片机通过 RS－485 接口与其他设备之间发来数据。TTL－RS—485 电平转换芯片采用的是 SN75179。图中元器件的清单见表 2－11－4 所示。

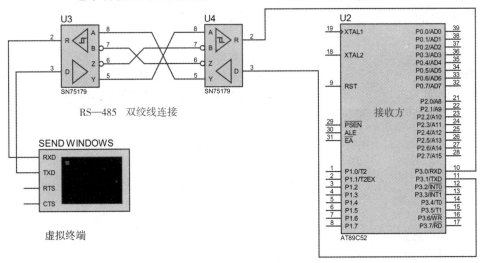

图 2－11－9　RS－485 串口通信仿真

表 2-11-4 元器件清单

元器件编号	器件型号/关键字	功能与作用
U3～U4	SN75179	RS485 接收和发送驱动
U2	AT89C52	单片机

3. 程序设计

C 语言程序说明：

主函数完成串行口的初始化，接收方的数据接收和加"1"转发均由中断函数完成。

这里采用的是直接通过 SBUF 进行串行数据收发，没有使用系统 I/O 函数来进行数据收发，故不需要包含头文件 stdio.h。

```c
/* *参考程序    * */
#include <reg52.h>              // 包含特殊功能寄存器库
unsigned char idata * p;        // 定义数据指针 p,指向 idata 区的无符号字符
void sr_int() interrupt 4       // 串口中断函数
{
   unsigned  char c;
   if (RI){                     // 如果是接收中断
   c = SBUF;                    // 接收 1 数据
   RI = 0;                      // 清标志
    *p = c;                     // 保存到接收数据区
   if(p = = 0x90){p = 0x80;}
   SBUF = c + 1 ;               // 处理、回发原数 + 1
}
   if(TI){TI = 0;}              // 等待发送完成后,清除发送完成标志 TI
}
void main(void)                 // 主函数
{
p = 0x80;                       // 指定数据接收区
SCON = 0x50;                    // 串口初始化,允许发送和接收
TMOD = 0x20;                    // T1 工作于方式 2(8 位自动重载方式)
TH1 =  TL1 = 256 − 11059200/2400/384;; // 按 2400 波特率计算出的初值
EA = 1;                         // 总中断允许
ES = 1;                         // 串行口中断允许
TR1 = 1;                        // 启动 T1
while(1){;}                     // 任务完成,等中断
}
```

4. 程序的跟踪调试

(1)在 Keil 中创建目标,修改程序直到没有语法错误为止。

(2)进入 Debug 状态,进行单步、断点等跟踪。如果需要,还可以将 Keil 与 Proteus 结

合起来进行程序和与电路的联合仿真调试(可参照项目 2 中的任务 3 介绍的方法)。

5. 电路仿真运行

(1)将创建的目标程序 P11－3. HEX 下载到仿真电路的单片机中。

(2)启动仿真,在虚拟终端窗口右击鼠标,选"Echo Type Characters"回显所键入的字符。然后在虚拟终端窗口键入数字或字符,将会发现总是在键入字符后收到另一个字符(ASCII 码为键入字符的 ASCII 码＋1),如图 2－11－10 所示。

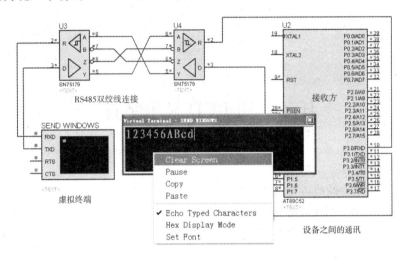

图 2－11－10　通过 RS－485 数据收发仿真结果

思考与练习

1. 试比较 RS—232 接口与 RS—485 接口的特点。

2. 调换 RS—485 双绞线的接法 485＋——485＋,对通讯有何影响?

项目 12 液晶显示器的应用

任务 用 LCD 显示字符

【学习目标】

(1) 了解 LCD 显示器的工作原理、种类、特点。

(2) 掌握图形点阵 LCD 的编程使用方法。

(3) 理解 LCD 显示模块命令的种类、功能及使用方法。

工作任务

在 LCD 上显示 "Hello!" 和 "Nice to see you!"。

相关知识

1. 液晶显示器简介

在单片机的人机交互界面中,一般的输出方式有以下几种:发光二极管、LED 数码管、液晶显示器。发光管和 LED 数码管比较常用,本书在前面对此已介绍过,在此只介绍液晶显示器(LCD)的应用。

液晶是一种具有规则性分子排列的有机化合物,它既不是液体也不是固体,而是介于固态和液态之间的物质。它具有电光效应和偏光特性,这是它能用于显示的主要原因。液晶显示的原理是利用液晶的物理特性,通过电压对其显示区域进行控制,有电就有显示,这样便可以显示出图形、字符等。目前已经被广泛应用在便携式电脑、数字摄像机、移动通信工具等众多领域。

在单片机系统中,使用液晶显示器作为输出器件有以下优点:

(1) 显示质量高

液晶显示器每个点在收到信号后一直保持那种色彩和亮度,恒定发光,而不像阴极射线管显示器(CRT)那样需要不断刷新新亮点。因此,液晶显示器画质高且不会闪烁。

(2) 数字式接口

液晶显示器都是数字式的,与单片机系统的连接更加简单可靠,操作也更加方便。

（3）体积小、重量轻

液晶显示器通过显示屏上的电极控制液晶分子状态来达到显示目的，在重量上比相同显示面积的传统显示器要轻得多。

（4）功耗低

相对而言，液晶显示器的功耗主要消耗在其内部的电极和驱动 IC 上，因而耗电量比其他显示器要少得多。

液晶显示器的种类有很多，通常可按其显示方式分为段式、字符式、点阵式等。下面以 1602 字符型 LCD 来做介绍。

2. 1602 字符型 LCD

字符型液晶显示模块是一种专门用于显示字母、数字、符号的点阵式 LCD，目前常用 16×1，16×2，20×2 和 40×2 行等模块。下面以 1602 字符型液晶显示器为例，介绍其用法。一般 1602 字符型液晶显示器实物如图 2-12-1 所示。

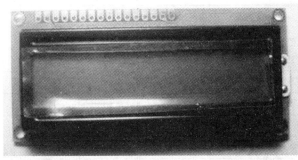

图 2-12-1　1602 字符型液晶显示器实物图

1602LCD 分为带背光和不带背光两种，带背光的比不带背光的厚，是否带背光在应用中并无差别。下面分几个方面对其进行介绍。

（1）主要技术参数

显示容量为 16×2 个字符；芯片工作电压为 $4.5 \sim 5.5 \text{V}$；工作电流为 $2.0 \text{mA}(5.0 \text{V})$；模块最佳工作电压为 5.0V；字符尺寸为 $2.95 \times 4.35 (W \times H) \text{mm}$。

（2）引脚功能说明

1602 LCD 采用标准的 14 脚（无背光）或 16 脚（带背光）接口，各引脚接口的说明见表 2-12-1 所示。

第 1 脚：V_{SS} 为地电源。

第 2 脚：V_{DD} 接 5V 正电源。

第3脚:VL为液晶显示器对比度调整端,接正电源时对比度最弱,接地时对比度最高,对比度过高时会产生"鬼影",使用时可以通过一个10kΩ的电位器调整对比度。

第4脚:RS为寄存器选择,高电平时选择数据寄存器,低电平时选择指令寄存器。

第5脚:R/W为读写信号线,高电平时进行读操作,低电平时进行写操作。当RS和R/W共同为低电平时可以写入指令或者显示地址,当RS为低电平、R/W为高电平时可以读忙信号,当RS为高电平、R/W为低电平时可以写入数据。

第6脚:E端为使能端,当E端由高电平跳变成低电平时,液晶模块执行命令。

第7~14脚:D0~D7为8位双向数据线。

第15脚:背光源正极。

第16脚:背光源负极。

表 2 - 12 - 1　1602 引脚接口的说明

编 号	符 号	引脚说明	编 号	符 号	引脚说明
1	V_{SS}	电源地	9	D2	数据
2	V_{DD}	电源正极	10	D3	数据
3	VL	液晶显示偏压	11	D4	数据
4	RS	数据/命令选择	12	D5	数据
5	R/W	读/写选择	13	D6	数据
6	E	使能信号	14	D7	数据
7	D0	数据	15	BLA	背光源正极
8	D1	数据	16	BLK	背光源负极

(3)指令说明

1602液晶模块内部的控制器共有11条控制指令,如表2-12-2所示。

表 2 - 12 - 2　1602 液晶模块的控制指令

序 号	指 令	RS	R/W	D7	D6	D5	D4	D3	D2	D1	D0
1	清显示	0	0	0	0	0	0	0	0	0	1
2	光标返回	0	0	0	0	0	0	0	0	1	*
3	置输入模式	0	0	0	0	0	0	0	1	I/D	S
4	显示开/关控制	0	0	0	0	0	0	1	D	C	B
5	光标或字符移位	0	0	0	0	0	1	S/C	R/L	*	*
6	置功能	0	0	0	0	1	DL	N	F	*	*
7	置字符发生存储器地址	0	0	0	1	字符发生存储器地址					
8	置数据存储器地址	0	0	1	显示数据存储器地址						
9	读忙标志或地址	0	1	BF	计数器地址						
10	写数到 CGRAM 或 DDRAM)	1	0	要写的数据内容							
11	从 CGRAM 或 DDRAM 读数	1	1	读出的数据内容							

1602 液晶模块的读写操作、屏幕和光标的操作都是通过编程来实现的（说明：1 为高电平、0 为低电平）。

指令 1：清显示，指令码 01H，光标复位到地址 00H 位置。

指令 2：光标复位，光标返回到地址 00H。

指令 3：光标和显示模式设置。I/D 表示光标移动方向，高电平右移，低电平左移；S 表示屏幕上所有文字是否左移或者右移。高电平表示有效，低电平则无效。

指令 4：显示开关控制。D 表示控制整体显示的开与关，高电平表示开显示，低电平表示关显示；C 表示控制光标的开与关，高电平表示有光标，低电平表示无光标；B 表示控制光标是否闪烁，高电平闪烁，低电平不闪烁。

指令 5：光标或显示移位。S/C 表示高电平时移动显示的文字，低电平时移动光标。

指令 6：功能设置命令。DL 表示高电平时为 4 位总线，低电平时为 8 位总线；N 表示低电平时为单行显示，高电平时双行显示；F 表示低电平时显示 5×7 的点阵字符，高电平时显示 5×10 的点阵字符。

指令 7：字符发生器 RAM 地址设置。

指令 8：DDRAM 地址设置。

指令 9：读忙信号和光标地址。BF 为忙标志位，高电平表示忙，此时模块不能接收命令或者数据；如果为低电平表示不忙。

指令 10：写数据。

指令 11：读数据。

液晶显示模块是一个慢显示器件，在执行每条指令之前一定要确认模块的忙标志为低电平，即不忙，否则此指令失效。要显示字符时要先输入显示字符地址，然后再输入需要显示的内容。

（4）内部显示地址（如图 2-12-2 所示）。

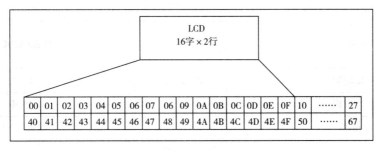

图 2-12-2　1602 的内部显示地址

由图 2-12-2 可见：第二行第一个字符的地址是 40H，那是否直接写入 40H 就可以将光标定位在第二行第一个字符的位置呢？不行，因为写入显示地址时要求最高位 D7 恒定为高电平 1，所以实际写入的数据应该是：

01000000B（40H）+10000000B（80H）=11000000B（C0H）。

在对液晶模块的初始化中要先设置其显示模式，每次输入指令前都要判断液晶模块是否处于忙的状态。

1. 电路设计

使用 Proteus 进行项目仿真设计,由于 Proteus 中没有提供 1602 仿真模型,可用完全兼容的 LM016L 代替,如图 2-12-3 所示。

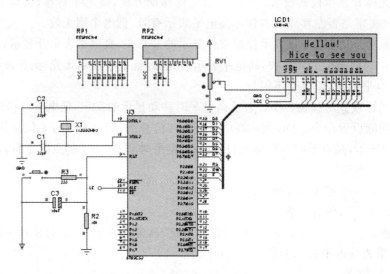

图 2-12-3 1602 液晶显示电路原理图

电路设计所需元器件清单如表 2-12-3 所示。

表 2-12-3 液晶显示电路器件清单

元器件	类别/子类别	关键字
单片机芯片 AT89C51	Micoprocessor IC/ 8051 Family	89C51
排阻		RESPACK-8
10kΩ 电阻	Resistor	10kΩ
100Ω 电阻		100R
电位器		POT-LIN
22pF 和 10 μF 电容	Capacitor	22pF 和 10 μF
LCD	Optoelectrics	LM016L
晶振	Miscellaneous	CRYSTAL

2. 程序设计

```c
// 示例程序
/ *******************************************************************************
* 功能描述：
*    程序运行后显示
*              第一行：HELLOW!            *
*              第二行：Nice to see you!
*******************************************************************************/
# include ＜reg52. h＞
# include＜intrins. h＞
# include＜math. h＞
# define uchar unsigned char        // 预定义
# define uint unsigned int          // 预定义
# define DD P0                      // 预定义液晶数据线用 P0 口
sbit Rs = P2^0;                     // 定义数据/命令选择端
sbit Rw = P2^1;                     // 定义读/写选择端
sbit E = P2^2;                      // 定义使能信号端
sbit busy_p = ACC^7;
/ **********函数声明 *******************************************************/
void delay_ms(unsigned int ms);
void delay_us(unsigned int us);
void rd_busy(void);
void write_com(unsigned char com,bit p);
void write_data(unsigned char DATA);
void init(void);
void string(uchar ad,uchar * s);
/ * * * * * * * * *主程序 * * * * * * * * * */
void main(void)
{
init();                             // 液晶初始化
while(1)
{
string(0x84,"Hellow!");             // 第一行显示"Hellow!"
string(0xC1,"Nice to see you!");    // 第二行显示"Nice to see you!"
delay_ms(100);                      // 延时 100ms
write_com(0x01,0);                  // 清屏
delay_ms(100);
}
}
/ *******延时 ms 函数(延时 = 参数 * ms) *******************************/
void delay_ms(unsigned int ms)
{ unsigned char j;
while(ms - - )
```

```
for(j = 0;j<125; j + +);
}
/* * * * * * * 延时 us 函数(延时 = 参数 * 1 μs) * * * * * * */
void delay_us(unsigned int us)
{
unsigned int i;
for(i = 0;i<us;i + +);
}
void rd_busy(void)                    // 读忙
{
do{
Rs = 0;
Rw = 1;
E = 0;
delay_us(40);                         // >30 μs
E = 1; delay_us(10);                  // <25 μs
DD = 0xfe; delay_us(40);              // <100 μs
ACC = DD;
}while(busy_p = = 1);
}
void write_com(unsigned char com,bit p)  // 写指令
{if(p)
rd_busy();
delay_ms(1);
delay_us(5);
E = 0;
Rs = 0;
Rw = 0;
DD = com;
delay_us(250);                        // >40 μs
E = 1;
delay_ms(2);                          // >150 μs
E = 0;
delay_us(40);                         // >25 μs + 10 μs
}
void write_data(unsigned char DATA)   // 写数据
{
rd_busy(); delay_ms(1);
delay_us(250);
E = 0;
Rs = 1;
Rw = 0;
DD = DATA;
```

```
delay_us(250);
□ = 1,
delay_ms(1);
delay_us(250);
E = 0;
delay_us(40);
}
void init(void)                    // 液晶初始化
{
write_com(0x38,1);                 // 8 位总线,双行显示,5 * 7 点阵字符
write_com(0x0C,1);                 // 开整体显示,光标关,无黑块
write_com(0x06,1);                 // 光标右移
write_com(0x01,1);                 // 清屏
}
void string(uchar ad,uchar * s)    // 显示字符串
{
write_com(ad,0);
while( * s > 0)
{
write_data( * s + + );
delay_ms(1);
}
}
```

3. 程序的跟踪调试

(1)在 Keil 中创建目标,修改程序直到没有语法错误为止。

(2)进入 Debug 状态,进行单步、断点等跟踪。如果需要,还可以将 Keil 与 Proteus 结合起来进行程序和电路的联合仿真调试(可参照项目 2 中任务 3 介绍的方法)。

4. 电路仿真运行

下载目标程序到仿真电路后启动仿真,观察运行结果。

思考与练习

1. 液晶显示器按其显示方式可分为哪几种?

2. 1602 液晶模块的读写操作、屏幕和光标的操作是如何实现的?

项目 13　数字时钟与定时控制器

任务 1　利用单片机定时器中断实现的数字时钟

【学习目标】

(1)学习定时器初始化程序设计。

(2)学习利用定时器中断实现长延时的方法。

(3)学习利用软件实现时钟功能。

工作任务

设计一个利用单片机定时器中断和软件计时的数字时钟,包括电路设计与程序设计,并仿真运行。

相关知识

一、工作原理

单片机系统时钟采用了频率很精确的晶振,我们可利用定时器中断产生定时基准,由于在 12MHz 晶振条件下,51 单片机定时器的最大定时仅为 65.536ms,达不到 1s 的定时基准要求,需要配合软件计数实现秒定时基准,即设定 T0 每 50ms 中断一次,软件对中断计数,达到 20 次即为 1s。并通过程序对秒计数,到 60 秒向分、到 60 分向时进位。同时利用 8 位 LED 数码管动态扫描方式实现时间的显示,并利用按键来对时间进行修改。

三、相关实践

1. 电路设计

电路图如图 2-13-1 所示,图中元器件的清单见表 2-13-1 所示。

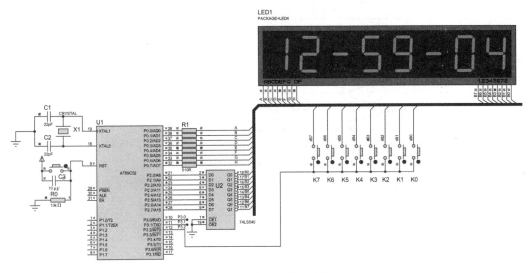

图 2-13-1 单片机数字时钟电路

表 2-13-1 元器件清单

元器件编号	器件型号/关键字	功能与作用
U1	AT89C51	单片机
U2	仿真用 74LS540，实际电路用 ULN2803	8 反相驱动器
R1～R7	330R	限流电阻
LED1	7SEG-MPX8-CC-BLUE	8 位共阴蓝色数码管
K0～K7	BUTTON	按键
（略）	（略）	时钟和复位电路

2. 程序流程

程序流程如图 2-13-2 和图 2-13-3 所示。

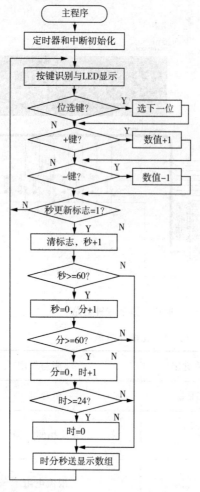

图 2 - 13 - 2　单片机数字时钟主程序流程　　　　图 2 - 13 - 3　T0 中断程序流程

3. 参考程序

```
/* 简易数字时钟程序 */
# include <reg51. h>
# define uchar   unsigned char
# include "pub. h"                              // 包含有关自定义函数的文件,以便调用其中
                                                //   的显示、按键等函数
bit secup = 0;                                  // 时间更新标志
uchar hour = 12, min = 58, sec = 56, ms50, KEY, SetB, Hide;
/* 主程序,T0 中断方式的数字时钟 */
void main()
{                                               // 1
TMOD = 0x01 ;                                   // T0 - 16 位定时方式,
TH0 = (65536 - 50000) /256 ;
TL0 = (65536 - 50000) % 256;                    // 50ms 定时,取初值 x = (65536 - 50000)/1 μs
```

```
TR0 = 1;                                          // 启动 T0
EA = 1;
ET0 = 1;                                          // 允许 T0 中断
while (1)
{
if(ms50<10 && Hide>4)KEY = DISPKEYH(buff,Hide); // 调用显示与判断按键函数
else KEY = DISPKEYH(buff,0);
if(KEY! = 0xff)
{
switch (KEY)
{
case 7:                                           // 按键 7
    {
SetB = (SetB>2)? - - SetB:7;                      // 选择设置位 SetB
Hide = 1<<SetB;                                   // 将设置位 SetB 设为消隐位(Hide 对应位 = 1)
}break;
case 6:                                            // 按键 6:对所选位为小时(第 7,6 位)和分(第
                                                  //         4,3 位)进行 + 1 修改
{switch (SetB)
  {case 7: hour = (hour<14)? hour + 10:0;break;    // 时 + 10
  case 6: hour = ( + + hour<24)? hour:0;break;     // 时 + 1
  case 4: min = (min<50)? min + 10:0;break;        // 分 + 10
  case 3: min = ( + + min<60)? min:0;break; }      // 分 + 1
  secup = 1;
} break;
case 5:                                            // 按键 5:对所选位为小时(第 7,6 位)和分(第
                                                  //         4,3 位)进行 - 1 修改
{switch (SetB)
{case 7: hour = (hour - 10>0)? hour - 10:0;break;  // 时 - 10
case 6: hour = ( - - hour>0)? hour:0;break;        // 时 - 1
case 4: min = (min - 10>0)? min - 10:0;break;      // 分 - 10
case 3: min = ( - - min>0)? min:0;break; }         // 分 - 1
  secup = 1;
} break;
}
}
if (secup)                                         // 如果秒更新了
{
```

```
       secup = 0;
       if( + + sec> = 60)                               // 秒 + 1
   {sec = 0;                                             // 如果 = 60,则秒回 0
        if( + + min> = 60)                               // 分 + 1
        {min = 0;                                        // 如果 = 60 ,则分回 0
        if( + + hour> = 24)hour = 0;                     // 时 + 1,如果 = 24,回 0 点
        }
   }
   buff[7] = hour / 10;                                  // 时送显示数组
   buff[6] = hour % 10;
   buff[5] = 17;                                         // 显示分隔号 " - "
   buff[4] = min / 10;
   buff[3] = min % 10;                                   // 分送显示数组
   buff[2] = 32;                                         // 显示分隔号 " - "
   buff[1] = sec / 10;
   buff[0] = sec % 10;                                   // 秒送显示数组
   }
   }
   }
   /* T0 中断服务程序 */
   void T0_int() interrupt 1                             // T0 中断
   {
   TH0 = (65536 - 50000) /256 ;
   TL0 = (65536 - 50000) % 256;                          // 重新装入定时初值
   if ( + + ms50> = 20)
   {
   ms50 - 0;                                             // 到 1 秒 ,计数清 0
   secup = 1;                                            // 置时间更新标志
   }
   }
```

3. 程序的跟踪调试

(1)在 Keil 中创建目标,修改程序直到没有语法错误为止。

(2)进入 Debug 状态,进行单步、断点等跟踪。如果需要,还可以将 Keil 与 Proteus 结合起来进行程序和电路的联合仿真调试(可参照项目 2 中的任务 3 介绍的方法)。

4. 电路仿真运行

下载目标程序到仿真电路后启动仿真,观察运行结果。

任务 2　利用 RTC 芯片实现的数字时钟

【学习目标】

(1)了解实时时钟 RTC 芯片的功能,用来实现数字时钟功能。

(2)理解单片机通过串行 I/O 方式扩展外围器件的方法。

(3)会利用芯片厂商提供的有关函数,通过软件模拟外围芯片接口时序,实现对芯片进行串行数据读写的方法。

工作任务

设计制作一个利用实时时钟 RTC 芯片实现的数字日历与时钟。

相关知识

1. 工作原理

直接采用单片机定时器实现的数字时钟虽然硬件简单,但存在以下弱点:

(1)由于利用定时器中断和通过程序计算得到时钟数据,如果要实现日历、大小月、闰年、星期等功能,则需要编写较复杂的程序,占用 CPU 大量时间。

(2)靠软件计时,因存在指令延时,造成计时精度不高。

(3)系统停电后需要重新校时,使用不便。

在实际应用中,一般是采用专用的实时时钟 RTC 芯片来实现时钟功能,由 RTC 芯片实现日历时钟的全部功能,单片机只要通过 2～3 条数据线,按一定格式读取或写入时间信息即可。由于 RTC 芯片功耗极低,可以利用后备电池或超级电容器维持停电时时钟继续工作。由于计时靠 RTC 芯片实现,因此大大提高了计时精度,简化了程序,减少了 CPU 工作负担。目前常用的 RTC 芯片有 DS 系列(如 DS1302)、PCF 系列(PCF8563、PCF8583)等,其功能和用法基本相同。本项目中采用的是 DALLAS 公司推出的涓流充电时钟芯片 DS1302。

2. DS1302 简介

(1)内含有一个实时时钟/日历和 31 字节静态 RAM,实时时钟/日历电路提供秒、分、时、日、月、年、星期的信息,大小月的天数和闰年的天数可自动调整。

(2)可通过简单的 3 线串行 I/O 口方式与单片机进行通信:

① RST (复位);

② I/O (数据读写);

③ SCLK(同步时钟)。

(3)功耗很低,保持数据和时钟信息时功率小于 1mW;工作电流 2.0V 时,小于 300nA。

(4)与 TTL 兼容 $V_{CC}=5V$,宽范围工作电压 2.0～5.5V。

(5)采用 8 脚 DIP 封装或 8 脚 SOIC 封装,有商业级(温度范围 0℃～+70℃)和工业级(温度范围-40℃～+85℃)。

(6)将备份电源脚接电池或大容量电容,断电时可保持时钟继续运行。

DS1302的管脚排列见表2-13-2所示,电路连接如图2-13-4所示。

表2-13-2 DS1302管脚功能

引脚	功　能
1	V_{CC2} 电源
2~3	X1、X2 外接 32.768KHz 晶振
4	GND 地
5	RST 复位
6	I/O 数据输入/输出
7	SCLK 串行时钟
8	V_{CC1} 备用电源供电

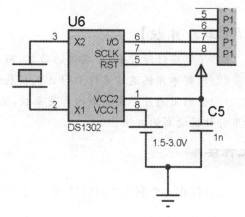

图2-13-4 DS1302 与单片机的连接

相关实践

1. 电路设计

只需在本项目任务 1 的电路基础上,添加并连接芯片 DS1302 即可,如图 2-13-5 所示。

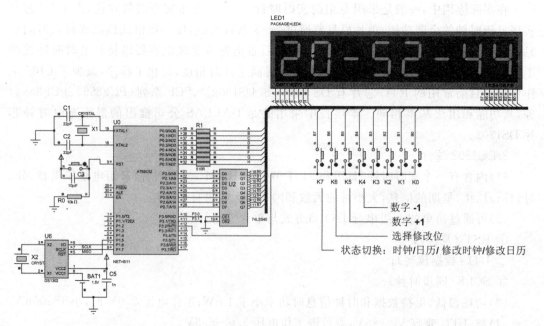

图2-13-5 采用实时时钟芯片的单片机日历与时钟电路

2. 程序设计

相应的源程序如下(模拟 I²C 总线操作,读写该芯片数据的程序 DS1302.h 位于本书附带的子程序包中,在用户程序中需要将此文件包含进来。键盘和显示函数已在前面的项目中介绍过并已放在头文件 pub.h 中,可将该文件添加到工程中,并在程序开始处用 ♯include"pub.h"包含进来,以便调用这些函数。由于 DS1302 内部采用 BCD 码格式保存日期和时间数据,这里添加了 BCD 加法和 BCD 减法调整函数,用来在运算和修改时进行 BCD 调整,使数据仍以 BCD 格式保存。当然,用户也可以将这些函数保存到头文件 pub.h 中供调用,以简化本任务的源程序设计):

```
/* 采用 RTC 芯片 DS1302 的数字时钟 C51 程序 13-2.C */
#define   uchar unsigned char
# include <reg51.h>
# include <INTRINS.h>
# include "DS1302.h"              // 包含 DS1302 的有关操作函数
# include "pub.h"                 // 包含有关自定义函数的文件,以便调用其中的函数
// 定义数组保存时间:秒  分  时  日  月  星期  年
uchar code init[] = {0x00,0x59,0x23,0x31,0x12,0x05,0x11};    // 初始日期与时间
uchar data now[7];               // 保存当前时间的数组
uchar STATE = 0;                 // 工作状态:0=显示时钟;1=显示日期;2=设置时钟;3=设置日期
uchar BCD_ADD(uchar a,uchar b);  // 声明 BCD 加法调整函数
uchar BCD_SUB(uchar a,uchar b);  // 声明 BCD 减法调整函数
/* 主函数 */
void main()
{
uchar KEY;
uchar SetB = 0x80;
DS1302_Initial();               // 初始化 DS1302
DS1302_SetTime(init);           // 设置初始时间
while(1)
{
DS1302_GetTime(now);            // 读取当前时间到 now[]
if(now[0] % 2 = = 0 && STATE>1)
KEY = DISPKEYH(buff,SetB);      // 设置状态下闪动显示修改位
else   KEY = DISPKEYH(buff,0);  // 非设置状态下正常显示
if(KEY! = 0)
{
switch(KEY)
{
case 8:                         // 按键 8,功能切换 STATE:0=显示时钟;1=显示日历;2=设置
                                // 时钟;3=设置日期
    {STATE = (STATE + 1) % 4 ;}break;
case 7:                                    // 按键 7:选择待修改的位
{if(STATE>1){SetB = (SetB>0x01)? SetB>>1:0x80;} }break;
```

```
case 6:                                                    // 按键6:对所选位进行+1修改
{if(STATE = = 2)
{switch (SetB)
        {case 0x80: now[2] = BCD_ADD(now[2],0x10) % 0x24;break;      // 时的十位数+1
        case 0x40: now[2] = BCD_ADD(now[2],1) % 0x24;break;          // 时的个位数+1
        case 0x10: now[1] = BCD_ADD(now[1],0x10) % 0x60;break;       // 分的十位数+1
        case 0x08: now[1] = BCD_ADD(now[1],1) % 0x60;break; }        // 分的个位数+1
    }
    else if (STATE = = 3)
    {switch (SetB)
        {case 0x80: now[6] = BCD_ADD(now[6],0x10) % 100;break;       // 年的十位数+1
        case 0x40: now[6] = BCD_ADD(now[6],1) % 100;break;           // 年的个位数+1
        case 0x08: now[4] = BCD_ADD(now[4],1) % 12;break;            // 月的个位数+1
        case 0x02: now[3] = BCD_ADD(now[3],0x10) % 30;break;         // 日的十位数+1
        case 0x01: now[3] = BCD_ADD(now[3],1) % 30;break; }          // 日的个位数+1
    }
    DS1302 _ SetTime ( now );                                        // 保存当前时间
                                                                     //   到DS1302
    } break;
case 5:                                                    // 按键4:对所选位进行
                                                                     //   -1修改
    {if(STATE = = 2)                                                 // 若为时间修改状态
        {switch (SetB)
            {case 0x80: now[2] = BCD_SUB(now[2],0x10) % 24;break;    // 时的十位数-1
            case 0x40: now[2] = BCD_SUB(now[2],1) % 24;break;        // 时的个位数-1
            case 0x10: now[1] = BCD_SUB(now[1],0x10) % 60;break;     // 分的十位数-1
            case 0x08: now[1] = BCD_SUB(now[1],1) % 60;break; }      // 分的个位数-1
        }
    else if (STATE = = 3)                                            // 若为日期修改状态
    {switch (SetB)
        {case 0x80: now[6] = BCD_SUB(now[6],0x10) % 100;break;       // 年的十位数-1
        case 0x40: now[6] = BCD_SUB(now[6],1) % 100;break;           // 年的个位数-1
        case 0x08: now[4] = BCD_SUB(now[4],1) % 12;break;            // 月的个位数-1
        case 0x02: now[3] = BCD_SUB(now[3],0x10) % 30;break;         // 日的十位数-1
        case 0x01: now[3] = BCD_SUB(now[3],1) % 30;break; }          // 日的个位数-1
    }
    DS1302 _ SetTime ( now );                                        // 保存当前时间
                                                                     //   到DS1302
    } break;
  }.
}
if(STATE = = 0 || STATE = = 2)                                       // 如果是时钟状态,显示
                                                                     //   时间信息
```

```
{
buff[0] = now[0] % 0x10;                                    // 秒送显示缓冲
buff[1] = now[0]/ 0x10;
buff[2] = 17;                                               // 显示分隔号"－"
buff[3] = now[1] % 0x10;                                    // 分送显示缓冲
buff[4] = now[1]/0x10;
buff[5] = 17;
buff[6] = now[2] % 0x10;                                    // 时送显示缓冲
buff[7] = now[2]/ 0x10;
}
else if  (STATE = = 1 || STATE = = 3)                       // 如果是日历状态,显示
                                                              日期信息

{
buff[0] = now[3] % 0x10;                                    // 日送显示缓冲
buff[1] = now[3]/0x10;
buff[2] = 17;
buff[3] = now[4] % 0x10;                                    // 月送显示缓冲
buff[4] = now[4]/0x10;
buff[5] = 17;
buff[6] = now[6] % 0x10;                                    // 年送显示缓冲
buff[7] = now[6]/ 0x10;
}
}
}
/ *  BCD 加法调整函数  * /
uchar BCD_ADD(uchar a,uchar b)
{ uchar y;
y = a + b;
if((y & 0x0f)>9)y = y + 6;
if((y & 0xf0)>0x90) y = y + 0x60;
return(y);
}
/ *  BCD 减法调整函数  * /
uchar BCD_SUB(uchar a,uchar b)
{ uchar y;
y = a - b;
if((y & 0x0f)>9)y = y - 6;
if((y & 0xf0)>0x90) y = y - 0x60;
return(y);
}
```

3. 程序的跟踪调试

(1)在 Keil 中创建目标,修改程序直到没有语法错误为止。

（2）进入 Debug 状态，进行单步、断点等跟踪。如果需要，还可以将 Keil 与 Proteus 结合起来进行程序和电路的联合仿真调试（可参照项目 2 中的任务 3 介绍的方法）。

4. 电路仿真运行

下载目标程序后，启动电路仿真（如图 2-13-6 所示）。用按钮 K8 在以下不同的工作状态之间切换：① 显示时钟；② 显示日期；③ 设置时钟；④ 设置日期。

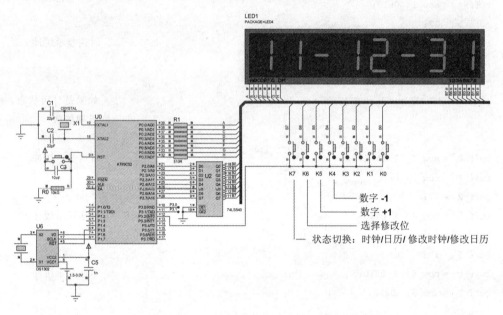

图 2-13-6　日历与时钟电路的仿真运行

任务 3　作息时间定时控制器

【学习目标】

（1）了解实时时钟 RTC 芯片的功能，用来实现数字时钟功能。

（2）单片机与实时时钟 RTC 芯片的电路连接。

（3）实时时钟 RTC 芯片的程序设计。

工作任务

设计制作一个可预置作息时间的控制器，在各预定时刻发出控制信号，控制照明、电铃、广播等电气设备。

相关知识

一、工作原理

实现定时控制的关键是将预定时刻和相应输出控制码保存为一个二维数组，每一行为一设定时刻和该时刻输出的控制码。每当时间变化,程序都将当前时刻与数组里的时刻逐一对比,当发现当前时间与某预定时间相符,则通过 I/O 口输出相应的控制码以驱动或关闭有关电气设备。

相关实践

1. 电路设计

利用本项目任务 2 的电路,考虑到系统在停电时应能继续运行,这里为 DS1302 芯片提供了后备电池(如图 2-13-7 所示)。另外,分别通过电磁继电器和光隔离双向可控硅来驱动强电电气设备(本电路用照明灯代替)。

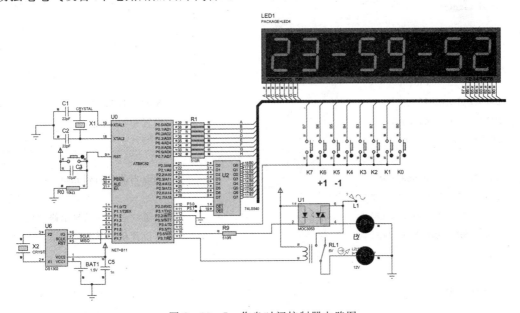

图 2-13-7　作息时间控制器电路图

2. 程序设计

由于本任务的程序与本项目任务 2 基本相同,只是添加了一个用来保存各预订时间和操作码的二维数组,每当时间更新时,程序都将当前时刻与数组里的时刻逐一对比,当发现当前时间与某预定时间相符,则输出相应的控制码。为节省 RAM 和简化程序,将该数组保存在程序存储器中,这样做的缺点是改变预设时间需要重新下载程序。有兴趣的读者可以考虑将数组保存在 89C52 的片内 RAM 中,以便可以通过键盘修改。

为简化起见,这里还在程序中删去了日期显示功能,省去了 BCD 调整函数的定义(读者可考虑从任务 2 的程序中复制,或放入头文件 pub. h,以简化程序的编写)。

```
// 作息时间控制器 C51 参考程序
/* 采用 RTC 芯片 DS1302 的数字时钟与定时控制器程序。其中粗体部分表示为实现定时控制所添加的代码 */
#define  uchar unsigned char
# include <reg51. h>
# include <INTRINS. h>
# include "DS1302. h"                    // 包含 DS1302 的有关操作函数
```

```
# include "pub. h"                                              // 包含有关自定义函数的文件,以便
                                                                   调用其中的函数

// 定义数组保存时间:秒  分  时  日  月  星期  年
uchar code init[] = {0x50, 0x59, 0x23, 0x31, 0x12, 0x05, 0x11};     // 初始时间
uchar code alarm[][4] = {{0x00, 0x00, 0x00, 0x3F},{0x10, 0x00, 0x00, 0xFF},{0x20, 0x00,
0x00, 0xBF}};       // 二维数组保存定时时间及控制码,每行4字节:{秒,分,时,控制码}
uchar data now[7];                                              // 保存当前时间的数组
uchar STATE = 0;                                                // 工作状态:0 = 显示时钟;1 = 设置
                                                                   时钟

/* 主函数 */
void main()
{
uchar i;
uchar KEY;
uchar SetB = 0x80;
DS1302_Initial();                                              // 初始化 DS1302
DS1302_SetTime(init);                                          // 设置初始时间
while (1)
{
DS1302_GetTime(now);                                          // 读取当前时间到 now[]
if(now[0] % 2 = = 0 && STATE>1)
KEY = DISPKEYH(buff,SetB);                                     // 设置状态下闪动显示修改位
else   KEY = DISPKEYH(buff,0);                                 // 非设置状态下正常显示
if(KEY! = 0)
{
switch (KEY)
{
case 8:                                                        // 按键8,功能切换 STATE:0 = 显示
                                                                   时钟,1 = 设置时钟;
    {STATE = (STATE + 1) % 2 ;}break;                          // STATE 在 0,1 之间切换
case 7:                                                        // 按键7:选择待修改的位
{if(STATE>0){SetB = (SetB>0x01)? SetB>>1:0x80;} }break;
case 6:                                                        // 按键6:对所选位进行 + 1修改
{if(STATE = = 1)
{switch (SetB)
{case 0x80: now[2] = BCD_ADD(now[2],0x10) % 0x24;break;       // 时 + 10
case 0x40: now[2] = BCD_ADD(now[2],1) % 0x24;break;           // 时 + 1
case 0x10: now[1] = BCD_ADD(now[1],0x10) % 0x60;break;        // 分 + 10
case 0x08: now[1] = BCD_ADD(now[1],1) % 0x60;break; }         // 分 + 1
}
DS1302_SetTime(now);                                          // 保存当前时间到 DS1302
} break;
case 5:                                                        // 按键5:对所选位进行 - 1修改
```

```
｛if(STATE = = 1)                                         // 若为时间修改状态
｛switch（SetB）
｛case 0x80：now[2] = BCD_SUB(now[2],0x10) % 24;break;     // 时 - 10
case 0x40：now[2] = BCD_SUB(now[2],1) % 24;break;         // 时 - 1
case 0x10：now[1] = BCD_SUB(now[1],0x10) % 60;break;      // 分 - 10
case 0x08：now[1] = BCD_SUB(now[1],1) % 60;break;｝        // 分 - 1
｝
DS1302_SetTime(now);                                     // 保存当前时间到 DS1302
｝ break;
｝
｝
buff[0] = now[0] % 0x10;                                 // 秒送显示缓冲
buff[1] = now[0]/ 0x10;
buff[2] = 17;                                            // 显示分隔号 " - "
buff[3] = now[1] % 0x10;                                 // 分送显示缓冲
buff[4] = now[1]/0x10;
buff[5] = 17;
buff[6] = now[2] % 0x10;                                 // 时送显示缓冲
buff[7] = now[2]/ 0x10;
for(i = 0;i<4;i + + )
if(now[0] = = alarm[i][0] &&  now[1] = = alarm[i][1] && now[2] = = alarm[i][2] ) P3 = alarm[i][3];
｝
｝
```

3. 在 Proteus ISIS 中仿真运行

在 89C52 的属性中设置 Program File 为目标程序,启动电路仿真,操作按钮,观察时钟运行结果。

4. 将程序下载到实际电路板中运行

由于实际电路板采用的是 STC 单片机,所以在源程序中需做以下两点改动:

(1)将 #include <reg51. h> 改为 #include <STC12. h>。

(2)添加端口引脚配置的语句,将 STC 单片机 P0、P2 口配置为强推挽输出:

```
POM1 = 0x00；POM0 = 0xFF;
P2M1 = 0x00；P2M0 = 0xFF;
```

思考与练习

1. 比较本项目任务1和任务2中实现时钟的方法,各自的优点和缺点分别是什么?

2. 尝试用自己制作的单片机开发实验板,分别实现本项目任务1、任务2和任务3的功能。

项目 14 模拟量采集

任务1 A/D 转换芯片的应用

【学习目标】

(1)熟悉 A/D 转换的接口方式。

(2)了解 ADC 接口芯片。

工作任务

利用 ADC0832 实现模拟电压的测量。

相关知识

1. 单片机系统中常见的 ADC 接口方式

温度、压力、流量、速度等非电物理量,须经传感器转换成连续变化的模拟信号(电压或电流),这些模拟电信号必须转换成数字量后才能在单片机中用软件进行处理,模拟量转换成数字量的器件称为 A/D 转换器(ADC),常用的 ADC 转换原理有双积分式、逐次比较式等。单片机应用系统中根据 ADC 的接口方式可以分为以下几种:

(1)采用并行接口的 ADC 器件。

(2)采用串行接口的 ADC 器件。

(3)采用带内部 ADC 的单片机。

(4)采用数字传感器。

由于并行接口占用口线多,电路较复杂,现已较少使用。

2. ADC0832 芯片

ADC0832 是美国国家半导体公司生产的一种逐次比较式 A/D 转换芯片,基本特点如下:

(1)分辨率=8 位,通道数=2。

(2)工作频率为 250kHz,转换时间为 32 μs。

(3)输入输出电平与 TTL/CMOS 相兼容。

(4)封装形式为 DIP8(双列直插)、PICC 等。

（5）商用级芯片温度为 0℃～＋70℃，工业级芯片温度为－40℃～＋85℃。

引脚说明见表 2－14－1 所示。

表 2－14－1　ADC0832 引脚定义

引脚号	功　能	说　明
1	CS_	片选使能，低电平使能。
2	CH0	模拟输入通道 0，或作为 IN＋/－使用
3	CH1	模拟输入通道 1，或作为 IN＋/－使用
4	GND	地
5	DI	数据信号输入，用来选择通道
6	DO	数据信号输出，转换结果输出
7	CLK	芯片时钟输入
8	V_{CC}/REF	电源输入及参考电压输入（复用）

由于该芯片具有体积小、接口简单、兼容性强，性价比高等优点，因此得到广泛应用。通过 ADC0832 可以了解串行接口 A/D 转换器的基本用法。

相关实践

1. 电路设计

利用单片机的三根口线实现与 ADC0832 的数据传输，信号时序通过软件模拟，电路如图 2－14－1 所示，元器件清单如表 2－14－2 所示。

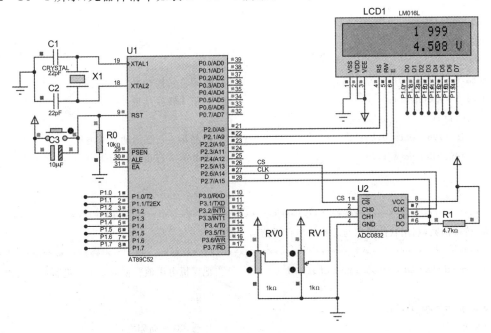

图 2－14－1　ADC0832 模拟电压测量电路

表 2 - 14 - 2　元器件清单

元器件编号	器件型号/关键字	功能与作用
U1	AT89C51	单片机
U2	ADC0832	AD 转换芯片
LCD1	LM016L	液晶显示器
RV2	POT_LIN	电位器调整待测模拟电压
R1	4.7K	上拉电阻
（略）	（略）	振荡、复位电路

2. 程序设计

参考程序：

```c
#include"reg51.h"
#include"lcd.h"
#include<intrins.h>
// ***************ADC0832******************************/
sbit ADC_CS = P2^5;                    // 使能
sbit ADC_CLK = P2^6;                   // 时钟
sbit ADC_DO = P2^7;                    // 数据输出
sbit ADC_DI = P2^7;                    // 数据输入
unsigned char ADconv(unsigned char CH); // 声明 AD 转换函数
/***************主函数*********************************/
void main(void)
{
unsigned int data_0,data_1;
while(1)
{
data_0 = ADconv(0);                    // 通道 0 转换结果
data_1 = ADconv(1);                    // 通道 1 转换结果
init();
xs5_int(196 * data_0,0);               // 液晶第 1 行显示通道 0 电压
xs5_int(196 * data_1,1);               // 液晶第 2 行显示通道 1 电压
}
}
/************************************************************
AD 转换函数,利用软件模拟与芯片的串行通信信号时序
*************************************************************/
unsigned char ADconv(unsigned char CH)  // 把模拟电压值转换成 8 位二进制数并返回
{
unsigned char i,AD;
ADC_CS = 0;                            // 片选,DO 为高阻态
ADC_DO = 0;
```

```
delay_us(2);
ADC_CLK = 0;
delay_us(2);
ADC_DI = 1;
ADC_CLK = 1;                        // 第一个脉冲,起始位
delay_us(2);
ADC_CLK = 0;
delay_us(2);
ADC_DI = 1;
ADC_CLK = 1;                        // 第二个脉冲,DI = 1 表示双通道单极性输入
delay_us(2);
ADC_CLK = 0;
delay_us(2);
ADC_DI = CH;                        // 第三个脉冲,DI = 1 表示选择通道 1(CH2),DI
                                    //  = 0 时选择通 0(CH1)

ADC_CLK = 1;
delay_us(2);
ADC_DI = 0;                         // DI 转为高阻态,失去输入意义
ADC_DO = 1;                         // DO 脱离高阻态为输出数据作准备
ADC_CLK = 1;
delay_us(2);
ADC_CLK = 0;                        // 第一个下降沿,为去数准备
delay_us(2);                        // 这里加一个脉冲 AD 才能正确读出数据,不加
                                    //  的话读出的数据少一位,且是错的
for (i = 0; i<8; i++ )              // 读取数据
    {
    ADC_CLK = 1;
    delay_us(2);
    ADC_CLK = 0;
    delay_us(2);
    AD = (AD<<1)|ADC_DO;            // 在每个脉冲的下降沿 DO 输出一位数据,最终
                                    //  AD 为 8 位二进制数
    }
    ADC_CS = 1;                     // 取消片选,一个转换周期结束
  return(AD);                       // 把转换结果返回
}
```

3. 程序的跟踪调试

(1)在 Keil 中创建目标,修改程序直到没有语法错误为止。

(2)进入 Debug 状态,进行单步、断点等跟踪。如果需要,还可以将 Keil 与 Proteus 结合起来进行程序和电路的联合仿真调试(可参照项目 2 中的任务 3 介绍的方法)。

4. 电路仿真运行

(1)将创建的目标程序 P14 - 1. HEX 下载到仿真电路的单片机中。

(2)启动仿真,调节电位器改变模拟电压,观察液晶显示器显示出的测量结果。

任务 2　温度与水位的采集与控制

【学习目标】

(1)熟悉数字温度传感器 DS18B20 的使用。

(2)掌握利用单片机进行温度和水位控制的方法。

工作任务

(1)采集锅炉的水温和水位。

(2)自动调节锅炉的水温和水位。

相关知识

1. 数字温度传感器 DS18B20

温度传感器是各种传感器中最常用的一种,早起使用的是模拟温度传感器,如热敏电阻,即随着环境温度的变化,它的阻值也相应地发生线性变化,因此用处理器采集电阻两端的电压,然后根据某个公式就可以计算出当前的环境温度。随着科技的进步,温度传感器已经走向数字化,因其外形小、接口简单,因此被广泛应用在生产实践的各个领域。

DS18B20 是美国 DALLAS 公司生产的数字温度传感器,它的温度控制范围为 $-55℃$ $\sim125℃$,采用单总线协议,即与单片机交换信息仅需要一根 I/O 线,其读/写及温度转换的功能也来源于数据总线,而无需额外电源,如硬件电路图 2-14-2 的 U4 所示,2 脚 DQ 是数字信号输入/输出端,1 脚 GND 是电源地,3 脚 V_{CC} 是电源输入端。

2. 利用浮球液位控制器采集水位

浮球液位控制器通常在密封的非磁性金属管或塑胶管内根据需要设置一点或多点磁簧开关(干簧管),再将中空而内部有环形磁铁的浮球固定在杆径内磁簧开关相关位置上,使浮球在一定范围内上下浮动,利用浮球内的磁铁去吸引磁簧开关的闭合,产生开关动作,从而使浮球液位开关起到控制和检测液位的功能。本次设计的要求是在水箱的高位和低位分别固定两个浮球液位控制器,浮球接触到水,则单片机采集到信号为高电平,否则为低电平。本设计能进行水位的监控,其程序运行简单、成本低。在硬件电路图中可由两位拨码开关代替两个液位控制器,如图 2-14-2 所示的 P2.5、P2.6。

相关实践

1. 电路设计

设计电路如图 2-14-2 所示。

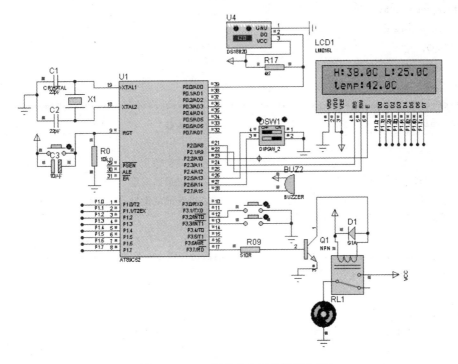

图 2-14-2　温度水位采集控制电路

2. 程序设计

(1)水位控制及流程

P2.5 连接低液位控制器,P2.6 连接高液位控制器。当水位处于上限、下限之间时,P2.5=1,P2.6=0,此时无论电机是在带动水泵给水塔供水使水位不断上升,还是电机没有工作使水位不断下降,都应继续维持原有工作状态;当水位低于下限时,P2.5=0,P2.6=0,此时启动电机转动,带动水泵给水塔供水。水位控制程序流程如图 2-14-3 所示。

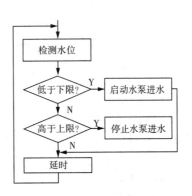

图 2-14-3　水位控制流程

(2)温度采集与控制流程

单片机通过 P0.0 口读取温度传感器 DS18B20 检测到的温度,连接在 P3.1 口的开关用于进行低温设置,连接在 P3.2 口的开关用于进行高温设置。温度采集与控制的流程如图 2-14-4 所示。

参考程序:

```
#include <reg51.h>
#include <ds18b20_lcd.h>
sbit bell = P2^7;                // 蜂鸣器控制端
sbit s1 = P3^2;
sbit s2 = P3^3;
sbit inwater = P3^7;
```

```
sbit lwater = P2^5;
sbit hwater = P2^6;
bit flag0;
uint high;
uint  low;
/ ************************************************************************/
void   main()                        // 主函数
{
  init();                            // 液晶初始化
  high = 380;                        // 设置最高温度
  low = 250;                         // 设置最低温度
  while(1)
    {
/ ************************************************************************/
// 进水自动控制
if(! lwater)
{inwater = 1;
delay_us(10000);}
else
  {if(hwater)
{inwater = 0;
delay_us(1000);}
else
{delay_us(1000);}}
/ ************************************************************************/
// 键盘扫描,设置最高温度和最低温度
if(s1 = = 0)
{
delay_us(5);
if(s1 = = 0)
{
   while(! s1);
   high + = 10;
     }
}
if(s2 = = 0)
  {
delay_us(5);
if(s2 = = 0)
{
low + = 10;
while(! s2);
}
```

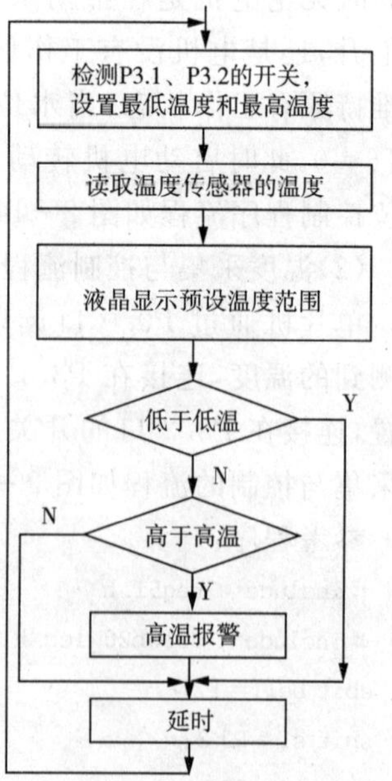

```mermaid
检测P3.1、P3.2的开关,
设置最低温度和最高温度
     ↓
读取温度传感器的温度
     ↓
液晶显示预设温度范围
     ↓
  低于低温  ── Y
     │ N
     ↓
N ── 高于高温
     │ Y
     ↓
  高温报警
     ↓
   延时
```

图 2 - 14 - 4   温度控制程序流程

```
       }
/ ******************************************************************************/
// 液晶显示
desplay_char(1,0,'H');
desplay_char(2,0,':');
xs3_int(high,3,0);
desplay_char(9,0,'L');
desplay_char(10,0,':');
xs3_int(low,11,0);
string(0xC1,"temp:");
tmpchange();
xs3_int(tmp(),6,1);
/ ******************************************************************************/
// 温度控制
   if(tmp()>= high)                        // 当温度超过最高值时蜂鸣器报警
   {bell = 0;
   delay_μs(10);
            bell = 1;
    delay_μs(10);
    }
   else

   {if (tmp()< = low)
       {bell = 0;
       delay_μs(100);
       bell = 1;
       delay_μs(100);
       }
   else
       bell = 1;
   }
       }
}
/ ******************************************************************************/
```

3. 程序的跟踪调试

(1)在 Keil 中创建目标,修改程序直到没有语法错误为止。

(2)进入 Debug 状态,进行单步、断点等跟踪。如果需要,还可以将 Keil 与 Proteus 结合起来进行程序和电路的联合仿真调试(可参照项目 2 中的任务 3 介绍的方法)。

4. 电路仿真运行

下载目标程序到仿真电路后启动仿真,观察运行结果。

任务 3　利用单片机内置 ADC 进行模拟量的采集

【学习目标】

(1)了解单片机 STC12C5A16S2 的内置 A/D 转换功能。

(2)掌握利用单片机内置 ADC 实现模拟量采集与简单控制。

工作任务

利用 STC12C5A16S2 单片机内部 ADC 采集模拟电压,并与设定值比较,控制蜂鸣器和继电器工作。

相关知识

实验板采用宏晶公司的 51 内核 STC12C5A16S2 系列的单片机,内置 8 路 10 位 ADC 和 4 路 PWM,可以直接处理模拟量。

STC12C5A16S2 系列带 A/D 转换的单片机,其 A/D 转换口在 P1 口(P1.7~P1.0),有 8 路 10 位高速 A/D 转换器,速度可达到 100kHz(10 万次/秒)。8 路电压输入型 A/D 可做温度检测、电池电压检测、按键扫描、频谱检测等。上电复位后 P1 口为弱上拉型 I/O 口,用户可以通过软件设置将 8 路中的任何一路设置为 A/D 转换,不需作为 A/D 使用的口可继续作为 I/O 口使用。(STC12C5A16S2 系列单片机的 A/D 转换器的结构和与转换相关的寄存器以及转换线路的详细介绍请参考使用手册。)

相关实践

1. 电路设计

采用项目 9 中设计制作的单片机应用开发板,原理图见项目 9 中的图 2-9-22 所示。

温度传感器采用热敏电阻,接在 STC 单片机的 AD 输入端(P1.0~P1.7 为其 8 个通道)。电路如图 2-14-5 所示。

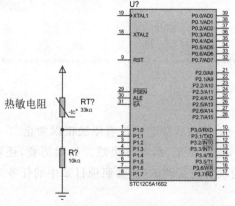

图 2-14-5　热敏电阻接 STC 单片机 A/D 输入 P1.0 通道

2. 程序流程

程序流程图见图 2 - 14 - 6 所示。

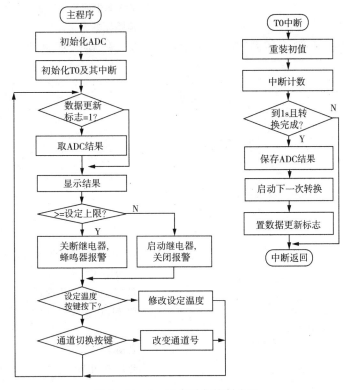

图 2 - 14 - 6　温度采集控制流程

3. 参考程序

```
/ * STC 单片机 ADC * /
# include "STC12S2.h"                    // 包含 STC 单片机头文件
# include "pub.h"                        // 包含自定义函数的头文件
# define ADC_POWER 0x80                  // ADC 电源控制位
# define ADC_SPEEDLL 0x00                // 设置 ADC 转换周期 540 clocks
# define ADC_START 0x08                  // ADC 启动位
# define ADC_FLAG 0x10                   // ADC 完成标志
# define uchar unsigned char
# define uint unsigned int
uchar MS50 = 0,key,k;
/ * 电路板 * /
sbit BEEP1 = P3^6;                       // 蜂鸣器
sbit RELAY = P3^7;                       // 继电器
uchar ch = 0;                            // 通道号初值 0
uchar ADC;                               // ADC 转换结果
uchar PT = 123;                          // 预设值
bit NEW = 0;
void InitADC( )                          // ADC 初始化函数
```

```
{
P1ASF = 0xff;                                    // 当 P1 口中的相应位作为 A/D 使用时,要将
                                                 //   P1ASF 中的相应位置 1
ADC_RES = 0;                                     // 清除原数据
ADC_CONTR = ADC_POWER | ADC_SPEEDLL | ADC_START | ch;  // 启动 ADC ch 通道
delay(2);
}
// * * * * * * * * * * * * * * * * * * * * * *
// 主函数
// * * * * * * * * * * * * * * * * * * * * * *
void main( void )
{
BEEP1 = 1;
AUXR| = 0x10;
P0M0 = 0xff;
P2M0 = 0xff;                                      // 置 P0,P2 为强推挽输出
InitADC();                                        // 初始化 ADC
TMOD = 0x11;                                       // 置 T0 为 16 位定时器
TH0 = (65536~50000)/256;                           // T0 初值
TL0 = (65536~50000)% 256;
TR0 = 1;                                           // 启动 T0
ET0 = 1;                                           // 允许 T0 中断
EA = 1;
// 主循环
while(1)
{
if (NEW)
{                                                  // 读取计数结果
  NEW = 0;
  buff[0] = ADC % 10;                              // 第 0~2 位显示 ADC 结果
buff[1] = ADC /10 % 10;
buff[2] = ADC / 100;
buff[3] = ch;                                      // 第 3 位显示通道号
  buff[4] = PT % 10;                               // 第 4~6 位显示预设值
buff[5] = PT /10 % 10;
buff[6] = PT / 100;
if (ADC > PT)
{ BEEP1 = 0;RELAY = 1;}                             // 大于设定值 PT,蜂鸣器报警,关继电器
else
{ BEEP1 = 1;RELAY = 0;}                             // 小于设定值 PT,关蜂鸣器,开继电器
}
  key = DISPKEY(buff);                             // 调用 DISP 函数显示计数结果
switch (key)
```

```
{
case 0: + + PT; break;                              // 预设值 + 1
case 3: − − PT; break;                              // 预设值 − 1
case 2: + + ch; break;                              // 通道号 + 1
case 5: − − ch; break;                              // 通道号 − 1
}
}
}
/* - - - - - - - - - - - - - - - - - - - - - - - - - - -
* * * * * * T0 中断 * * * * * * * *
- - - - - - - - - - - - - - - - - - - - - - - - - - - - */
void T0_int() interrupt 1
{
TH0 = (65536 − 50000)/ 256;                         // 定时器初值
TL0 = (65536 − 50000)% 256;
if( + + MS50> = 20 && ADC_FLAG)                     // 若到 1s 且 ADC 转换结束
{
ADC_CONTR & = ! ADC_FLAG;                           // 清除 ADC 标志
ADC = ADC_RES;                                      // 取转换结果
ADC_CONTR | = ADC_POWER | ADC_SPEEDLL | ADC_START | ch;   // 启动下一次 ADC
MS50 = 0;
NEW = 1;                                            // 置数据更新标志
}
}
```

4. 目标程序下载

按项目 9 中的任务 3 介绍的方法,将 RS−232 电缆连接 PC 机和单片机开发板的 RS−232 插座,通过 STC−ISP 软件将目标程序下载到单片机的程序存储器中。

5. 运行测试

系统上电后,改变热敏电阻的温度,观察单片机开发板上的数字显示,当温度在设定值上下波动时,观察单片机开发板相应控制端(蜂鸣器、LED 指示灯、继电器)的输出状态。

思考与练习

1. 简述模拟量彩信的几种方法。
2. 尝试设计一个单片机系统能采集室内的温度、湿度等模拟量。

项目 15 语音电路的应用

【学习目标】

(1)理解 ISD 系列语音电路的工作原理。

(2)了解 ISD 系列语音电路的设计。

(3)掌握 ISD 语音电路 SPI 控制程序的设计。

(4)设计制作一个基于单片机和 ISD 语音电路的语音报时数字时钟。

任务 制作语音报时时钟

工作任务

通过设计制作语音报时的数字时钟,掌握利用单片机控制语音电路的方法。

相关知识

ISD1700 系列语音录放芯片是 Winbond(华邦)公司推出的语音芯片中的一种,应用十分广泛。该系列不同型号的芯片录音时间从 30s 到 240s 不等,还增加了一些很有特色的功能,如音量调节、新信息提示、操作音效提示等,同时音质也有所提高,采样频率最高可以选择为 12kHz。

(1)主要功能特点

① 可处理多达 255 段的语音信息,可录音、放音十万次,存储内容在断电后可保留一百年。

② 两种控制模式。

③ 按键模式(通过 7 个引脚上的低电平实现相应的功能)。

④ SPI 控制模式(通过 SPI 接口与单片机连接,程序按 SPI 协议输出命令字实现相应的功能)。

⑤ 两种录音模式:MIC(麦克风)和 ANAin(线路模拟输入)。

⑥ PWM 和 AUD/AUX 三种放音输出方式。

⑦ 多种采样频率对应多种录放时间。

该系列的型号 ISD17×× 后的 2～3 位数字表示在采样频率 8kHz 条件下所能录放的声音时间(单位:s),如 ISD1720 为 20s,ISD1760 为 60s,ISD17240 为 240s,以此类推。

应用中可以根据不同的音质要求,通过改变电路中的振荡电阻值来改变采样频率(见表

2-15-1所示)。显然,若为改善音质将采样频率提高1倍,则语音录放时间将缩短一半;反之若采样频率降为一半,则录放时间将延长一倍。

表 2-15-1 录放时间和采样频率与振荡电阻的关系

振荡电阻值(kΩ)	160	120	100	80	60
采样频率(kHz)	4	5.3	6.4	8	12
实际录放时间与型号给出的录放时间之比	2	1.5	1.2	1	0.67

(2)电特性

① 工作电压:DC2.4~5.5V。

② 静态电流:0.5~1 μA。

③ 工作电流:20mA。

(3)工作模式

ISD系列语音录放芯片有以下两种控制模式:

① 硬件控制模式。模块上提供了7个独立的按键,分别为音量调节VOL、直通FT、放音PLAY、录音REC、擦除ERASE、快进FWD、复位RESET。上电后,按下按键,实现对应的功能,同时,不同的操作所对应的状态指示灯会有不同的闪烁,提示操作是否成功。

② 程序控制(SPI)模式。我们可用单片机的4个I/O口线模拟SPI串行总线接口,单片机通过控制指令实现各种控制功能,如擦除、录音、播放、快进、停止等。

相关实践

1. 电路设计

图2-15-1为程序控制(SPI)模式的典型电路。对具有SPI接口的单片机,可以直接通过SPI接口连接ISD1700。一般的基本型51单片机没有提供SPI接口,可以用任意四根I/O口线连接,通过软件模拟的方法实现SPI数据传输。例如,根据在硬件上与ISD1700芯片连接所使用的口线,在程序中定义为模拟SPI的四条信号线:

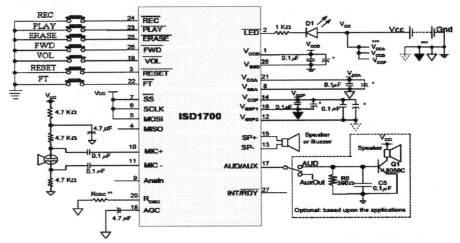

图 2-15-1 程序控制模式的典型电路

```
sbit   SS   = P1^0;
sbit   SCLK = P1^1;
sbit   MOSI = P1^2;
sbit   MISO = P1^3;
```

2. 程序设计

报时程序的关键是预先将有关发音以定点录音方式录制下来,例如,按表 2 - 15 - 2 所示将"现在是北京时间"、"一"、"二"、…、"十"、"点整"等语音,按一定 ID 序号保存在芯片中。程序中根据所需要的发音,利用语音 ID 号进行定点播放。例如,当时钟到达 9 点时,定点播放 ID=14 的发音"现在是北京时间"和 ID=9、ID=11、ID=13 的发音即可。

表 2 - 15 - 2　根据 ID 定点录放音

语音 ID	语音内容	语音 ID	语音内容
0	零	11	时
1	一	12	分
2	二	13	整
3	三	14	现在是北京时间
⋮	⋮	15	该起床了
9	九	16	快熄灯了
10	十	17	

ISD1700 芯片提供商提供了有关的操作函数(见表 2 - 15 - 3),我们只要将这些函数放在一个头文件中并被自己的程序包含,就可以使用这些函数来实现各种操作。

表 2 - 15 - 3　ISD1700 芯片有关的操作函数

函数声明	函数功能
void ISD_GetToneAdd (uchar cNum, uint * ipStartAdd, uint * ipEndAdd);	取出当前语音的首末地址 ,cNum 为语音 ID 号 1、2、3
void ISD_Init(void);	初始化
void ISD_CHK_MEM(void);	空间检查
void ISD_PU(void);	上电
void ISD_Stop(void);	停止
void ISD_Reset(void);	复位
void ISD_PD(void);	掉电
uchar ISD_SendData(uchar BUF_ISD);	发送数据
void ISD_RdStatus(void);	读取状态
uchar ISD_RD_DevID(void);	读取 ID
void ISD_RdAPC(void);	读取 APC

（续表）

函数声明	函数功能
void　ISD_ClrInt(void);	清除中断
void　ISD_Rd_REC_PTR(void);	读出当前录音的指针地址
void　ISD_Rd_PLAY_PTR(void);	读出当前播放的指针地址
void　ISD_WR_APC2(uchar voiceValue);	写 APC2
void　ISD_WR_NVCFG(void);	永久写入寄存器
void　ISD_LD_NVCFG(void);	读出状态寄存器的值
void　ISD_PLAY(void);	从当前地址放音至 EOM 标志
void　ISD_SetPLAY(uchar cNum);	定点播放,cNum 为语音 ID 号 1、2、3
void　ISD_REC(void);	从当前地址录音至 EOM 标志
void　ISD_SetREC(uchar cNum);	定点录音
void　ISD_FWD(void);	快进
void　ISD_Erase(void);	擦除当前段语音
void　ISD_SetERASE(uchar cNum);	定点删除
void　ISD_Erase_All(void);	全部删除
void　ISD_EXTCLK(void);	内存检测

示例程序：

```
#include<stc12s2.h>
#include <intrins.h>
#include<pub.h>
#include<ISD1700.h>
#define uchar unsigned char
#define uint   unsigned int
sbit LED0 = P3^6;
sbit LED1 = P3^7;
sbit LED5 = P3^5;
uchar KEY = 0xff,N = 0;
bit SECUP = 0,MINUP = 0;
uchar MS50,SEC = 50,MIN = 58,HOUR = 23;
/*********************主函数*************************/
void main()
{
P0M0 = 0xff;
P2M0 = 0xff;
CPU_Init();
ISD_Init();
```

```
TMOD = 0x01;
ET0 = 1; EA = 1;
TR0 = 1;
buff[7] = 0x0f;
while(1)
{
if(SECUP)
{
SECUP = 0;
+ + SEC;
if(SEC> = 60)
{
SEC = 0;
MINUP = 1;
+ + MIN;
if(MIN> = 60)
    {
    MIN = 0;
    + + HOUR;
    if(HOUR> = 24){HOUR = 0;}
    }
}
buff[5] = HOUR/10 ;
buff[4] = HOUR % 10;
buff[3] = MIN/10 ;
buff[2] = MIN % 10;
buff[1] = SEC/10 ;
buff[0] = SEC % 10;
}
if(MINUP)                                            // 若时间"分"值改变了
{
MINUP = 0;
LED1 = 0;
ISD_SetPLAY(14);                                     // 播放"现在是北京时间"
if(HOUR/10>0){
ISD_SetPLAY(HOUR/10);                                // 播放当前时的十位数
ISD_SetPLAY(10);                                     // 播放"10"
}
ISD_SetPLAY(HOUR % 10);                              // 播放当前时的个位数
ISD_SetPLAY(11);                                     // 播放"时"
if(MIN/10>0){
ISD_SetPLAY(MIN/10);                                 // 播放当前分的十位数
ISD_SetPLAY(10);                                     // 播放"十"
```

```
    }
ISD_SetPLAY(MIN % 10);                                    // 播放当前分的个位数
ISD_SetPLAY(12);                                          // 播放"分"
LED1 = 1;
    }
KEY = DISPKEY(buff);
if (KEY! = 0xff)
{
buff[7] = KEY ;
{
    switch(buff[7])                                       // 通过单片机按键进行下列操作
    {
        case 0x01: {N = (N<15)?  + +N;0;}break;
        case 0x02:
            {LED5 = 0;                                    // 全部擦除
            ISD_Stop();
        ISD_Erase_All();
            Display();
            LED5 = 1;
                } break;
        case 0x03:
            {                                             // 定点录音
            ISD_ClrInt();
            do{ISD_RdStatus(); }while(RDY = = 0);
            ISD_CHK_MEM();
            LED0 = 0;
            ISD_SetREC(N);
            while(DISPKEY(buff)! = 0x00);                 // 等待停止键
            ISD_ClrInt();
            ISD_Stop();                                   // 停止录音
            LED0 = 1;
            }   break;
        case 0x04:                                        // 定点播放
            {
            LED1 = 0;
            ISD_SetPLAY(N);
        LED1 = 1;
            } break;
        case 0x05:                                        // 快进
          {
            ISD_Stop();
            ISD_FWD();
            ISD_PLAY();
```

```
            } break；
        case 0x00：
            { ISD_Stop();} break；              // 停止
    default：break；
        }
    }
buff[6] = N；
delay(10)；
    }
}
/ * T0 中断函数 * /
T0_int() interrupt 1
{
TH0 = 15536 / 256；
TL0 = 15536 % 256；
if ( + + MS50＞ = 20)
{
MS50 = 0；
SECUP = 1；
KEY = DISPKEY(buff)；
}
}
```

3. 创建和下载目标程序

(1)在 Keil 中创建目标,修改程序直到没有语法错误为止。

(2)将目标程序下载到单片机开发实验板,通过 SPI 接口连接 ISD1700 语音模块。

(3)利用单片机开发实验板上的按钮,进行定点录音。

(4)运行单片机开发实验板的程序,验证语音报时功能。

思考与练习

1. 编写程序,实现分段录音、播放、擦除、快进(要求具备如图 2 - 15 - 1 所示的语音模块电路)。

2. 如果要在前面项目中增加语音功能,如在时钟项目中增加语音报时,在超声测距项目中增加语音报出所测距离,简述实现的思路(分别从硬件和软件两方面讨论)。有条件的话,尝试实现上述功能。

项目 16   LED 点阵的显示驱动

【学习目标】

(1)理解 LED 点阵的显示原理。

(2)掌握典型 LED 点阵显示驱动电路的设计。

(3)掌握单片机 LED 点阵显示驱动程序的设计。

任务 1   4 位 8×8 LED 点阵的显示

工作任务

用 8×8 LED 点阵显示简单汉字。

相关知识

1. 工作原理

目前市场上出售的 LED 点阵显示块多为 8×8,即内部由 8 行 8 列共 64 个 LED 发光点构成,而每个汉字的字模也可以看成由点阵组成(多采用 16×16 或 32×32 的点阵),8×8 点阵只能显示笔划简单的汉字,必要时可以将 4 块 8×8 点阵拼合起来组成 16×16 点阵。我们先以 8×8 点阵为例介绍其工作原理和应用方法。

LED 点阵需要采用扫描法进行显示驱动。例如可将显示一个汉字的点阵分为 8 列进行扫描,当扫描到某列时,需要点亮的行引脚接有效电平(如图 2-16-1 中第 0 列 1~5 行需要点亮,置为 1;0 和 6、7 行不需点亮置为 0,即行控制信号编码为 00111110B,用十六进制表示为 03EH),若此时使 0 列信号有效,此时位于该点阵的第 0 列中第 1~5 行的点被点亮(如图 2-16-1a 所示,显示"电"字的第一竖)。同理,当输出第 1 列的行信号 2AH 时,使第 1 列有效以驱动第 1 列显示,以此类推,反复对 8 列进行扫描即可显示出对应的汉字"电",如图 2-16-1b 所示。

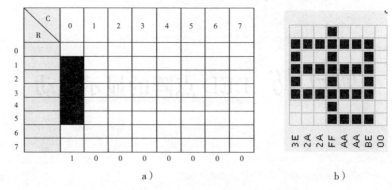

图 2-16-1 LED点阵扫描显示原理

为了得到各种规格点阵的汉字每列的编码,可以借助汉字字模提取软件,如 PCtoLCD 等。对于这里的 8×8 点阵,我们也可以利用 ProteusISIS 虚拟仪器中的 Pattern Generator。在电路图中选择虚拟仪器模型,放入 Pattern Generator,启动仿真后,单击其中的 STEP 按钮使之停止,然后用鼠标在栅格中点出汉字(如"电力工业")所需的各点,下方就会出现对应字模各列的信号编码,如"电"字字模编码为"3E,2A,2A,FF,AA,AA,BE,00",如图 2-16-2 所示。

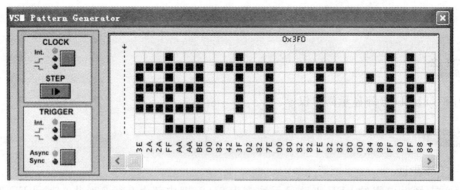

图 2-16-2 利用 Proteus 中的 Pattern Generator 生成简单汉字字模编码

将这些编码以数组形式保存在程序存储器中,显示时依次读取数组元素,输出到 LED 的行线,同时驱动相应的列进行显示(实际的器件要根据行列是高电平或低电平有效,来决定是直接输出还是取反后输出)。一共需要扫描 8 列才能完成一个 8×8 点阵汉字的显示,只要扫描速度高于人的视觉暂留时间,就使人感到是同时显示出构成该汉字的所有点。

2. 电路设计

由于每块 8×8 点阵需要 16 根输出控制线,当需要显示多个汉字时,就需要单片机提供大量的输出控制线,仅靠单片机自身的 I/O 口线是不够的。这里介绍的电路(如图 2-16-3 所示)是利用单片机串口方式 0,将存储在程序存储器中的字模数据,依次取出 4 个汉字的某一列编码通过串口移位输出,经过 4 个级联的串入并出电路 74HC595 转换为并行输出,分别驱动 4 个汉字 LED 点阵的 8 位行输入端,最右边的 U6 是用来将串行输出的列驱动信号转换为并行信号,依次扫描驱动各 LED 点阵的某一列。这样分 8 次扫描完整个汉字。由于利用串口方式 0 发送字模数据,所以只需使用单片机的以下三条口线:

P3.0/RXD——发送串行移位数据到级联的 74HC595 DS 端(串行数据输入)。

P3.1/TXD——输出移位同步时钟信号接 74HC595 的 SH_CP 端(移位时钟)。

P3.2(或其他引脚)——输出锁存信号接 74HC595 的 ST_CP 端(锁存)。

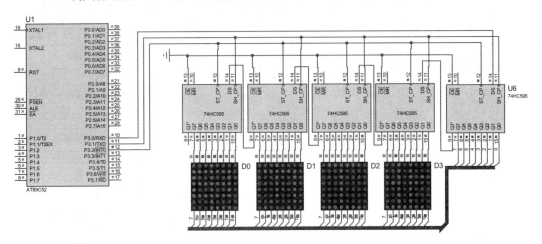

图 2-16-3 利用串口移位输出驱动 4 位 8×8 点阵的电路

注：① 在仿真电路里为简化起见,省略了晶振、限流电阻等元器件,实际电路不可省略。
② 制作实际电路时需要在 74HC595 与 LED 点阵之间加一驱动电路以获得较大的驱动电流来同时驱动多块 LED 点阵。

电路图 2-16-3 所需主要元器件见表 2-16-1 所示。

表 2-16-1 电路图 2-16-3 主要元器件

元器件编号	元器件型号/关键字	功能与作用
U1	AT89C51	单片机
U2～U6	74HC595	8 位串入并出移位寄存器
D0～D3	MATRIX—8×8—GREEN	8×8 LED 点阵

3. 程序设计

程序流程见图 2-16-4 所示。

参考程序：

```
# include  <reg52.h>        // 包含 reg52.h 文件
# include "pub.h"           // 包含 pcb.h 文件,其中有一些常用自定义函数,如 delay()等
                           //   的定义

sbit P3_2 = P3^2;           // 定义 P3_2 为位地址 P3.2(在 reg52.h 中为 P3^2)
unsigned char code LEA[4][8] =    // 定义电力工业四个汉字的 8×8 字模编码 2 维数组
{
{0x3E,0x2A,0x2A,0xFF,0xAA,0xAA,0xBE,0x00}, {0x00,0x82,0x42,0x3F,0x02,0x82,0x7E,0x00},
{0x80,0x81,0x81,0xFF,0x81,0x81,0x80,0x00},
{0x84,0x88,0xFF,0x80,0xFF,0x88,0x84,0x00}
};
```

```
void main()                              // 主函数
{
unsigned char col,k;
SCON = 0x00;                             // 串口方式 0
while(1)
{
for(col = 0; col<8; col++)               // 从 0 到 7 列循环
{
for(k = 0; k<4; k++)                     // 从第 0 到第 3 位汉字
                                         // 循环

{
SBUF = ~LEA[k][col];                     // 发送第 k 位第 col 列
                                         // 字模码

while(TI = = 0){}                        // 等待发送完毕标志 TI
TI = 0;                                  // 清发送完毕标志 TI
}
SBUF = 0x01<<col;                        // 发送列驱动信号
while(TI = = 0){}                        // 等待发送完毕标志 TI
TI = 0;                                  // 清发送完毕标志 TI
P3_2 = 1;                                // 通过 P3.2 向 74HC595
                                         // 发出锁存信号

P3_2 = 1;
P3_2 = 0;
delay(1);                                // 延时 1ms
}
}
}
```

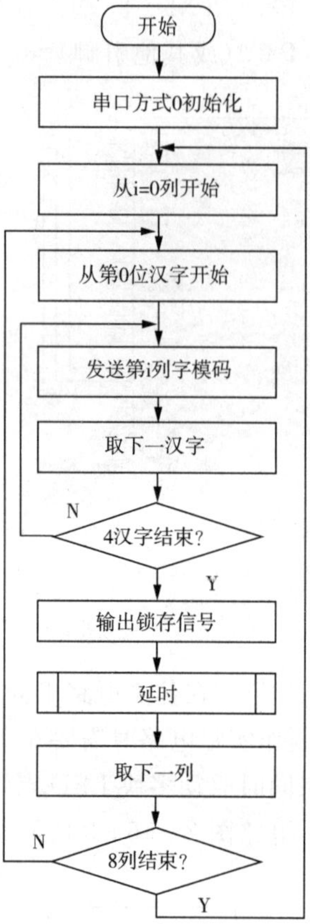

图 2-16-4 程序流程

任务 2 16×16 点阵汉字的滚动显示

工作任务

采用市售标准接口的 4 位 16×16 LED 点阵板实现汉字的滚动显示。

相关知识

1. 工作原理

8×8 点阵只能显示简单汉字,没有实用价值,现采用市售标准 10P 接口的 16 行×64 列点阵 LED 点阵板,该电路采用 8 块 74HC595 串入并出输出 64 位列信号,两块 74HC138 译码器输出 16 行的扫描信号(如图 2－16－5 所示)。一块板可显示 4 位 16×16 点阵汉字,并可以多块级联使用,也可以通过软件实现汉字的滚动显示。图 2－16－5 中所需元器件的清单见表 2－16－3 所示。

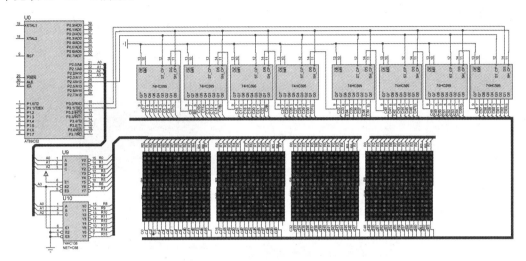

图 2－16－5　多位 16×16LED 点阵的滚动显示控制电路

表 2－16－3　仿真电路器件清单

元器件编号	元器件型号/关键字	功能与作用
U0	AT89C51	单片机
U1～U8	74HC595	8 位串入并出移位寄存器
U9～U10	74HC138	3－8 译码器,输出行扫描信号
D0～D15	MATRIX－8×8－GREEN	8×8 LED 点阵

相关实践

1. 电路设计

这里要求显示 16×16 点阵汉字,但在 Proteus 中没有直接给出 16×16 点阵的 LED 点阵器件,我们可以用 4 个 8×8 点阵组合为一个 16×16 点阵。电路连接时需要将每个 8×8 点阵的列引脚接 74HC595 的并行输出端,行引脚接 3－8 译码器 74HC138 的译码输出端(为使电路整齐美观,都通过标签连接,由于标签较多,建议参考基础篇第 3 章介绍的方法,用 Proteus 的"Property Assignment Tools"自动产生顺序标签。另外,通过 P2.4 引脚输出 74HC595 的选通和锁存信号(如图 2－16－6 所示))。完成电路连接后再将各点阵块紧密排列起来得到最终电路图(如图 2－16－5 所示),并通过菜单"System/Set Anmation Option",取消"Show Logic State of Pins"以关闭引脚电平的颜色,以免影响点阵的正常显示。

注:在仿真电路里为简化起见,省略了晶振、限流电阻、电流驱动等元器件,制作实际电路时不可省略。

2. 程序设计

程序中需要将 16×16 汉字点阵的字模编码存为数组，由于 Proteus 中的 Parttern Generator 不便生成 16×16 点阵字模码，我们可以从互联网上下载诸如 PCtoLCD 一类的汉字字模提取软件，用来快速地生成各种字体和大小的字模码。

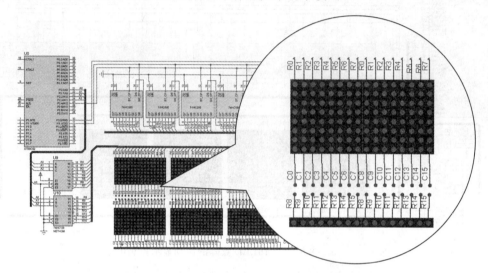

图 2-16-6　在仿真电路图中通过标签连接 LED 点阵各引脚

图 2-16-7 是字模提取软件 PCtoLCD2002 的操作界面。

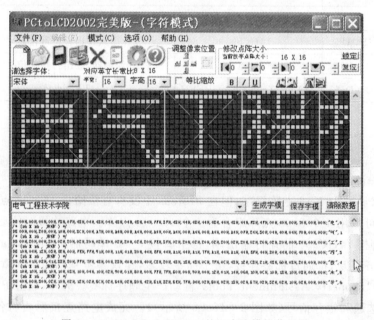

图 2-16-7　PCtoLCD2002 的汉字取模操作界面

图 2-16-8 是在该软件的"选项"菜单中的取模选项，要根据不同需要作出选择，如阴码还是阳码、取模方式、取模走向，以及是用于 A51 还是 C51 程序等（不同语言数组的定义格式不同）。这里将取模选项设置为：（点阵格式）阴码，（取模方式）逐行式，（取模走向）逆向，（自定义格式）C51 格式，（注释前缀）// 。

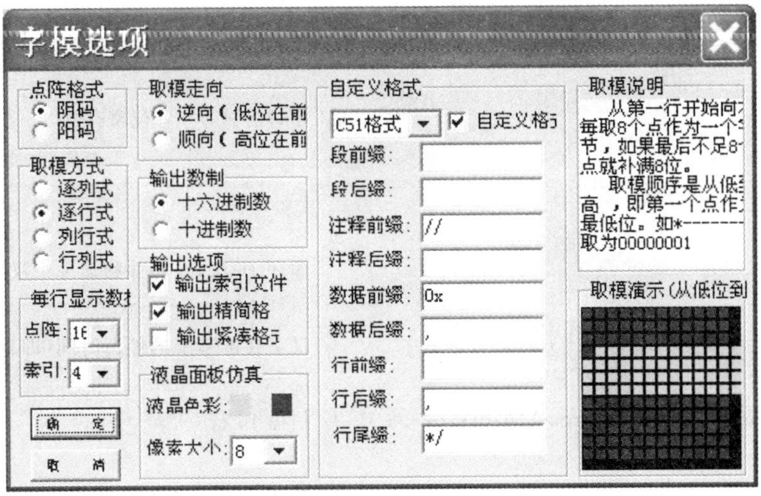

图 2 - 16 - 8 PCtoLCD2002 的汉字取模选项设置

设置完成后,在 PCtoLCD2002 窗口单击"生成字模",则在下栏生成了对应的字模编码,只要格式设置与所用语言的数组定义相符,就可以直接复制到程序的数组定义中。

参考程序:

```c
/*** 滚动显示 16×16 点阵汉字的源程序 ***/
#include <reg51.h>
#define uchar unsigned char
#define uint unsigned int
#define SPEED 2                        // 定义速度
#define light 1                        // 定义亮度
sbit ST = P2^4;                        // 选通锁存
uchar col,disrow;                      // col 为位移变量,disrow 为行变量
uint word;
uchar code tab[];
uchar BUFF[26];                        // 缓冲区
void loadoneline(void);
void sendoneline(void);
/*******根据列指针,由双字节合并为单字节的子程序模块 12MHz ************/
uchar two_onebyte(uchar h1,uchar h2)
{
uchar temp,tempcol;
if(col<8) tempcol = col;               // 取 16 列中的一列
else tempcol = col - 8;
temp = (h1>>tempcol)|(h2<<(8 - tempcol));
temp = 255 - temp;
return temp;
}
/*************************主函数*************************/
```

```
void main(void)
{
uchar i;
SCON = 0;                                      // 串口方式 0 = 移位寄存器
col = 0;word = 0;
while(1)
{
while(col<16)                                   // 循环 16 次,点亮并移动一个汉字
{
    for(i = 0;i<SPEED;i + + )                   // 汉字在屏幕上的停留时间(即移动速度快慢)
    {
        for(disrow = 0;disrow<16;disrow + + )   // 扫描 16 行
        {
        loadoneline();                          // 装载一线点阵数据
        sendoneline();                          // 发送一线点阵数据
        P2 = disrow | 0x10 ;                     // 译码驱动一行,74HC595 输出数据
        ST = 0;                                 // 74HC595 锁存数据
        }
    }
col + + ;                                       // 列指针递增
}
col = 0;word = word + 32;                        // 一个汉字移动后,指向下一个汉字
if(word> = 320)word = 0;                         // 若 10 个汉字结束,重新从头开始
}
}
/ * * * * * * * * * * * * * *装载一线点阵数据* * * * * * * * * * * * * * * * * /
void loadoneline(void)
{
uchar s;
for(s = 0;s<9;s + + )                            // s 为要显示的数字 + 1
{
        BUFF[2 * s] = ~tab[word + 32 * s + 2 * disrow];     // ~每个 16×16 汉字点阵需要 32
字节
        BUFF[2 * s + 1] = ~tab[word + 1 + 32 * s + 2 * disrow];    // ~每行点阵 2 字节
}
}
/ * * * * * * * * * * * * * * * *发送一线点阵数据* * * * * * * * * * * * * * * * * * * * * /
void sendoneline(void)
{
char s;uchar inc;
if(col<8)inc = 0;else inc = 1;                   // 原为 col<8
  for(s = 0 + inc;s< = 15 + inc;s + + )          // 发送 8 个字节 ,原为 s< = 15 + inc
{
```

```
    SBUF = two_onebyte(BUFF[s],BUFF[s + 1]);
    while(! TI);TI = 0;
    }
}
```

/ * * * * * * * * * * * *汉字点阵码,用取模软件生成后直接复制到下面的数组定义中 * * *
* */

```
uchar code tab[] =
{
// 字幕开始的空白部分
0x00,0x00,0x00,0x00,0x00,0x00,0x00,0x00,0x00,0x00,0x00,0x00,0x00,0x00,0x00,0x00,
0x00,0x00,0x00,0x00,0x00,0x00,0x00,0x00,0x00,0x00,0x00,0x00,0x00,0x00,0x00,0x00,
0x00,0x00,0x00,0x00,0x00,0x00,0x00,0x00,0x00,0x00,0x00,0x00,0x00,0x00,0x00,0x00,
0x00,0x00,0x00,0x00,0x00,0x00,0x00,0x00,0x00,0x00,0x00,0x00,0x00,0x00,0x00,0x00,
0x00,0x00,0x00,0x00,0x00,0x00,0x00,0x00,0x00,0x00,0x00,0x00,0x00,0x00,0x00,0x00,
0x00,0x00,0x00,0x00,0x00,0x00,0x00,0x00,0x00,0x00,0x00,0x00,0x00,0x00,0x00,0x00,
0x00,0x00,0x00,0x00,0x00,0x00,0x00,0x00,0x00,0x00,0x00,0x00,0x00,0x00,0x00,0x00,
0x00,0x00,0x00,0x00,0x00,0x00,0x00,0x00,0x00,0x00,0x00,0x00,0x00,0x00,0x00,0x00,
0x00,0x00,0x00,0x00,0x00,0x00,0x00,0x00,0x00,0x00,0x00,0x00,0x00,0x00,0x00,0x00,
0x00,0x00,0x00,0x00,0x00,0x00,0x00,0x00,0x00,0x00,0x00,0x00,0x00,0x00,0x00,0x00,
0x00,0x00,0x00,0x00,0x00,0x00,0x00,0x00,0x00,0x00,0x00,0x00,0x00,0x00,0x00,0x00,
// 电气工程学院欢迎您!
0x80,0x00,0x80,0x00,0x80,0x00,0xFC,0x1F,0x84,0x10,0x84,0x10,0xFC,0x1F,0x84,0x10,
0x84,0x10,0x84,0x10,0xFC,0x1F,0x84,0x10,0x80,0x40,0x80,0x40,0x00,0x7F,0x00,0x00,  // 电
0x10,0x00,0x10,0x00,0xF8,0x7F,0x08,0x00,0x04,0x00,0xF2,0x1F,0x00,0x00,0xF8,0x0F,
0x00,0x08,0x00,0x08,0x00,0x08,0x00,0x08,0x00,0x08,0x50,0x00,0x50,0x00,0x60,0x00,0x40,  // 气
0x00,0x00,0xFC,0x3F,0x80,0x00,0x80,0x00,0x80,0x00,0x80,0x00,0x80,0x00,0x80,0x00,
0x80,0x00,0x80,0x00,0x80,0x00,0x80,0x00,0x80,0x00,0xFF,0x7F,0x00,0x00,0x00,0x00,  // 工
0xB0,0x1F,0x8E,0x10,0x88,0x10,0x88,0x10,0xBF,0x10,0x88,0x1F,0x0C,0x00,0xDC,0x3F,
0x2A,0x02,0x0A,0x02,0xC9,0x3F,0x08,0x02,0x08,0x02,0x08,0x02,0xE8,0x7F,0x08,0x00,  // 程
0x80,0x10,0x08,0x31,0x30,0x13,0x10,0x09,0xFE,0x7F,0x02,0x20,0xF1,0x17,0x00,0x02,
0x00,0x01,0xFE,0x7F,0x00,0x01,0x00,0x01,0x00,0x01,0x00,0x01,0x40,0x01,0x80,0x00,  // 学
0x00,0x01,0x1F,0x02,0xF1,0x7F,0x29,0x20,0x05,0x00,0xC5,0x1F,0x09,0x00,0x11,0x00,
0xF1,0x7F,0x95,0x04,0x89,0x04,0x81,0x04,0x41,0x44,0x41,0x44,0x21,0x44,0x11,0x78,  // 院
0x00,0x01,0x00,0x01,0x3F,0x01,0xA0,0x7F,0xA1,0x20,0x52,0x12,0x14,0x02,0x08,0x02,
0x18,0x02,0x18,0x06,0x24,0x05,0x24,0x09,0x82,0x18,0x61,0x70,0x1C,0x20,0x00,0x00,  // 欢
0x02,0x00,0x84,0x01,0x6C,0x3E,0x24,0x22,0x20,0x22,0x20,0x22,0x27,0x22,0x24,0x22,
0xA4,0x22,0x64,0x2A,0x24,0x12,0x04,0x02,0x04,0x02,0x0A,0x00,0xF1,0x7F,0x00,0x00,  // 迎
0x10,0x00,0x90,0x00,0x88,0x7F,0x48,0x20,0x2C,0x02,0x4C,0x0A,0x4A,0x12,0x29,0x22,
0x88,0x22,0x08,0x01,0x00,0x00,0x94,0x20,0x14,0x49,0x16,0x48,0xE0,0x0F,0x00,0x00,  // 您
0x00,0x00,0x00,0x00,0x00,0x00,0x00,0x00,0x00,0x00,0x08,0x00,0x08,0x00,0x08,0x00,0x08,0x00,
0x08,0x00,0x08,0x00,0x08,0x00,0x08,0x00,0x08,0x00,0x00,0x00,0x08,0x00,0x00,0x00,  // !
// 字幕尾部的空白部分
```

```
0x00,0x00,0x00,0x00,0x00,0x00,0x00,0x00,0x00,0x00,0x00,0x00,0x00,0x00,0x00,0x00,
0x00,0x00,0x00,0x00,0x00,0x00,0x00,0x00,0x00,0x00,0x00,0x00,0x00,0x00,0x00,0x00,
0x00,0x00,0x00,0x00,0x00,0x00,0x00,0x00,0x00,0x00,0x00,0x00,0x00,0x00,0x00,0x00,
0x00,0x00,0x00,0x00,0x00,0x00,0x00,0x00,0x00,0x00,0x00,0x00,0x00,0x00,0x00,0x00,
};
```

3. 程序的跟踪调试

（1）在 Keil 中创建目标，修改程序直到没有语法错误为止。

（2）进入 Debug 状态，进行单步、断点等跟踪。如果需要，还可以将 Keil 与 Proteus 结合起来进行程序和电路的联合仿真调试（可参照项目 2 中的任务 3 介绍的方法）。

4. 电路仿真运行

在 Proteus 中下载目标程序后仿真运行，观察汉字滚动显示结果。

思考与练习

1. 本项目是如何实现仅用单片机较少的口线，来驱动具有众多引脚的 LED 点阵的？

2. 为了用 LED 点阵显示汉字，我们如何得到这些汉字的字模数据？

3. 分析市场销售标准的 4 位 16×16 LED 点阵板的电路原理，尝试用自己制作的单片机开发实验板来驱动该 LED 点阵板，实现一行汉字的滚动显示。

附　　录

附录 1　Proteus ISIS 中的虚拟仪器（VM）

一、虚拟仪器中英文对照表（见附录表 1）

附录表 1　Proteus 中的虚拟仪器

英文名称	中文名称	说　明
OSCILLOSCOPE	示波器	四踪数字示波器
LOGIC ANALYSER	逻辑分析仪	
COUNTER TIMER	定时计数器	
VIRUAL TERMINAL	虚拟终端	全双工串口调试
SPI DEBUGGER	SPI 调试器	模拟 SPI 进行数据传送调试
I²C DEBUGGER	I²C 调试器	模拟 I²C 进行数据传送调试
SIGNAL GENERATOR	信号发生器	产生 0～12MHz 的正弦、方波、锯齿波、三角波信号
PATTERN GENERATOR	模式发生器	
AC/DC VOLTMETERS/AMMETERS	交流/直流 电压表/电流表	交流/直流、电压/电流测量

二、虚拟信号发生器操作图示（见附录图 1）

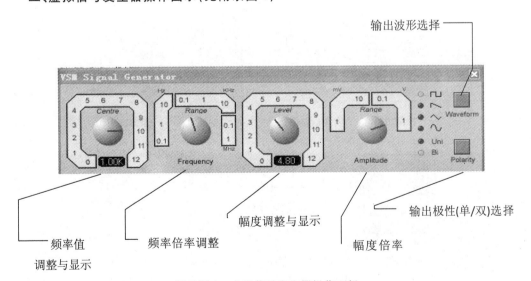

附录图 1　虚拟信号发生器操作面板

三、虚拟四踪示波器操作说明（见附录图 2）

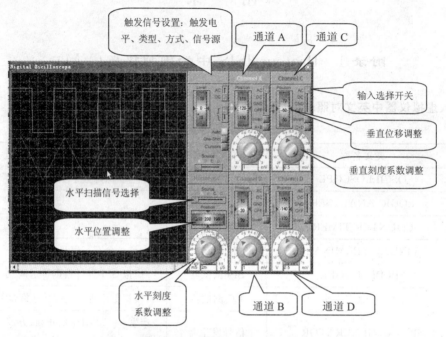

附录图 2　虚拟示波器操作面板

附录 2　本书实验用 IC 电路符号和引脚（见附录图 3）

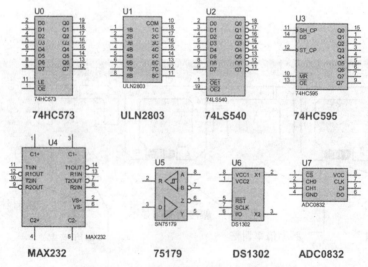

附录图 3　本书实验用集成电路引脚排列图

附录 3　　Keil C51 库函数

Keil C51 软件包中提供了如下库函数文件。

C51S. LIB：不包含浮点运算的小型库函数。

C51FPS. LIB：包含浮点运算的小型库函数。

C51C. LIB：不包含浮点运算的紧凑型库函数。

C51FPC. LIB：包含浮点运算的紧凑型库函数。

C51L. LIB：不包含浮点运算的大型库函数。

C51FPL. LIB：包含浮点运算的大型库函数。

80751. LIB：应用于 Philips8X751 系列单片机的库函数。

访问 SFR（REG51. H /REG52. H）。

其中定义了 51/52 单片机中所有的特殊功能寄存器（SFR）名，从而在 C51 程序中可直接对 SFR 寄存器的名称进行操作。

C51 库函数中的每个函数都在相应的头文件中有原型声明，如果要在程序中使用其中某个函数，必须在源程序中用 ♯ include 指令包含相应的头文件。常用头文件及所声明的函数原型如下。

一、内部函数（INTRINS. H）

unsigned char _crol_(unsigned char val, unsigned char n)；

将字节变量 val 循环左移 n 位。

unsigned int _irol_(unsigned int val, unsigned char n)；

将整型变量 val 循环左移 n 位。

unsigned long _lrol_(unsigned long val, unsigned char n)；

将长整型变量 val 循环左移 n 位。

unsigned char _cror_(unsigned char val, unsigned char n)；

将字节变量 val 循环右移 n 位。

unsigned int _iror_(unsigned int val, unsigned char n)；

将整型变量 val 循环右移 n 位。

unsigned long _lror_(unsigned long val, unsigned char n)；

将长整型变量 val 循环右移 n 位。

void _nop_(void)；

产生一个 8051 单片机的 NOP 指令。

bit _testbit_(bit x)；

产生一个 8051 单片机的 JBC 指令。

二、字符函数（CTYPE. H）

extern bit isalpha (char)；

检查参数字符是否为英文字母，是则返回 1，否则返回 0。

extern bit isalnum (char)；

单片机小系统设计与制作

检查参数字符是否为英文字母或数字字符,是则返回 1,否则返回 0。

extern bit iscntrl (char);

检查参数值是否在 0x00～0x1F 之间或等于 0x7F,如果为真则返回值为 1,否则返回值为 0。

extern bit isdigit (char);

检查参数的值是否为数字字符,是则返回 1,否则返回 0。

extern bit isgraph (char);

检查参数是否为可打印字符,可打印字符的值域为 0x21～0x7E 为真时返回值为 1,否则返回值为 0。

extern bit isprint (char);

除了与 isgraph 相同之外,还接受空格符 (0x20)。

extern bit ispunct (char);

检查字符参数是否为标点、空格或格式字符,如果是空格或是 32 个标点和格式字符之一(假定使用 ASCII 字符集中 128 个标准字符)则返回 1,否则返回 0。

extern bit islower (char);

检查参数字符的值是否为小写英文字母,是则返回 1,否则返回 0。

extern bit isupper (char);

检查参数字符的值是否为大写英文字母,是则返回 1,否则返回 0。

extern bit isspace (char);

检查参数字符是否为下列之一:空格、制表符、回车、换行、垂直制表符和送纸。如果为真则返回 1,否则返回 0。

extern bit isxdigit (char);

检查参数字符是否为 16 进制数字字符,如果为真则返回 1,否则返回 0。

extern char toint (char);

将 ASCII 字符的 0～9、a～F(大小写无关)转换为 16 进制数字。

extern char tolower (char);

将大写字符转换成小写形式,如果字符变量不在 'A'～'Z' 之间,则不作转换而直接返回该字符。

extern char toupper (char);

将小写字符转换为大写形式 ,如果字符变量不在 'a'～'z' 之间则不作转换而直接返回该字符。

#define toascii (c) ((c)&0x7F)

该宏将任何整型数值缩小到有效的 ASCII 范围之间,它将变量和 0x7F 相与从而去掉第 7 位以上的所有数位。

#define tolower (c) (c−'A'+'a')

该宏将字符 C 与常数 0x20 逐位相或。

#define toupper (c) ((c) −'a'+'A')

该宏将字符 C 与常数 0xDF 逐位相与。

三、一般 I/O 函数 (STDIO. H)

extern char_getkey ();

从 8051 的串口读入一个字符并返回该字符,然后等待字符输入,这个函数是改变整个输入端口机制时应作修改的唯一一个函数。

extern char getchar ();

getchar 使用_getkey 从串口读入字符,并将读入的字符马上传给 putchar 函数输出,其他与_getkey 函数相同。

extern char * gets(char * s,int n);

该函数通过 getchar 串口读入一个长度为 n 的字符并存入由 "s"指向的数组。

extern char ungetchar (char);

将输入字符回送输入缓冲区。

extern char putchar(char);

通过 8051 串口输出字符,与函数 _getkey 一样,这是改变整个输出机制所需修改的唯一一个函数。

extern int printf(const char * ,…);

printf 以一定的格式通过 8051 的串行口输出数值和字符串,返回值为实际输出的字符数。

extern int sprintf(char * s,const char * ,…);

与 print 的功能相似,但数据不是输出到串行口,而是通过一个指针 s,送入可寻址的内存缓冲区,并以 ASCII 码的形式存储。

extern int puts(const char * s);

利用 putcchar 函数将字符串和换行符写入串行口,错误时返回 EOF,否则返回 0。

extern int scanf(const char * ,…);

利用 getchar 函数从串行口读入数据,

extern int sscanf(char * s, const char * ,…);

sscanf 与 scanf 的输入方式相似,但字符串的输入不是通过串行口而是通过另一个以空结束的指针。

extern void vprintf(constchar * s, char * argptr);

vprintf()利用 putchar()函数输出格式化字符串和数字值。

extern void vsprintf(char * s,const char * fmtstr,char * argptr);

vprintf()将格式化字符串和数字值输出缓冲区内,返回值为实际写入到输出字符串的字符数。

四、字符串函数 (STRING. H)

extern void * memchr (void * sl, char val,int len);

memchr 顺序搜索字符串'sl'的前'len'个字符以找出字符'val',成功时返回 sl 中指向 val 的指针,失败时返回 NULL。

extern char memcmp (void * s1, void * s2,int len);

memcmp 逐个字符比较串 s1 和 s2 的前 len 个字符,成功（相等)时返回 0,如果串 s1

大于或小于 s2，则相应地返回一个正数或一个负数 。

extern void ＊ memcpy (void ＊ dest, void ＊ src,int len);

memcpy 从 src 所指向的内存中拷贝 len 个字符到 dest 中,返回指向 dest 中最后一个字符的指针。如果 src 和 dest 发生交叠,则结果是不可预测的。

extern void ＊ memccpy (void ＊ dest, void ＊ src,char val, intlen);

memccpy 拷贝 src 中 len 个元素到 dest 中。如果实际拷贝了 len 个字符则返回 NULL。拷贝过程在拷贝完字符 val 后停止,此时返回指向 dest 中下一个元素的指针。

extern void ＊ memmove (void dest, void ＊ src,int len);

memmove 的工作方式与 memcpy 相同,但拷贝的区域可以交叠。

extern void ＊ memset (void ＊ s, char val,int len);

memset 用 val 来填充指针 s 中 len 个单元。

extern void ＊ strcat (char ＊ s1, char ＊ s2);

strcat 将串 s2 拷贝到 s1 的尾部。strcat 假定 s1 所定义的地址区域足以接受两个串,返回指向 s1 串中第一个字符的指针。

extern char ＊ strncat (char ＊ s1, char ＊ s2,int n);

strncat 拷贝串 s2 中 n 个字符到 s1 的尾部,如果 s2 比 n 短,则只拷贝 s2(包括串结束符)。

extern char strcmp (char ＊ s1, car ＊ s2);

strcmp 比较串 s1 和 s2,如果相等则返回 0,如果 s＜s2,则返回一个负数;如果 s1＞s2,则返回一个正数。

extern char strncmp(char ＊ s1, char ＊ s2,int n);

strncmp 比较串 s1 和 s2 中的前 n 个字符,返回值与 strcmp 相同。

extern char ＊ strcpy(char ＊ s1, char ＊ s2);

strcpy 将串 s2,包括结束符,拷贝到 s1 中,返回指向 s1 中第一个字符的指针。

extern char ＊ strncpy (char ＊ s1, char ＊ s2,int n);

strncpy 与 strcpy 相似,但它只拷贝 n 个字符。如果 s2 的长度小于 n ,则 s1 串以'0' 补齐到长度 n。

extern int strlen (char ＊ s1);

strlen 返回串 s1 中的字符个数,包括结束符。

extern char ＊ strchr (char ＊ s1, char c);

srtchr 搜索 s1 串中第一个出现的字符'c',如果成功则返回指向该字符的指针,否则返回 NULL。

extern int strrpos (char ＊ s1, char c);

extern int strpsn (char ＊ s1 ,char ＊ set);

extern int strcspn (char ＊ s1, char ＊ set);

extern char ＊ strpbrk (char ＊ s1, char ＊ set);

extern char ＊ strrpbrk (char ＊ s1, char ＊ set);

strpsn 搜索 s1 串中第一个不包括在 set 串中的字符,返回值是 s1 中包括在 set 里的字符个数。如果 s1 中所有字符都包括在 set 里面,则返回 s1 的长度(不包括结束符);如果

set 是空串则返回 0。

五、标准函数(STDLIB. H)

extern double atof (char * sl);

atof 将 sl 串转换成浮点数值并返回它。输入串中必须包含与浮点值规定相符的数。C51 编译器对数据类型 float 和 double 相同对待。

extern long atol (char * sl);

atol 将 sl 串转换成一个长整型数值并返回它,输入串中必须包含与长整型数格式相符的字符串。

extern int atoi (char * sl);

atoi 将 sl 转换成整型数值并返回它,输入串中必须包含与整型数格式相符串。

void * calloc(unsignedint n, unsigned int size);

calloc 返回为 n 个具有 size 大小对象所分配的内存的指针,如果返回 NULL,则表明没有这么多内存空间可用。所分配的内存区域用 0 进行初始化。

void free (void xdata * p)

free 释放指针 p 所指向的存储器区域,如果 p 为 NULL,则该函数无效,p 必须是以前用 calloc、malloc 或 realloc 函数分配的存储器区域。

void init_mempool (void xdata * p,unsigned int size);

init_mempool 对被函数 calloc、free、malloc 和 realloc 管理的存储器区域进行初始化,指针 p 表示存储区的首地址, size 表示存储区的大小。

void * malloc(unsignedint size);

malloc 返回为一个 size 大小对象所分配的内存指针。如果返回 NULL,则无足够的内存空间可用。内存区不作初始化。

void * realloc(void xdata * p,unsigned int size);

realloc 改变指针 p 所指对象的大小。

extern int rand();

rand 返回一个 0 到 32767 之间的伪随机数,对 rand 的相继调用,将产生相同序列的随机数。

extern void srand(int n);

srand 用来将随机数发生器初始化成一个已知(或期望)值。

六、数学函数(MATH. H)

extern int abs (int val);

extern char cabs (char val);

extern floaf fabs (floaf val);

extern long labs (long val);

ads 计算并返回 val 的绝对值。

extern float exp(float x);

extern float log(float x);

extern float log10 (float x);

exp 返 回 以 e 为 底 x 的 幂 , log 返 回 x 的 自 然 对 数(e＝2.718282),log10 返回以 10 为底 x 的对数。

extern float sqrt (float x);

sqrt 返回 x 的正平方根。

extern int rand ();

extern void rand (int n);

rand 返回一个 0 到 32767 之间的伪随机数。

extern float cos (float x);

extern float sin (float x);

extern float tan (float x);

cos 返回 x 的余弦值, sin 返回 x 的正弦值,tan 返回 x 的正切值。

extern float acos (float x);

extern float asin (float x);

extern float atan (float x);

extern float atan2 (float y, float x);

acos 返回 x 的反余弦值,asin 返回 x 的反正弦值 ,atan 返回 x 的反正切值。

extern float cosh (float x);

extern float sinh(float x);

extern float tanh(float x);

cosh 返回 x 的双曲余弦值, sinh 返回 x 的双曲正弦值, tanh 返回 x 的双曲正切值。

extern void fpsave (struct FPBUF * p);

extern void fprestore (struct FPBUF * p);

fpsave 保存浮点子程序的状态,fprestore 恢复浮点子程序的原始状态。

extern float ceil (float x);

ceil 返回一个不小于 x 的最小整数(作为浮点数)。

extern float floor (float x);

floor 返回一个不大于 x 最大整数(作为浮点数)。

extern float modf (float x,float * ip);

modf 将浮点数 x 分成整数和小数两部分。

extern float pow (float x,float y);

pow 计算 xy 的值,如果变量的值不合要求,则返回 NaN,当 x＝＝0 且 y＜=0 或当 x＜0且 y 不是整数时会发生错误。

七、绝对地址访问 ABSACC.H

＃ define CBYTE ((unsigned char *)0x50000L)

＃ define DBYTE ((unsigned char *)0x40000L)

＃ define PBYTE ((unsigned char *)0x30000L)

＃ define XBYTE ((unsigned char *)0x20000L)

上述宏定义用来对 8051 系列单片机的存储器空间进行绝对地址访问,可以作字节寻址。

```
# define CWORD ((unsigned int *)0x50000L)
# define DWORD ((unsigned int *)0x40000L)
# define PWORD ((unsigned int *)0x30000L)
# define XWORD ((unsigned int *)0x20000L)
```

这个宏与前面一个宏相似,只是它们指定的数据类型为 unsigned int。通过灵活运用不同的数据类型,所有的 8051 地址空间都可以进行访问。

八、变量参数表(STDARG. H)

```
typedef char * va_list
```

va_list 被定义成指向参数表的指针。

```
# define va_start(ap,v)ap=(va_list)&v+sizeof(v)
```

宏 va_start 初始化指向参数的指针.

```
# define va_arg(ap,t)(((t*)ap)++[0])
```

宏 va_arg 从 ap 指向的参数表中返回类型为 t 的当前参数。

```
# define va_end(ap)
```

关闭参数表,结束对可变参数表的访问。

九、全程跳转(SETJMP. H)

```
extern int setjmp(jmp_bufenv);
```

setjmp 将程序执行的当前环境状态信息存入变量 env 之中。

```
extern void longjmp(jmp_bufenv,int val);
```

longjmp 恢复调用 setjmp 时存在 env 中的状态。

附录 4　本书 C51 自定义函数源代码

```
/* 位于文件 pub. h 中,包含延时、LED 显示和键盘扫描等函数 */
/* pub. h,包含常用用户自定义函数 */
# define uchar unsigned char
# define uint unsigned int
# define Fosc 11059200              // 晶振
/* STC 单片机内 ADC 有关定义 */
# define ADC_POWER 0x80             // ADC power control bit
# define ADC_FLAG 0x10              // ADC complete flag
# define ADC_START 0x08            // ADC start control bit
# define ADC_SPEEDLL 0x00           // 540 clocks
# define ADC_SPEEDL 0x20            // 360 clocks
# define ADC_SPEEDH 0x40            // 180 clocks
# define ADC_SPEEDHH 0x60           // 90 clocks
/* LED 显示有关定义 */
# define PSEG P0                    // 段码输出口
# define PBIT P2                    // 位扫描输出口
```

16

```
uchar code LED[21] = {0x3F, 0x06, 0x5B, 0x4F, 0x66, 0x6D, 0x7D, 0x07, 0x7F, 0x6F, 0x77, 0x7C, 0x39,
0x5E, 0x79, 0x71, 0x00, 0x40, 0x00, 0x48, 0x09};
uchar buff[8];                        // 存放 8 位显示数字的数组
sbit KTest = P3^2;                    // 按键扫描位
sbit BEEP = P3^4;                     // 蜂鸣器驱动位
/* 延时函数 */
void delay(int ms)
{  unsigned int i = ms * 91;  for(;i>0;i--)  {;}  }


/* 100 以内数转换为 BCD 函数 */
uchar BCD(uchar x)
{ uchar y;
y = (x /10)<<4 + x % 10 ;
return y;
}
/* int 拆送显示数组函数 */
void D2BUFF(uint D)
{
uint X;
uchar i;
X = D;
for(i = 0;i<6;i++)
{
buff[i] = X % 10;
X = X /10;
}
}
/* 键盘扫描和显示函数 */
uchar DISPKEY(uchar * buff)
{
bit KEYDOWN;                          // 定义键按下标识位
uchar i = 0,k = 0xff;
P0 = 0;                               // 关显示
P2 = 0xff;
if (KTest == 0)KEYDOWN = 1;           // 设置有键按下标志
else KEYDOWN = 0;
P0 = 0;
P2 = 1;
for (i = 0;i<8;i++)
{
  P0 = LED[buff[i]];                  // 通过 P0 口向 7 段 LED 输出字形码
  delay(5);                           // 延时约 5 毫秒
  P0 = 0;
```

```
   P3|= 0x04;
   if (KTest = = 0 && KEYDOWN)        // 再次确认有键按下
   {
    P3|= 0x04;
    while(KTest = = 0){BEEP = 0;}     // 等待按键释放
    BEEP = 1;
    k = i;                           // 记录键号
   }
      P2 = (P2<<1);                   // 通过 P2 口逐位扫描
}
return(k);                           // 返回所按下的键号
}
/* 带位消隐和按键识别的显示函数    */
uchar DISPKEYH(uchar * buff,uchar Hide)
{
bit KEYDOWN;                         // 定义键按下标识位
uchar i = 0,k = 0;
PSEG = 0;                            // 关显示
PBIT = 0xff;
if (KTest = = 0)KEYDOWN = 1;         // 设置有键按下标志
else KEYDOWN = 0;
PSEG = 0;
PBIT = 1;                            // 从最低位开始扫描驱动
for (i = 0;i<8;i + +)
{
  if(PBIT = = Hide)PSEG = 0;
  else PSEG = LED[buff[i]];          // 通过 PSEG 口向 7 段 LED 输出字形码
  delay(5);                          // 延时约 5 毫秒
  PSEG = 0;
  KTest = 1;
  if (KTest = = 0 && KEYDOWN)        // 再次确认有键按下
  {
   KTest = 1;
   while(KTest = = 0){BEEP = 0;}     // 等待按键释放
   BEEP = 1;
   k = i + 1;                        // 记录键号
  }
     PBIT = (PBIT<<1);               // 通过 P2 口逐位扫描
}
return(k);                           // 返回所按下的键号
}
// 串口初始化函数
```

```
void init_comm(int baud)
{
/* T1 方式 2 作为波特率发生器   */
  TMOD| = 0x20;
  TH1 = TL1 = 256 - Fosc/baud/384;
  TR1 = 1;
  EA = 1;ES = 1;                    // 允许串口中断
  SCON = 0x50;                      // 串口方式 1,允许接收
}


// 向串口发送一个字符
void send_char(unsigned char ch)
{
    SBUF = ch;                      // 待发送字符 ch 送 SBUF
    while(TI = = 0);                // 查询是否发送完毕(TI = = 1)
    TI = 0;                         // 清发送中断标志
}


// 向串口发送一个字符串,strlen 为该字符串长度,利用长度控制发送
void send_string(unsigned char * str,unsigned int strlen)
{
    unsigned int k;
    for(k = 0; k < strlen;k + + )
    { send_char( * str + + ); }
}
// 向串口发送一个字符串,利用结束符 0 控制发送
void send_str(unsigned char * s)
{
    while( * s)
    {
        send_char( * s + + );
    }
}
```

附录 5   常见内置 ADC 的 51 内核单片机简介

目前,世界许多厂家已开发生产了多种各具特色的单片机系列,如 8051 系列、PIC 系列、MSP430 系列、AVR 系列等,但 8051 系列单片机仍然是应用很广泛的单片机。目前已有多家公司生产嵌入 51 内核的单片机,如 ATMEL89 系列、NXP 的 LPC900 系列、Cygnal 的 C8051F×××系列、ADI 的 AD μC8××系列、DALLAS 的 DS87C×××系列、STC 系列等。现列出一些具有 51 内核并内置 ADC 的单片机系列供读者在设计制作模拟量采集控制的场合参考。

一、ATMEL 89 系列单片机简介

ATMEL 89 系列单片机是 ATMEL 公司生产的与 MCS－51 系列单片机兼容的产品。这个系列产品的最大特点是在片内含有 Flash 存储器。因此，有着十分广泛的应用前景和用途。典型内部配置见附录表 2 所示。

89 系列单片机型号由三个部分组成，它们分别是前缀、型号、后缀，其格式如下：

AT89C(LV、S)×××××××

（1）前缀

前缀由字母"AT"组成，它表示该器件是 ATMEL 公司的产品。

附录表 2　部分 AT89 系列（内置 ADC）内部主要配置

型　号	Flash (KB)	ISP	EEPROM (KB)	RAM (B)	I/O Pins	定时器	看门狗	SPI	A/D Ch×bit
AT89C5115	16	Y	2	512	20	2	Y	—	8×10
AT89C51AC2	32	Y	2	1280	34	3	Y	—	8×10
AT89C51AC3	64	Y	2	2304	32	3	Y	Y	8×10

（2）型号

型号由"89C××××"或"89 LV××××"或"89 S××××"等表示。"9"表示芯片内部含 Flash 存储器；"C"表示是 CMOS 产品；"LV"表示低电压产品；"S"表示含可下载的Flash 存储器；"××××"为表示型号的数字，如 51、2051、8252 等。

（3）后缀　由"××××"四个参数组成，每个参数的表示和意义不同。在型号与后缀部分有"—"号隔开。

后缀中的第一个参数 X 用于表示速度，它的意义如下：

×＝12，表示速度为 12 MHz；×＝20，表示速度为 20 MHz；

×＝16，表示速度为 16 MHz；×＝24，表示速度为 24 MHz；

后缀中的第二个参数×用于表示封装，它的意义如下：

×＝D，表示陶瓷封装；×＝Q，表示 PQFP 封装；

×＝J，表示 PLCC 封装；×＝A，表示 TQFP 封装；

×＝P，表示塑料双列直插 DIP 封装；×＝W，表示裸芯片。

×＝S，表示 SOIC 封装。

后缀中第三个参数×用于表示温度范围，它的意义如下：

×＝C，表示商业用产品，温度范围为 0℃～＋70℃；

×＝I，表示工业用产品，温度范围为－40℃～＋85℃；

×＝A，表示汽车用产品，温度范围为－40℃～＋125℃；

×＝M，表示军用产品，温度范围为－55℃～＋150℃。

后缀中第四个参数×用于说明产品的处理情况，它的意义如下：

×为空，表示处理工艺是标准工艺；

×＝/883，表示处理工艺采用 MIL—STD—883 标准。

例如：

有一个单片机型号为"AT89C51—12PI",则表示为该单片机是 ATMEL 公司的 Flash 单片机,内部是 CMOS 结构,速度为 12MHz,封装为塑封 DIP,是工业用产品,按标准处理工艺生产。

二、LPC900 系列单片机简介

LPC900 系列单片机是 Philips 公司开发的基于 80C51 内核的高速、低功耗 Flash 单片机,主要集成了字节方式的 I^2C 总线、SPI 接口、UART 通信接口、实时时钟、E^2PROM、A/D 转换器、ISP/IAP 在线编程和远程编程方式等一系列有特色的功能部件。典型内部配置见附录表 3 所示。

附录表 3   LPC900 系列内部主要配置

引脚	型 号	存储器				定时器/计数器			A/D Ch×b	D/A Ch×b
		RAM (B)	EEPROM	Flash	PP/ISP /IAP	CCU	RTC	WDT		
64	P89LPC9408	768	512B	8KB	Y/Y/Y	—	Y	Y	8×10	—
10	P89LPC9102	128	1KB		ICP	—	Y	Y	4×8	1×8
10	P89LPC9103	128	1KB		ICP	—	Y	Y	4×8	1×8
14	P89LPC9107	128	1KB		ICP	—	Y	Y	4×8	1×8
14	P89LPC915	256	2KB		Y/—/Y	—	Y	Y	4×8	1×8
16	P89LPC916	256	2KB		Y/—/Y	—	Y	Y	4×8	1×8
16	P89LPC917	256	2KB		Y/—/Y	—	Y	Y	4×8	1×8
20	P89LPC924	256	4KB		Y/Y/Y	—	Y	Y	4×8	1×8
20	P89LPC925	256	8KB		Y/Y/Y	—	Y	Y	4×8	1×8
28	P89LPC935	768	512B	8KB	Y/Y/Y	Y	Y	Y	Dual 4×8	Dual 1×8
28	P89LPC936	768	512B	16KB	Y/Y/Y	Y	Y	Y	Dual 4×8	Dual 1×8

P89LPC932 是一款单片封装的微控制器,适合于许多要求高集成度、低成本的场合,可以满足多方面的性能要求。P89LPC932 采用了高性能的处理器结构,指令执行时间只需 2~4 个时钟周期,6 倍于标准 80C51 器件。P89LPC932 集成了许多系统级的功能,这样可大大地减少元件的数目和电路板面积,并降低系统成本,主要具有如下特点:

(1)操作频率为 12MHz 时,除乘法和除法指令外,高速 80C51 CPU 的指令执行时间为 167~333ns。在同一时钟频率下,其速度为标准 80C51 器件的 6 倍。只需要较低的时钟频率即可达到同样的性能,这样无疑降低了功耗和 EMI。

(2)工作电压范围为 2.4~3.6V,I/O 口可承受 5V(可上拉或驱动到 5.5V)电压。

(3)8KB Flash 程序存储器,具有 1KB 可擦除扇区和 64 字节可擦除页规格的 ISP/IAP 在线编程和远程编程方式。

(4)256 字节 RAM 数据存储器,512 字节附加片内 RAM。

(5)512 字节片内用户数据 E^2PROM 存储区,可用来存放器件序列码及设置参数等。

(6)2 个 16 位定时器/计数器,每一个定时器均可设置为溢出时触发相应端口输出或作为 PWM 输出。

(7)实时时钟可作为系统定时器。

(8)捕获/比较单元(CCU)提供 PWM、输入捕获和输出比较功能。

(9)2 个模拟比较器,可选择输入和参考源。

(10)增强型 UART。具有波特率发生器、间隔检测、帧错误检测、自动地址识别和通用的中断功能。

(11)400kHz 字节方式 I^2C 通信端口。

(12)具有 SPI 通信端口。

(13)8 个键盘中断输入,另加两路外部中断输入。

(14)4 个中断优先级。

(15)看门狗定时器具有片内独立振荡器,无需外接元件。看门狗定时器溢出时间有 8 种选择。

(16)低电平复位。使用片内上电复位时不需要外接元件。

(17)低电压复位(掉电检测)可在电源故障时使系统安全关闭。该功能也可配置为一个中断。

(18)振荡器失效检测。看门狗定时器具有独立的片内振荡器,因此它可用于振荡器的失效检测。

(19)可配置的片内振荡器及其频率范围和 RC 振荡器选项(通过用户可编程 Flash 配置位选择)。选择 RC 振荡器时不需要外接振荡器件。振荡器选项支持的频率范围为 20kHz～12MHz。

(20)可编程 I/O 口输出模式:准双向口、开漏输出、推挽输出和仅为输入功能。

(21)端口"输入模式匹配"检测。当 P0 口引脚的值与一个可编程的模式匹配或者不匹配时,可产生一个中断。

(22)双数据指针(DPTR)。

(23)施密特触发端口输入。

(24)所有口线均有 20mA 的 LED 驱动能力,但整个芯片有一个最大值的限制。

(25)可控制口线输出转换速度以降低 EMI,输出最小转换时间约为 10ns。

(26)最少 23 个 I/O 口(28 脚封装),选择片内振荡和片内复位时可多达 26 个 I/O 口。

(27)当选择片内振荡及复位时,P89LPC932 只需连接电源和地。

(28)串行 Flash 编程可实现简单的在线编程,2 个 Flash 保密位可防止程序被读出。

(29)Flash 程序存储器可实现在应用中编程,这允许在程序运行时改变代码。

(30)空闲和两种不同的掉电节电模式。提供从掉电模式中唤醒功能(低电平中断输入唤醒)。典型的掉电电流为 1 μA(比较器关闭时的完全掉电状态)。

三、C8051F×××系列单片机

美国 CYGNAL 公司新近推出了高性能的 C8051F×××系列单片机,该单片机可彻底改变人们对 8051 单片机速度慢、性能低的印象。简要说来,C8051F×××系列单片机具有如下几个重要特点:

（1）速度快。高达 25MIPS 的速度，比标准 8051 快 20 倍以上，丝毫不逊于 PIC、AVR 单片机。

（2）强大的模拟信号处理功能。有多达 32 路 12 位 ADC（速度为 100kHz）或高达 500 kHz 的 8 位 ADC、两路 12 位精度的 DAC、两路模拟比较器、高精度基准电源、程控放大器和温度传感器。

（3）先进的 JTAG 调试功能。支持在系统、全速、非插入调试和编程，不占用任何片内资源。

（4）强大的控制功能。有多达 64 位 I/O 口线，所有的口线可以编程为弱上拉或推挽输出。更为独特的是具有数字开关阵列（Digital Crossbar）可以将内部系统资源定向到 P0、P1 和 P2，即可以把定时器、串行总线、外部中断源、A/D 转换输入、比较器输出定向到 P0、P1 和 P2。

（5）丰富的串行接口。具有标准的全双工 UART、PHILIPS 或 INTEL 标准的 I^{2}C/SMBus 串行总线及 MOTOROLA 的 SPI 串行总线，不仅覆盖了典型的串行通信标准，而且功能更强大。

（6）多达 22 个中断源。为实时多任务系统的实现提供了扎实的基础。

（7）可靠的安全机制。有 7 种复位源，使系统的运行可靠性大大提高；采用一种与传统方式完全不同的加密方式，利用 JTAG 口编程来加密芯片，可以绝对保护用户的知识产权。

（8）存储器。有多达 64KB 的 FLASH 存储器，其中的一部分可以作为数据存储器用。同时，片内有多达 4KB 的 RAM 存储器。

C8051F×××系列单片机还有很多独特的优点，限于篇幅，不在此赘述。但由上述可见，与标准 51 系列单片机相比，C8051F×××系列单片机具有很高的性能。目前，美国 CYGNAL 公司生产的 C8051F×××系列单片机有 4 个子系列：C8051F0××系列、C8051F02×系列、C8051F2××系列和 C8051F3××系列。C8051F0××系列的功能最全，基本覆盖了其他系列单片机的功能。其典型配置见附录表 4。

附录表 4 C8051F0××系列内部主要配置

型　号	Flash	RAM	定时器	I/O	ADC 分辨率（bit）	ADC 速度（ksps）
C8051F000	32KB	256	4	32	12	100
C8051F001	32KB	256	4	16	12	100
C8051F002	32KB	256	4	8	12	100
C8051F005	32KB	2304	4	32	12	100
C8051F006	32KB	2304	4	16	12	100
C8051F007	32KB	2304	4	8	12	100
C8051F010	32KB	256	4	32	10	100
C8051F011	32KB	256	4	16	10	100
C8051F012	32KB	256	4	8	10	100
C8051F015	32KB	2304	4	32	10	100
C8051F016	32KB	2304	4	16	10	100

型 号	Flash	RAM	定时器	I/O	ADC 分辨率（bit）	ADC 速度（ksps）
C8051F017	32KB	2304	4	8	10	100
C8051F020	64KB	4352	5	12	12	100
C8051F021	64KB	4352	5	12	12	100
C8051F022	64KB	4352	5	12	10	100
C8051F023	64KB	4352	5	32	10	100
C8051F206	8KB	1280	3	32	12	100
C8051F220	8KB	256	3	32	8	100
C8051F221	8KB	256	3	22	8	100
C8051F226	8KB	1280	3	32	8	100
C8051F300	8KB	256	3	8	8	500
C8051F302	8KB	256	3	8	8	500

四、ADuC800 系列

美国模拟器件公司（Analog Devices，Inc.，简称 ADI）的 MicroConverter® 系列精密模拟微控制器融合了多种精密模拟功能，例如：高分辨率模数转换器（ADC）和数模转换器（DAC）、基准电压源和温度传感器以及符合工业标准的微控制器（MCU）和内置闪存。其中 ADuC7000 系列产品具有 ARM7® 32 bit 精简指令集计算机（RISC）MCU 内核，ADuC800 系列产品具有符合工业标准的 8052 MCU 内核。典型配置见附录表 5。

附录表 5　ADuC800 系列内部主要配置

型 号	Flash (KB)	SRAM (B)	GPIO (Pins)	ADC 分辨率（bit）	ADC 速度 (ksps)	ADC #通道数	12 bit DAC Outputs
ADUC812	8	256	34	12	200	8	2
ADUC814	8	256	17	12	247	6	2
ADUC816	8	256	34	16	0.105	4	1
ADUC824	8	256	34	24	0.105	4	1
ADUC831	62	2304	34	12	247	8	2
ADUC832	62	2304	34	12	247	8	2
ADUC834	62	2304	34	24	0.105	4	1
ADUC836	62	2304	34	16	0.105	4	1
AduC841	62	2304	34	12	400	8	2
ADUC842	62	2304	34	12	400	8	2
ADUC843	62	2304	34	12	400	8	—

（续表）

型　　号	Flash (KB)	SRAM (B)	GPIO (Pins)	ADC 分辨率（bit）	ADC 速度 (ksps)	ADC # 通道数	12 bit DAC Outputs
ADUC845	62	2304	34	24	1.37	10	1
ADUC847	62	2304	34	24	1.37	10	1
ADUC848	62	2304	34	16	1.37	10	1

五、STC 系列

STC 系列单片机是宏晶科技生产的单时钟/机器周期（1T）的单片机，是高速/低功耗/超强抗干扰的新一代 8051 单片机，指令代码完全兼容传统 8051，但速度快 8～12 倍，具有超级加密，超强抗干扰、高抗静电、宽电压、超低功耗等特性。尤其是最新推出的 STC15 系列，还具有以下特性：

（1）先进的指令集结构，兼容普通 8051 指令集，有硬件乘法/除法指令。

（2）8/16/24/32/40/48/56/60/61K 字节片内 Flash 程序存储器，擦写次数 10 万次以上。

（3）大容量 2048 字节片内 RAM 数据存储器、大容量片内 EEPROM 功能，擦写次数 10 万次以上。

（4）ISP/IAP，在系统可编程/在应用可编程，无需编程器/仿真器。

（5）内部高精度 R/C 时钟，±1％温飘（−40℃～＋85℃），常温下温飘 5‰，可彻底省掉外设昂贵的费用。

（6）晶体时钟，内部时钟从 5～35MHz 可选。

（7）内部高可靠复位，ISP 编程时 8 级复位门槛电压可选，彻底省掉外部复位电路。

（8）支持掉电唤醒的资源有：INT0/INT1（上升沿/下降沿中断均可），INT2/INT3/INT4（下降沿中断）；CCP0/CCP1/CCP2/RxD/RxD2/T0/T1/T2 管脚；内部掉电唤醒专用定时器。

（9）工作频率：5～35MHz。

（10）高速 ADC，8 通道 10 位，速度可达 30 万次/秒。3 路 PWM 还可当 3 路 D/A 使用。

（11）3 通道捕获/比较单元（CCP/PCA/PWM）——也可用来再实现 3 路 D/A，3 个定时器或 3 个外部中断（支持上升沿/下降沿中断）。

（12）6 个定时器，2 个 16 位可重装载定时器 T0 和 T1 兼容普通 8051 的定时器，新增了一个 16 位的定时器 T2，并可实现时钟输出，3 路 CCP/PCA 可再实现 3 个定时器可编程时钟输出功能（对内部系统时钟或外部管脚的时钟输入进行时钟分频输出）。

（13）硬件看门狗（WDT）。

（14）SPI 高速同步串行通信接口。

（15）双串口/UART，两个完全独立的高速异步串行通信端口，分时切换可当 5 组串口使用。宏晶公司还提供多种 STC 系列产品供选择，常用系列的主要配置如附录表 6 所示。

附录表 6　STC 常见系列内部主要配置

型　　号	Flash ROM	RAM	EEPROM	定时器	PWM /PCA /CCU	ADC	串行接口
STC10/11×× 系列	1～60KB	256～1280	0～45KB	2	0	0	UART
STC12C×× AD 系列	4～30KB	768	0～4KB	2	4	8×10 位	UART
STC12C5A60S2 系列	2～60KB	1280	1～53KB	2	2	8×10 位	2×UART,SPI
STC15F2K60S2 系列	1～60KB	2KB	1～53KB	3	3	8×10 位	2×UART,SPI

附录 6　课程设计与实训环节要求

一、说明

本环节采用实际项目训练的方法,让学生从以下训练项目中选择或自行提出一个单片机应用项目,完成电路图绘制、程序编写调试、仿真运行和程序下载等开发过程。重在训练学生的以下能力:

(1)用 EDA 软件进行单片机硬件电路图绘制和仿真的能力。

(2)使用单片机程序开发环境进行简单应用程序设计、调试、下载的能力。

(3)单片机电路图的识读和电子元器件的识别、选用、安装、焊接能力。

(4)综合运用所学知识,进行简单单片机应用系统构思、设计、开发的能力。

二、训练环境和设备要求

(1)PC 机(P3 以上 CPU、256MB 以上内存、WindowsXP/2K 操作系统、带 LPT 和 RS－232接口);

(2)单片机电路仿真软件 Proteus 7 以上版本;

(3)单片机程序开发软件 Keil 6.12 以上版本;

(4)万用表、电烙铁、镊子、吸锡器、IC 起拔器等常用工具;

(5)单片机应用装置所需的元器件(参见项目 9)。

三、实训项目

可以在本书项目基础上进行,基本要求:

(1)实现一个以单片机为核心的智能装置的设计,并在仿真环境下实现。

(2)将该装置的功能在实际的开发实验板上予以实现。

四、实训成果

项目完成后,学生应提交:

(1)以自己学号和姓名为名的文件夹,其中包含电路原理图文件、工程文件和源程序文件、仿真运行时的屏幕截图文件、印刷电路板文件。

(2)实训报告。

(3)如果采用实际电路板制作,应提交所完成的装置实物。

五、实训报告/课程设计报告的基本内容

(1)课题名称。

(2)报告人班级、学号、姓名、合作人。

(3)目标和基本要求。

(4)设计方案(工作原理简述、系统组成框图、程序流程图)。

(5)实训软硬件环境、设备、器件、工具。

(6)实训过程工作日志。

(7)实训结果清单(所提交的文件目录、完成的装置编号):

① 硬件电路原理图文件;

② 工程和源程序文件;

③ 电路仿真运行结果截图文件;

④ 印刷电路板文件;

⑤ 所完成的装置编号。

六、成绩评定

实践成绩评定参考标准见附录表 7 所示。

附录表 7 实践成绩评定参考标准

考核内容	权重(%)	评分要点及标准
利用 EDA 软件绘制系统原理图	15	设计合理、元器件参数正确、绘图整齐规范
程序设计和调试	20	源程序设计规范、掌握开发调试方法
电路和程序联合仿真调试	5	仿真结果基本符合要求
印刷电路板设计和电路焊接	20	设计结果基本符合要求、焊接工艺较好
ISP 程序下载、系统测试	10	测试结果达到设计要求
实训报告	30	思路清晰、内容完整、把握要点、格式规范
扩展功能或创新	+10	扩展功能完成的程度或有无自己的创意

参考文献

[1] 孙涵芳,徐爱卿.MCS－51/96系列单片机原理与应用[M].北京:北京航空航天大学出版社,1988.

[2] 谭浩强.C语言程序设计[M].北京:清华大学出版社,2003.

[3] 曹巧媛.单片机原理及应用[M].北京:电子工业出版社,1997.

[4] 周坚.单片机C语言轻松入门[M].北京:北京航空航天大学出版社,2006.

[5] 郭天祥.新概念51单片机C语言教程.[M].北京:电子工业大学出版社,2009.

[6] 王福瑞等.单片机微测控系统设计大全.[M].北京:北京航空航天大学出版社,1997.

[7] 宏晶公司产品技术手册.

[8] Labcenter公司PROTEUS ISIS用户手册.

[9] Keil Software公司Keil μvision3用户手册.

[10] 广州风标电子有限公司实验指导书.